，数学原来这么好玩

分析推理

金铁 主编

中国民族文化出版社

北 京

图书在版编目 (CIP) 数据

哇，数学原来这么好玩 / 金铁主编 . —北京 : 中
国民族文化出版社有限公司 , 2022.8
ISBN 978-7-5122-1601-3

Ⅰ.①哇… Ⅱ.①金… Ⅲ.①数学—少儿读物 Ⅳ.
① 01-49

中国版本图书馆 CIP 数据核字（2022）第 124135 号

哇，数学原来这么好玩
Wa, Shuxue Yuanlai Zheme Haowan

主　　编：金　铁
责任编辑：赵卫平
责任校对：李文学
封面设计：冬　凡
出 版 者：中国民族文化出版社　地址：北京市东城区和平里北街 14 号
　　　　　　邮编：100013　联系电话：010-84250639 64211754（传真）
印　　装：三河市华成印务有限公司
开　　本：880 mm × 1230 mm　1/32
印　　张：28
字　　数：550 千
版　　次：2023 年 1 月第 1 版第 1 次印刷
标准书号：ISBN 978-7-5122-1601-3
定　　价：198.00 元（全 8 册）

前言

　　"数学王国"，一个多么令人崇敬和痴迷的"领地"，你可曾想过现在它离你如此之近？数学究竟是什么？严格地说：数学是研究现实的空间形式和数量关系的学科，包括算数、代数、几何和微积分等。简单来说，数学是一门研究"存储空间"的学科。

　　尽管人类大脑的存储空间是有限的，但科学家已研究证明：目前人类大脑被开发利用的脑细胞不足 10%，其余都处于休眠状态，是一片有待开发的神奇空间。

　　想要开发休眠的大脑空间，让大脑释放出更大的潜能，数字游戏起着不可替代的作用。数学是一种"思维的体操"，其中所隐藏的数字规律、数学原理无不需要大脑经过一番周折才会豁然开朗；在这期间大脑被激活，思维得以扩展。

　　让大脑的存储空间得到充分的利用和发挥，更大程度地强化或激活脑细胞，让思维活跃起来，就是本套书的目的所在。

　　本套书有 8 个分册，按照数学题型类别结合趣味性，分为快

乐数学、天才计算、数字逻辑、数字谜题、巧算概率、分析推理、数字演绎、几何想象；选取970道趣味数学题，让你通过攻克一个个小游戏，体会数学的奥秘，培养灵活的数学思维，提高解决数学问题的能力。

本套书版面设计简单活泼，赏心悦目，让你愉快阅读；书中各类谜题不求数量繁多，但求精益求精，题目类型灵活新颖，题目讲解深入浅出，让你在快乐游戏中积累知识，开拓思路，扩展思维。

目录

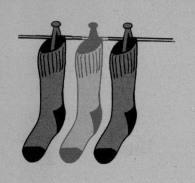

1. 为什么没有受伤

　　阿飞是一位优秀的空降兵。有一次，他乘飞机去执行一项任务。飞机飞上高空不久，阿飞就从飞机座椅上跳了下来，降落伞没有打开。可奇怪的是，他却安然无恙。你知道他有什么神奇的本领吗？

2. 盲人分袜

　　有两位盲人，他们每人买了两双蓝袜和两双红袜。8只袜子的材质、大小完全相同，每双袜子都有一张商标纸连着。两位盲人不小心将8只袜子混在了一起，他们怎样才能取回蓝袜子和红袜子各两双呢？

3. 天平倾向哪边

这真是一个炎热的夏天，气温高达 39℃，西瓜肯定能卖一个好价钱。一个瓜贩子在天平的一端放了个西瓜，另一端放了一块大冰块，天平刚好平衡。在天平的旁边，他还特意放了一个大冰柜，开始叫卖"冰冻西瓜"。别忙着想吃西瓜，考你一个问题：天平一直这样放着，最后会倾向哪边？

4. 一封假遗书

在旧金山的一家旅馆内，有位客人疑似服毒自杀，名侦探詹姆接到报案后前往现场调查。

死者是一位中年绅士，从表面迹象看，他是中毒而死。

"这个英国人三天前就住在这里了，桌上还留有遗书。"旅馆负责人指着桌上的一封信说。

詹姆小心翼翼地拿起遗书细看，遗书是用打字机打出来的，只有签名及日期是用笔写上的。

詹姆凝视着信上的日期——3.15.99，然后像是得到答案似地说："若死者是英国人，则这封遗书肯定是假的。相信这是一宗谋杀案，凶手可能是美国人。"

詹姆凭什么这么说呢？

5. 字母逻辑

依照下图中 A → Y 的逻辑，Z 应该是白色还是红色呢？

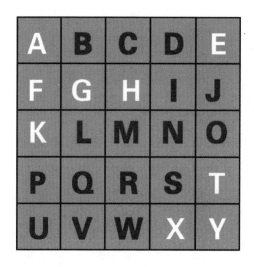

6. 太空人打赌

有两个太空人在火星上探测。一个人和他的同伴打赌，说他可以闭上眼睛，走 1 千米远的距离。他能做到吗？

7. 神奇的超车

爸爸带着皮皮开着新买的小汽车沿湖滨公路游览，皮皮坐在里面别提多开心了。这时，皮皮从车镜里看到后面有一辆破旧的小货车，开得很慢，像一位老人在艰难地往后倒着走。小货车离他们越来越远，渐渐看不见了，皮皮高兴得在车上手舞足蹈。

湖边的路只有三米多宽，是单行线，皮皮玩累了，一会儿就睡着了。等他一觉醒来，简直不敢相信自己的眼睛，小货车竟然慢腾腾地开在自己的车前面，它是怎么超过去的？

8. 变脸

　　下图中前 7 个小图的形象变化有一定的规则。最下面的 A，B，C 三图中，哪一个符合这一规则的第八个形象？

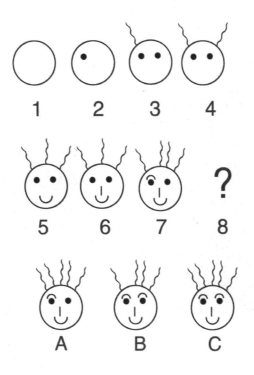

9. 农夫的话

一天晚上，市政府大楼被盗。警局接到报案后，火速赶往现场。经过紧张的现场勘查、询问证人等一系列程序后，他们把怀疑的焦点放在附近一户农家。

警察问农夫："昨天晚上发生的事，你知道吗？"

"知道，就是政府大楼被盗。可我一直在家，没有出去，不能为你们提供更多的线索。"

"你在家干什么？"警察追问。

"我家养的十几只鸭子在孵蛋，我准备迎接小鸭子出生。"

你认为农夫的话可信吗？

10. 口红印记

英国一名私家女侦探在泰国调查一起黑帮凶杀案时，被枪杀在她所住的饭店。附近警长带助手赶到现场，只见女侦探倒在窗下，胸部中了两枪，手里紧握着一支口红。

警长撩起窗帘一看，窗玻璃上有一行用口红写下的数字：809。他又从女侦探的提包中找出一张卷得很紧的小纸条，纸条上写着："已查到三名嫌疑人，其中一人是凶手。这三人是：代号608的光，代号906的岛，代号806的刚。"

警长沉思片刻，指着纸条上的一个人说："凶手就是他！"根据警长的推断，警方很快将凶手缉拿归案。

请问，凶手是谁？为什么？

11. 颜色搭配问题

下面的这些色彩排列中，7种基本色和搭配色之间的排列有点问题。你知道是什么问题吗？

赤	黑	橙	白	绿	灰	黄	翠绿	青	粉红	蓝	淡紫	紫

12. 最好的类比

以下 5 个答案中哪一个是最好的类比?

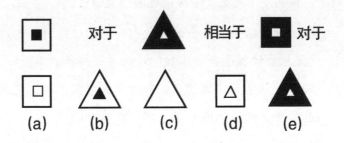

13. 该填哪一个字母

按照下图中字母排列的逻辑,问号处该填哪一个字母?

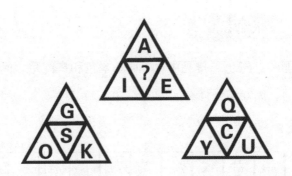

14. 字母排列

你能看出下图中字母排列的逻辑，从而推断出问号处应填哪个字母吗？

15. 视觉幻象

这个谜题用到了一个有名的视觉幻象。下图中只有一处箭尾和箭头是配对的，请你找出来。

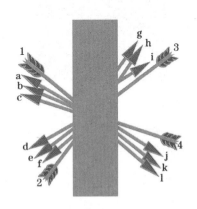

16. 奇怪的绑架案

某公司老板的儿子被绑架，绑匪要求拿10万美元来交换。绑匪在电话中说："你把钱包好，用普通邮件在明天上午寄出，我的地址是……"

老板马上报了案。为了不打草惊蛇，警察化装来到绑匪所说的地址。可奇怪的是，这儿有地区名、街名，却没有绑匪说的门牌和收件人。

警察经过研究，马上确定了嫌疑人，并很快找到证据，将其抓获，救出了人质。

这个绑匪是什么人呢？

17. 豪华客轮上的谋杀案

一艘豪华客轮正在太平洋上航行，一天早晨，有人在船尾的甲板上发现了一具女尸。死者是服装设计师崔素美，她是被人用刀刺死的。死亡时间在前一晚 11 点左右。

客轮正航行在太平洋的中央，即使想利用救生艇逃走，也不见得能保住性命，所以凶手应该仍然留在客轮上，但凶手为什么要留下尸体呢？

在客轮上，有两个人具有谋杀崔素美的动机。

崔促达——被害人之侄，也是崔素美遗产的继承人。因为嗜赌如命，欠了别人一屁股债。

廖维欣——被害人之秘书，由于侵占公款，下船后就会被革职。

根据以上资料，请你推理看看，谁是凶手？如能解开其中之谜，你就有资格成为名侦探。

18. 不翼而飞的钻石

大富翁维特常常向人炫耀他那颗价值连城的大钻石，因此吸引了不少朋友到他家来参观。

为了兼顾安全、美观，他特意把钻石放在一个很大的窄口玻璃瓶内。玻璃瓶本身重 60 千克，普通人想搬走也不是一件容易的事。而且，维特还在放钻石的房间周围装上了防盗警报，只要有人移动玻璃瓶，警报系统就会发出叫声。

有一天晚上，维特从外面回来，走进放钻石的房间一看，大吃一惊，那颗钻石竟然不翼而飞了！维特急忙报警。

警探调查得知，维特外出后曾有三个人先后进过这间房子。一个是负责清洁地毯的工人，一个是管家，一个是守卫。这三人之中，谁能够不移动玻璃瓶，而把那颗钻石偷走呢？

19. 店里是卖什么的

沿着商业街的两边有 1，2，3，4，5，6 六家店。其中 1 号店和其他店有着这样的位置关系：

① 1 号店的旁边是书店。

② 书店的对面是花店。

③ 花店的隔壁是面包店。

④ 4 号店的对面是 6 号店。

⑤ 6 号店的隔壁是酒吧。

⑥ 6 号店与文具店在道路的同一边。

那么，1 号店是什么店呢？

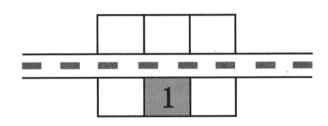

20. 银店抢劫案

市区的一家银店遭劫。营业员指控科恩是作案者："银店刚开门，科恩就闯进来了。当时我正背对着门，他用枪抵在我背上，命令我不准转过身来，并叫我把壁橱内的所有银器都递给他。我猜他把银器装进了手提包，他逃出店门时，我看见他提着包。"

警长问："这么说，你一直是背对着他的，他逃出店门时又背对着你，你怎么知道他就是科恩呢？"营业员说："我看见了他的影像。我们的银器总是擦得非常亮，在我递给他一个大水果碗时，我见到他映在碗中的头像。"

在一旁静听着的亨利探长发出了警告："不要再演戏了，快把偷走的银器送回来，或许能减轻对你的惩处。"

探长为什么断定营业员是嫌疑人？

21. 真假命题

这又是一个关于"否定"的命题!

如果"想象力虽不够丰富,但却充满生命力"这个命题是假的,那么真命题应该是下面的哪一句话?

想象力很丰富或缺乏生命力。

想象力很丰富且缺乏生命力。

想象力很丰富但缺乏生命力。

想象力不够丰富且充满生命力。

22. 大家族

爱用聊天来打发时间的刘婆婆又在和路人说话了。她告诉路人自己家可是一个大家族:有一位祖父、一位祖母,两位父亲、两位母亲,四位孩子、三位孙子,一位哥哥、两位姊妹,两位儿子、两位女儿,以及法律上的一位父亲、一位母亲和一位女儿,大家都住在一起。

路人恭喜刘婆婆好福气，可是刘婆婆却告诉路人家里其实就七口人。路人满脸惊讶，搞不清怎么回事了。可刘婆婆并没骗人，你想明白了吗？

23. 移花接木

亚美死在卧室里，尸体是被来访的记者朋友发现的。他立刻拨打了110，刑警和法医以最快的速度赶到了现场。

大约过了1个小时。"死因和死亡时间出来了吗？"刑警问法医。

"是他杀，大概已死了24个小时了，但现场没有作案的痕迹。"法医回答。

"那就奇怪了。"

刑警注意到桌子上的蜡烛在燃着，他顺手打开日光灯，却发现停电了。突然，他意识到了什么。

"原来这尸体是从别处移过来的。"

请问，刑警是凭什么做出这一推理的？

24. 教师节买花

教师节的黄昏，你站在一条陌生的街道上，想要找一家花店为你的老师买一大束鲜花。在你的对面是五家连在一起的店面，都没有招牌也没有玻璃橱窗，你看不到里面的任何东西。

你知道这五家店分别是茶店、书店、酒店、旅店和你要找的花店，并且知道：

茶店不在花店和旅店的旁边；

书店不在酒店和旅店的旁边；

酒店不在花店和旅店的旁边；

茶店的房子是上了颜色的。

你没有足够的时间一家一家地进去看，你能在最短的时间里找出花店买到鲜花吗？

25. 无辜的狗

星期三的早上，邓先生被发现死在家里。他是在和张先生通电话时被自己养的狗咬死的。最近，因邓先生外出，他曾将这只狗委托给张先生代为照顾。

于是，张先生成为嫌疑人，但无确凿证据。因为邓先生被狗咬死时，张先生在 5 千米以外的家里。即使他在照顾狗期间将狗训练成咬人的工具，也不可能在 5 千米之外发号施令，指挥狗咬人。

因此，一般人都推断是狗兽性突发，这才咬死了邓先生。

但负责这件案子的探长却有不同见解，而且断定凶手就是张先生。

那么，探长凭什么断定张先生就是幕后真凶呢？

26. 三角形填空

下图中最后一个三角形右下角缺一个什么样的符号？

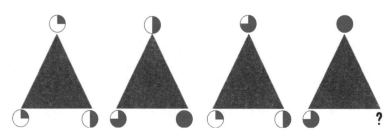

27. 图形推理

请问 A，B，C，D，E 这一序列的 F 应是什么样的？

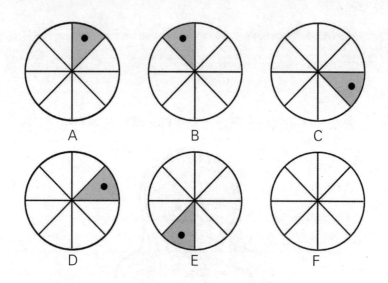

A B C

D E F

28. 谁偷了手提包

这天，李经理去北京办事。他乘坐的软卧包厢里的其他三人分别去邯郸、石家庄和北京。

列车到郑州站，停车15分钟，四人均离开了自己的铺位。在列车启动前，李经理回到座位，却发现自己的手提包不见了。他急忙去报警，乘警调查了其他三位乘客。

去邯郸的乘客说，停车时他下去买了些早点；去石家庄的乘客说，他到车上的厕所方便去了；去北京的乘客说，他去另一车厢看望同行的朋友了。听完他们的叙述，乘警认定去石家庄的人偷了李经理的提包。

你知道为什么吗？

29. 能循环工作吗

有甲、乙、丙、丁4个清洁工负责一条环绕着正方形公园的4条公路上的清洁工作，但是他们4个人只有一套清洁工具，并且他们每个人竭尽全力也只能完成其中一条路段的清洁任务。因此，他们的工作总不能让领导满意。

于是，一个清洁工想出了一个办法：他们4个人分散在公园的4个角上，先由甲拿着清洁工具开始清理，清理完一条边后，到达乙的位置就把工具交给乙，乙就开始清理，甲休息。乙清理完一条以后丙开始工作，乙休息。以此类推，当丁做完之后再把工具交给甲，他们就可以一直不停地循环下去了。

你觉得他们的想法能实现吗？

30. 难解的死亡密码

在下图中，DAED（死亡密码）一词完整地出现了两次，它们的排列横竖、斜正、正倒都有可能。你能找出来吗？

E	A	E	D	E	A	A	D	E	D	E	E	A	D	E	A
A	E	D	E	D	A	D	D	A	D	E	E	D	A	D	E
D	D	A	E	E	D	A	A	D	A	A	D	E	A	E	D
E	D	D	E	A	E	A	A	A	E	D	A	D	D	A	D
A	D	A	D	E	A	E	D	A	A	D	A	A	D	E	A
E	D	D	A	D	A	D	E	D	A	A	D	A	E	A	D
D	A	E	E	E	E	A	A	D	E	E	D	A	D	E	A
A	D	E	A	A	D	A	A	A	D	E	A	A	E	A	D
A	D	A	D	A	A	D	A	A	D	D	A	D	D	A	E
E	D	A	A	D	E	D	A	A	D	D	A	A	D	A	E
A	D	D	A	D	A	D	A	A	A	A	E	D	E	A	E
D	A	D	D	A	D	A	D	A	D	A	D	A	D	A	D
E	D	D	A	D	D	E	D	E	A	D	D	A	A	D	A
A	E	A	D	A	A	A	E	A	D	D	A	E	A	A	D
E	A	D	A	A	A	D	D	E	A	E	A	D	D	E	D
D	E	D	A	D	D	A	E	A	D	A	E	E	A	E	A

31. 环环相扣

请你先仔细观察下图中 14 个连在一起的铁环。看看哪几环可动手解脱，之后可使它环环都脱离。

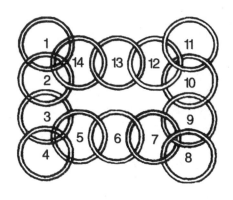

32. 奇怪的绳圈

下图画的是一根完整的绳子，如果现在依图中所标示的方向拉下这条绳子的两端，绳子不会打结，但是会缠住其中的一颗钉子。那会是哪一颗钉子呢？

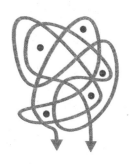

33. 寻找巡逻路线

下图是宫殿的平面图，上面标明了有8×8共64个房间，A，B，C，D，E是5个巡逻队员的位置。每天下午6点整，钟楼的钟声会敲响，A就得穿过房间从a出口出去，同样，B

从 b 出口出去，C 从 c 出口出去，D 从 d 出口出去，然后 E 需要从目前的位置走到 F 标记的房间。

上面的规定说不上有什么道理，但是自作聪明的巡逻队长还要求 5 个巡逻队员走的路线绝对不准相交，也就是任何一个房间都不允许有一条以上路线穿过，巡逻队员从一个房间到另一个房间都必须经过图上所标识的门。

你能帮巡逻队员们找出他们各自的路线吗？

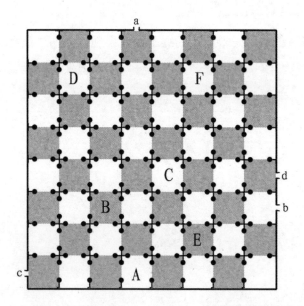

下图中问号处应是什么图形?

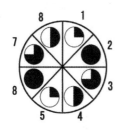 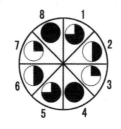 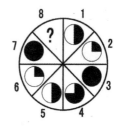

35. 猜名字

老师在手上用圆珠笔写了 A，B，C，D 四人其中一人的名字。他握紧手，对他们四人说:"你们猜猜我手中写了谁的名字?"

A 说:是 C 的名字。

B 说:不是我的名字。

C 说:不是我的名字。

D 说:是 A 的名字。

四人猜完后，老师说:"你们四人中只有一人猜对了，其他三人都猜错了。"

四人听了后，都很快猜出老师手中写的是谁的名字了。

你知道老师手中写的是谁的名字吗?

36. 幸运轮盘

想出该如何在下面这个幸运轮盘中放入它右边的 6 种水果。要做到这一点，下面三条线索所提供的信息可能不够多，但你要是能够加上一些自己的思考，就可以想出答案。不过，你最好能够注意一下轮盘上箭头的方向。

线索一：橘子在菠萝后面，相距两个位置。

线索二：桃子的位置在葡萄和草莓的中间，但不知道顺序。

线索三：石榴在葡萄后面，相距三个位置。

37. 不打自招的凶手

这天晚上，侦探小说作家 A 先生在家里写小说时，被人用棒球的球棒从背后击毙。书桌上的一盏台灯亮着，窗户紧闭。

报案的是住在对面公寓里的张某。他向赶到现场的警方所做的说明是这样的："当我从房间向外看时，无意间发现 A 先生书房的窗上有个影子高举着木棍，我感觉不妙，所以赶紧给你们打电话。"

但聪明的刑警听了以后却说："你说谎！你就是凶手！"说罢便将张某逮捕归案。

张某说谎的证据是什么？

38. 经理投票

A，B，C 三个分公司的经理在总公司的年度预算会议上，投票表决如何分配总额为 4 亿元的预算资金。这个预算案一共有甲、乙、丙三个提案（如下表所示），分别决定了各分公司可以获得的预算资金。

首先就甲、乙两案进行表决，胜出的再跟丙案进行表决。

如果你是 A 公司的经理，你该怎么投票？

经理	甲案	乙案	丙案
A	2亿	1亿	0亿
B	1亿	0亿	2亿
C	1亿	3亿	2亿

39. 等式背后的逻辑

你能否看出下边这些等式背后的逻辑，然后找出一个字母完成最后的等式？（可能有两个答案）

$$D + M = R$$

$$X - N = C$$

$$(K+R) \div R = T$$

$$(B \times W) + E = Y$$

$$R \times N \times A = H + X$$

$$(X \div G) + F - K = ?$$

40. 选图填空

观察这个由六边形组成的图案，找出六边形里的问号代表什么图案。

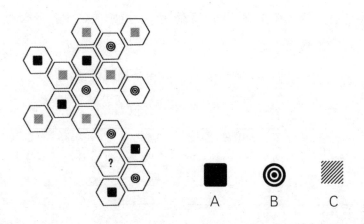

A   B   C

41. 找图填空

在下面 A，B，C，D 四种图案中，哪一种符合大图案中的空白部分？

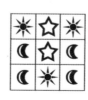

| A | B | C | D |

数一数下图中有多少个正方形？多少个三角形？

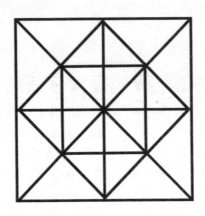

43. 经验丰富的警长

在森林公园的深处发现一辆高级的敞篷车，车上有少量树叶，一个老板模样的人死在车里。警方封锁了现场。

"发现了什么线索？"警长问。

"法医估计已死亡两天。没有发现他杀的迹象，死者手边有氰化钾小瓶，所以初步认定是自杀。"

"有没有发现第三者的脚印？"

"没有，地面上落满了树叶，看不到什么脚印。"

"请大家再仔细搜查现场，排除自杀的主观印象。这不是自杀，而是他杀后移尸到这里。估计凶手离开不到一小时，他一定会留下线索的。"大家又仔细搜查，果然发现了许多线索，追踪之下，当天便抓获了杀人凶手。

请问：警长为什么认定不是自杀而且凶手没有走远呢？

44. 该放哪一种水果

在下图中的 25 个空格里，有苹果、草莓和桃子 3 种水果。这 3 种水果按照一定的规则有序地摆放在空格里。请你好好看看它们摆放的顺序，说出问号处空格里应放哪一种水果。

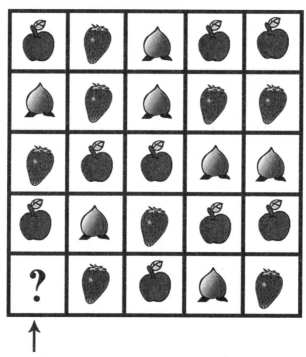

这是什么？

45. 填字母

　　根据表格中字母的排列规律，想一想问号处该填什么字母。

A	B	C	A	A
C	B	C	B	B
B	A	A	C	C
A	C	B	A	A
?	B	A	C	B

46. 依序找图

　　你能根据前面 3 个图形的排列规律，从 A，B，C，D 四个图形中选取一个放入"？"处吗？

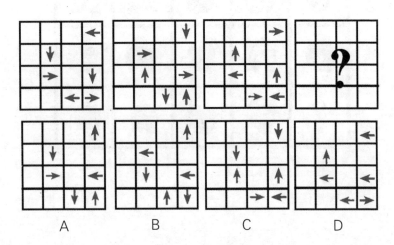

A　　　　　B　　　　　C　　　　　D

47. 弹头不见了

一天晚上，一声枪响之后，富翁乔迪死在了自家别墅的花园里。警方到现场调查，见乔迪胸口有一处伤痕，是被子弹射中造成的。解剖发现，子弹击中了心脏，伤口有10厘米深，但是找不到弹头。

经过警察努力侦查，发现凶手是一名职业杀手。为了在杀人后不留下任何线索，他采用了一种特制的弹头，这种子弹头射进人体后会自动消失，而不被警方发现。

你知道这种特制的弹头是用什么做的吗？

48. 伪装的现场

一个初秋的早晨，在森林里一棵大树下的一顶帐篷里，有人发现了失踪的老地质队员的尸体，他好像是在这儿被人杀死的。

然而，警长得知他是个老地质队员后，只看了一眼现场，就马上下了结论：

"凶手是在其他地方作的案，然后又将尸体转移到这里来，伪装成在帐篷里被杀的假象。"

此结论的理由何在？

49. 一山更比一山高

羽根是一个职业小偷。一天，他溜到地铁上作案，先偷了一位时髦小姐的钱包，等她下车后他又接连偷了一位西装革履的男子和一位白发苍苍的老太太的钱包。他兴高采烈地下了车，躲在角落里清点了一下，发现3个钱包里总共不过100多元，接着他又惊叫起来，原来与这3个钱包放在一起的他自己的钱包也不翼而飞了，那里面装着1000多元呢！他口袋里还有一张纸条，上面写着："让你这该死的小偷尝尝我的厉害，看看你偷到谁头上来了！"

猜猜看，那3个人中，究竟是谁偷了羽根的钱包呢？

50. 如何称体重

皮皮、琪琪和皮皮的弟弟三人将家里的一些废品，如废报纸、塑料瓶和一些酒瓶用编织袋装着抬到废品站去卖。卖完后，见废品站里有一台磅秤，三人都想称一称自己的体重。可废品站的叔叔说，这台磅秤最少要称 50 千克，他们三人都只有 25 到 30 千克，不能称他们的体重。真的不能称吗？皮皮他们三人很失望，正准备离开时，一位阿姨说，他们可以用磅秤称出各自的体重。一直在想办法的皮皮忽然也想到了，只需称 3 次就可得出各自的体重。称完后，废品站的叔叔阿姨都夸皮皮聪明。皮皮他们三人别提有多高兴了！你知道皮皮是怎样称的吗？

51. 月圆之夜的凶案

在东北的一个小镇，一条小河从东向西流过小镇。一天，一桩凶杀案打破了小镇的平静。法医推算出案件应该发生在昨天晚上 9 点左右。警察很快找到犯罪嫌疑人进行问讯。

"昨晚 9 点左右你在哪儿？"

"在河边与我的女朋友谈话。"

"你坐在哪边河岸？"

"在南岸。昨夜是满月，河面上映出的月亮真好看！"

"你说谎！这么说，你就是杀人凶手。"

请问，警察的根据是什么？

52. 哪一句话正确

凯特说："所有的人都是有逻辑的。"

如果她说的这句话是不正确的，那么正确的应该是下面的哪一句话？

① 全部的人都没有逻辑。

② 有的人没有逻辑。

③ 有逻辑的便是人。

④ 有的人有逻辑。

53. 单身公寓里的暗恋

刘杰、李亨、赵怀和朱朗住在一家企业的单身公寓里面，住在对面公寓里的是丁莎、王梅、蒋莉和吴娜四位漂亮的小姐。他们各自喜欢着对面公寓的某一个人，同时也被对面公寓的某一个人喜欢着，却一直都没有人能够如愿以偿。因为：

刘杰喜欢的女孩所喜欢的男孩爱吴娜；

李亨喜欢的女孩所喜欢的男孩爱蒋莉；

赵怀喜欢的女孩希望跟朱朗交往；

丁莎喜欢的男孩喜欢的不是王梅；

王梅和蒋莉喜欢的都不是李亨。

那么，到底是谁在喜欢着刘杰呢？

刘杰　　　　　李亨　　　　　赵怀　　　　　朱朗

丁莎　　　　　吴娜　　　　　王梅　　　　　蒋莉

54. 喜欢看什么小说

某市的作家协会针对武侠小说、言情小说、科幻小说和历史小说的受欢迎程度做了一次社会调查，结果如下：

喜欢言情小说的读者不喜欢武侠小说。

不喜欢历史小说的读者喜欢武侠小说。

喜欢历史小说的读者不喜欢科幻小说。

那么，根据上面的结果，想一想下面的哪个叙述是正确的？

喜欢武侠小说的读者喜欢科幻小说。

喜欢言情小说的读者喜欢科幻小说。

喜欢武侠小说的读者不喜欢历史小说。

喜欢科幻小说的读者不喜欢言情小说。

55. 猜颜色

老师拿来3个红发卡和2个紫发卡。他让3位女孩同方向站成一列，A在前，B在中间，C在后，叫她们闭上眼，之后分别给她们各戴上一个红发卡，将两个紫发卡藏起。然后老师说，可以睁开眼了。这时，C可以看到A，B头上的发卡，B可以看到A头上的发卡，A什么也看不到。

问：3位女孩中，谁能正确推断出自己头上所戴的发卡的颜色？

56. 三口之家

有 3 户人家合租了一个复式别墅。这 3 户人家都是三口之家：丈夫、妻子和孩子。他们的名字已在下表中列出来了。

现在只知道老张家的孩子和李平家的孩子都参加了学校的女子篮球队；老王家的女儿不叫丹丹；老李和杜丽不是一家。你能根据上面的条件说出每家分别是哪 3 个人吗？

丈夫	老张、老王、老李
妻子	丁香、李平、杜丽
孩子	美美（女）、丹丹（女）、壮壮（男）

57. 照片上的人

有一个人在上班时间看照片。当有人问这个人在看谁的照片时，这个人回答说："照片上的人的丈夫的母亲，是我丈夫的父亲的妻子的女儿，而我丈夫的母亲只生了他一个孩子。"

请问：这个人在看谁的照片？

58. 卖相机

张永暑假期间在表哥的相机店里帮助表哥卖相机。有一种照相机卖 310 元，为了方便顾客，表哥让他把机身和机套分开卖，并且告诉他，机身比机套贵 300 元。

这天表哥出门，正好有一位顾客单买一个机套。张永想起了表哥的话，就跟这位顾客要价 10 元，可顾客说他卖贵了。张永想了想说，不贵呀，表哥走的时候就是这么交代的。可那位顾客一口咬定，他前几天就是在这家店用 5 元钱买过一个一模一样的机套。他们正争执不下，表哥回来了，他告诉张永确实是他卖贵了。张永听了表哥的话感到很不服气，心里想："明明就是你让我这么卖的嘛！"

你知道张永错在哪里了吗？

59. 区分左右

你能分得清左和右吗？你可能觉得这么问有些多余，但有些时候人们是不太能分清楚左和右的。比如说下面的这种

情况:

　　小娟的左边是小娜;

　　小娜的左边是小美;

　　小美的左边是小芳;

　　小芳的左边是小莲。

　　那么，小芳是否一定是在小娟的左边呢?

60. 如何分车票

　　三位旅客在火车票代售点处预定了三张不同方向的火车票。王经理是上海人，黄总是北京人，孙经理是广东人。他们三个人一个去上海，一个去北京，另一个去广州。他们三人住在旅馆的同一房间里，而且都很幽默。送票员把他们预订的车票送来时，王经理说他不想去上海，孙经理说他不去广州，而黄总他既不去北京，也不去广州。送票员一时被他们搞糊涂了，不知如何分配车票。这三张车票该如何分配呢? 请你帮送票员把车票分好。

61. 坚强的儿子

从前，当古罗马城陷入纷乱的时候，有位母亲对想趁着乱世称雄的儿子说："如果你正直的话，就会被大众所背叛；但如果你不正直，就会被神遗弃。反正都没有好下场，你就别强出头了。"

这位坚强的儿子不但不放弃，还利用这番话中的盲点说服了他母亲。

你知道他是如何反驳的吗？

62. 哪句话意思最相符

只是会说外语，不代表就是国际人。

下面所有选项中的句子哪句话和上面这句话的意思相符？

①因为会说外语就称得上是国际人了。

②不会说外语就不算是国际人。

③一个国际人只会说外语是不够的。

④一个国际人一定要会说外语。

Thinking games
of the smart

63. 能否保持平衡

将下面的砝码放到秤盘上，使整组天平保持平衡（也就是说使这3根秤杆保持水平）。假设秤盘和秤杆的重量可以忽略不计，能做到吗？

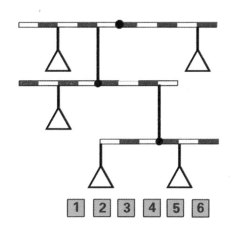

64. 5 分钟谜题

有一个小院里住着三户人家，他们是王海、李江和蒋方，其中蒋方住在两家的中间。他们三人中一个是木匠，一个是瓦匠，还有一个是鱼贩，可是谁也不知道他们三人各做什么职业，只是常听说鱼贩在王海外出不在的时候，到处追赶王海饲养的猫。而李江每次带女朋友到家里，木匠总是吃醋，咚咚地敲着李江的墙。你能在5分钟之内分辨出他们三人各自的职业吗？

65. 妙进城堡

有一座城堡，城主下了一道命令，不许外面的人进来，也不许里面的人出去。看守城门的人非常负责，每隔 10 分钟就走出城门巡视一番，看看是否有人想偷着出去或进来。詹姆斯有急事要进城去找他的朋友商量，可是看守城堡的人又那样认真，怎样才能趁守门人不注意时，偷偷进入城堡呢？詹姆斯想到一条妙计，顺利地进入城堡。

你知道詹姆斯是怎样做的吗？

66. 野炊分工

兄弟四人去野炊，他们一个在挑水，一个在烧水，一个在洗菜，一个在淘米。现在知道：老大不挑水也不淘米；老二不洗菜也不挑水；如果老大不洗菜，那么老四就不挑水；老三既不挑水也不淘米。

你知道他们各自在做什么吗？

67. 最后一张扑克牌

你能根据前面 5 张扑克牌的排列规律，推算出最后一张扑克牌是什么牌吗？

68. 图形对应的规律

如果图形 A 对应图形 B，那么图形 C 对应下面哪个图形？

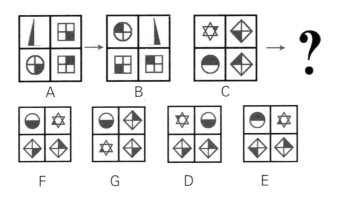

69. 巧倒粮食

先往一个袋子里装绿豆，用绳子扎紧袋子中部后，再装进小麦。在没有任何容器，也不能将粮食倒在地上或其他地方的情况下，你能先把绿豆倒入另一个空袋子中吗？

70. 哪个小球是次品

　　一家玩具公司生产的一盒玩具球中有 4 个小球，每个小球都是按照标准的重量制造的。在质检过程中，工作人员发现其中一个小球是次品。现在知道那个次品的重量要比其他合格品的重量重一些，如果让你用天平只称量一次，你知道如何判断哪个小球是次品吗？

71. 反穿毛衣

小强有一件漂亮的套头式毛衣，但是他发现毛衣穿反了，有花纹的那一面被穿在了后背。他的两个手腕被一根绳子系住了，在不剪断绳子的情况下他该怎么把套头式毛衣的正面穿在前面（毛衣没有扣子）？

72. 让人高兴的死法

从前，有一个人触犯了法律，被国王判处死刑。这个人请求国王宽恕，国王说："你犯了死罪，罪不能赦，但我还是允许你选择一种死法。"这个人一听，非常高兴地选择了一种死法，而国王一言既出，驷马难追，看到这样的结果无奈地摇了摇头。请问：这个人到底选择了一种什么死法？

73. 骑马比赛

一场骑马比赛正在进行，哪匹马走得最慢，哪匹就是胜利者。于是，两匹马慢得几乎停止不前，这样进行下去，比赛什么时候才能结束呢？在保证能选出最慢者（优胜者）的前提下，你能想办法让比赛尽快结束吗？

74. 近视眼购物

李明因为长期躺在床上看书，日子一久就变成一拿掉眼镜，就完全看不清东西的高度近视眼。虽然平时他戴有框眼镜的次数多于戴隐形眼镜的次数，但在购买某件物品的时候，他还是觉得戴隐形眼镜比较适合。

请问：李明购买的是什么物品呢？

75. 水为什么不溢出来

在一个盛满水的鱼缸里，将小木块、小石块或者橡皮等物品放进去，水就会从鱼缸里溢出来。但是，为什么把一条与上述物品同样体积的小金鱼放进去，水却不会溢出来呢？

76. 过独木桥

妞妞跟着挑着箩筐的爸爸过独木桥，走到桥中间的时候，迎面走来一个小男孩牛牛。妞妞和牛牛谁也不肯让谁，妞妞的爸爸怎么劝说也不行，于是他急中生智，想出了一个办法，使他们都过去了。你知道妞妞的爸爸是怎么做的吗？

77. 谁在敲门

地球上唯一存活下来的男人，坐在桌旁准备写遗书，突然听见外面传来敲门声。人类以外的动物早就死光了，也不可能是石子被风吹起打在门上的声音。当然，外星人也没有入侵地球，那么，到底是谁在敲门呢？

78. 互看脸部

两个女人一个面向南一个面向北站立着，不允许回头，不允许走动，也不允许照镜子，她们怎样才能看到对方的脸？

79. 狭路相逢

一条河上有一座独木桥，只能容一个人通过。有两人来到桥头，一个从南来，一个向北去，想要同时过桥，该怎么过去？

80. 科学家理发

　　一位科学家来到一个小镇，他发现镇上只有两位理发师，每人各有自己的理发店。科学家需要理发，于是他先察看了一家理发店，一眼就看出它非常脏，理发师本人衣着不整，而且头发凌乱。再看另一家理发店，店面崭新，理发师的胡子刚刮过，而且头发修剪得非常好。科学家稍加思考，便返回了第一家理发店。你猜这是为什么呢？

81. 魔鬼与天使

　　魔鬼说的都是假话，而人有时说假话，有时说真话，天使则总是说真话。

　　现在甲说："我不是天使。"乙说："我不是人。"而丙则说："我不是魔鬼。"你能判断出他们的身份吗？

82. 奇怪的人

一个没有双眼的人看到树上有苹果，他摘下了苹果又留下了苹果。这是为什么呢？

83. 糊涂的交易

硅谷一家大公司致电欧洲供应商要求订一批半导体材料，这家大公司非常精确地指定了交货日期。但是，信誉良好的欧洲供应商每一批交货日期都至少有一个月的误差，有些货物太早送到，有些货物却迟到。硅谷大公司打电话质问其原因，欧洲供应商说他们的货物都是由物流公司安排送货的，物流公司却说他们也是按照合同上的时间按时送达的。

那么问题出在哪一个环节呢？

84. 荒谬的法律

古时候，有一个国家的国王为了让自己国家里的女性比男性多，就颁布了这样一条法律：女人生了男孩后，就被禁止再生小孩。这样的话，有些家庭就会有几个女孩而只有一个男孩，就不会有一个以上的男孩。所以，用不了多久女性人口就会大大超过男性人口了。你认为这条法律可以实现他的"愿望"吗？

85. 开关和灯泡

有甲、乙两间屋，甲屋有3个开关，乙屋有3个灯泡。在甲屋看不到乙屋，而甲屋的每一个开关控制乙屋的其中一个灯泡。怎样可以只停留在甲屋、乙屋各一次，就知道哪个开关是控制哪个灯泡的呢？

86. 左撇子，右撇子

一个班级里的学生有左撇子、右撇子，还有既不是左撇子也不是右撇子的学生。在这道题目里，我们把那些既不是左撇子也不是右撇子的学生看作既是左撇子又是右撇子。

班上 $\frac{1}{7}$ 的左撇子同时也是右撇子，而 $\frac{1}{9}$ 的右撇子同时也是左撇子。

问班上是不是有一半以上的人都是右撇子？

87. 密码

一位男士在银行新开了一个账户，他需要为这个账户设定一组密码。按照银行的规定，一共有5位，前3位由字母组成，后2位由数字组成。请问，按照下面的条件，密码的设定分别有多少种可能性？

① 可以使用所有的字母和所有的数字。

② 字母和数字都不能重复。

③ 密码的开头字母必须是T，其他条件同条件②。

88. 李经理的一周行程

下个星期李经理的活动安排是：参观科技馆；去税务所；去医院看外科；还要去宾馆午餐。宾馆是在星期三停止营业；税务所是星期六休息；科技馆在周一、三、五开放；外科大夫每逢周二、五、六坐诊。那么李经理应该在星期几才能在一天之内完成所有事情呢？

89. 老猴子的点子

两只小兔子在森林里拣到了一堆蘑菇。为平均分配这堆蘑菇它们争吵起来了，最后只好把这个问题交给森林国王老猴子来处理。结果老猴子给它们出了一个绝妙的点子，两只小兔子高高兴兴地均分了这堆蘑菇。

请问：老猴子出了一个什么点子呢？

90. 鸡与蛋哪个在先

小明和小华为"先有鸡还是先有蛋"争论不休。公正的你该如何为他们解答这一难题?

91. 谁的孩子

三个人在一起散步。第三个人说:"第二个人是第一个人的孩子。"但第一个人却反驳说:"我不是第二个人的妈妈,他也不是我儿子。"他们的话都是事实,那么是谁搞错了啊?

92. 两位数学老师

两位数学老师相对坐在办公室看同一份作业，她们为了其中的一道题目争得面红耳赤，其中一个说："这个等式是正确的。""不，这完全是错误的。"另一个说。

请问：她们看的是一个什么式子呢？

93. 镜子里的影像

在照镜子时，你在镜子中的影像与你自己相比，左右颠倒了方向。比如你的左手，在镜子中就成了你的右手，而你的右手在镜子中则成了你的左手。由此看来，镜子中的影像是可以左右颠倒的。

但是如果你在镜子前面侧身躺下，你会发现镜子中的影像并没有左右颠倒，比如你头和脚的位置看上去依然与你躺下的实际方向是一致的。这是为什么呢？

94. 哪个与众不同

A，B，C，D 四个图中有一个与其他三个不相同，你能看得出来吗？

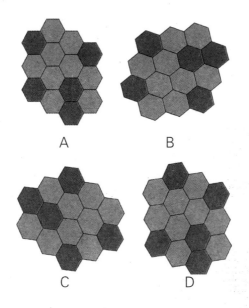

A   B

C   D

95. 分辨生熟鸡蛋

小力不小心把煮熟的鸡蛋与生鸡蛋混放在一起了。从外边又看不出来有什么区别，打开吧，如果是生鸡蛋那就把鸡蛋弄坏了。你能想出办法，不打开鸡蛋就把生鸡蛋和熟鸡蛋区分开吗？

96. 古铜镜是真的吗

张老先生喜欢收藏古董，没事就会到旧货市场上转转。这天，他看到一个年轻人拿着一面古铜镜在市场上叫卖，镜子上铸有"公元前四十二年造"的字样，张老先生不用请专家就知道这面古铜镜是假的。你知道为什么吗？

97. 怎样合法销售

在一些欧洲国家，星期天卖某些商品是违法的：像报纸、水果这种有时间性、易变质的商品可以出售；而像图书和电器等在短期内不会失去效用性的商品则不允许出售。商店应该怎么做，才能在星期天把这两种商品都合法地卖出去呢？

98. 丢失的稿件

一阵清风把一堆没有装订的稿件吹散了，找回来的稿件中丢失了两页，请你想想是哪两页没有找回来呢？

提示：请仔细观察下图的稿件上的页码。

99. 最后的弹孔

某地著名的富翁被枪杀了。他是站在房子的窗边时，被突然从窗外射来的子弹击中的。也许是凶手的枪法不准，打了4枪，最后一枪才致命。窗户的玻璃上留下4个弹孔。你知道最后一枪的弹孔是哪个吗？

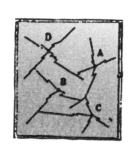

100. 兔子的食物在哪里

在一个表格里有几只兔子，每只兔子都有一根专属于自己的胡萝卜，这根胡萝卜有可能紧邻在兔子的四周，但不可能出现在兔子的对角线相邻位置。同时，两根胡萝卜也不能相邻，也就是说，它们彼此之间不能"接触"。位于每行和每列的胡萝卜数目已经标示在表格旁了，兔子们的食物到底在哪里？

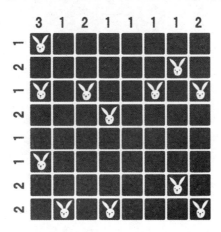

101. 冬天还是夏天

下面这两幅图，你能看出哪一幅是夏天，哪一幅是冬天吗？

102. 水多还是白酒多

桌子上放着同样大小的两个瓶子，一瓶装着白酒，一瓶装着水，两个瓶子里的液体一样多。如果用小勺从第一个瓶子中取出一勺白酒，倒入第二个瓶子中，搅匀后，再从第二个瓶子中取一勺混合液，倒回第一个瓶子中。那么这时是白酒中的水多呢，还是水中的白酒多呢？

103. 有问题的时间表

妈妈每天都催促亮亮要抓紧时间学习，亮亮却辩解说他一年之中几乎没有时间学习。妈妈疑惑地问他怎么没有时间学习，亮亮就给妈妈列出这样一个表：

睡觉（一天8小时）	122 天
双休日	104 天
暑假	60 天
用餐（一天3小时）	45 天
娱乐（一天2小时）	30 天
总计	361 天

一年中，剩下的4天还没有把他生病的假期算进去，所以他没有时间学习。妈妈看他这样计算觉得也有道理。事实上，亮亮列出的这个时间表是有问题的。你看出来了吗？

104. 阿凡提为什么不害怕

有一次，财主把阿凡提抓了起来，他把阿凡提绑在水池的柱子上，然后又在水面上放了很多大冰块。这时，水正好淹到阿凡提的脖子，财主想等到冰块融化后淹死阿凡提，但阿凡提却丝毫不害怕。你知道，冰块融化了之后水面会上升多高吗？

105. 三位不会游泳的人

有三个人必须过河到对岸，但河上没有桥。对岸有两个准备划小船渡河到这边来的孩子有心帮助他们。可是船太小了，一次只能搭一个人，如再加上一个孩子船就会沉下去，而岸上的三个人都不会游泳。请问：他们要怎么做才能让所有人都顺利到达对岸呢？

106. 走不出的山谷

一天晚上，3个探险家为了抄近路，决定从宽4000米的山谷中穿过。他们走了很久，按时间计算应该到达目的地了，但每次总是莫名其妙地回到出发点附近。你知道是怎么回事吗？

107. 谁胜谁负

和你的朋友交替说出 1 到 10 中自己喜欢的数，把每次你和朋友说的数相加，最后再求出总和。谁说出的数值让总和达到或者超过 100，谁就算输。

仔细思考一下，想想你该怎么做才能取胜。

108. 超标的药丸

某制药厂最近新生产了一批感冒药，每100粒装在一个瓶子里，6个瓶子为一箱。在推向市场之前，制药厂必须把这些药丸送到药物质检局检验。

一天，制药厂收到紧急通知：某箱药丸里，有几个瓶子里的药丸超重1毫克。

如果每一瓶都取出一粒药丸来称量，那么需要一共称量6次才能得出结果，能不能想办法称一次就解决问题呢？

109. 秘密行动

国家情报局接到通知：一辆时速为60千米，长约250米的火车上装满了炸药准备驶向首都。为阻止这一恐怖活动，国家情报局决定派本杰伦在火车必须通过的500米隧道后的铁轨上装置黄色远程遥控炸弹。由于火车通过隧道的时间仅30秒，于是本杰伦把遥控定时装置设置为"30"，只要火车一进隧道，就会触发装置计数，30秒

后炸药自动爆炸。但是当火车呼啸而来进入隧道，高强度炸药在铁轨上准时爆炸后，火车仍然在失去铁轨的路面上继续疯狂前行，最后在树林里停了下来，随之引起了一场大火。消息传到国家情报局后，上司以指挥失误为由处分了本杰伦。你知道本杰伦错在哪个地方吗？

110. 抢报 30

蓬蓬和亨亨玩一种叫"抢30"的游戏。游戏规则很简单：两个人轮流报数，第一个人从 1 开始，按顺序报数，他可以只报 1，也可以报 1，2。第二个人接着第一个人报的数再报下去，但最多只能报两个数，也不能一个数都不报。例如，第一个人报的是 1，第二个人可报

2，也可报 2，3；若第一个人报了 1，2，则第二个人可报 3，也可报 3，4。接下来仍由第一个人接着报，如此轮流下去，谁先报到 30 谁胜。

蓬蓬很大度，每次都让亨亨先报，但每次都是蓬蓬胜。亨亨觉得其中肯定有猫腻，于是坚持要蓬蓬先报，结果还是蓬蓬胜得多。

你知道蓬蓬必胜的策略是什么吗？

111. 摸黑装信

当当有 4 位好朋友，他们之间经常用书信联系，感情非常好。

有一天晚上，当当分别给 4 位朋友写信。他写好信正准备分装的时候，突然停电了。当当摸黑把信纸装进信封里，因为要赶着明天寄出去。妈妈说他这样摸黑装信会出错，当当说最多只有一封信装错。

你觉得当当说得正确吗？

112. 标点的妙用

标点不仅仅在写作时不可或缺，正确使用标点符号对解数学题也有很大帮助。下面是一道没有标点的古代数学题，你能正确标出标点，然后计算出来吗？

"三角几何共计九角三角三角几何几何"

113. 猜拳

猜拳是一个讲究技巧的游戏。假设规定双方不能连续出 2 次相同拳法，连猜 10 次决定胜负。你该怎么做才能取胜？

114. 谁击中了杀手

拿破仑身边有 A，B，C，D，E，F，G，H，8 个保镖。一次，有个杀手谋杀拿破仑未遂，正在逃跑的时候，8 个保镖都开枪了，杀手被其中一个人的子弹击中了，但不知道是谁击中的，下面是他们的谈话：

A："可能是 H 击中的，或者是 F 击中的。"

B："如果这颗子弹正好击中杀手的头部，那么是我击中的。"

C："我可以断定是 G 击中的。"

D："即使这颗子弹正好击中杀手的头部，也不可能是 B 击中的。"

E："A 猜错了。"

F："不会是我击中的，也不是 H 击中的。"

G："不是 C 击中的。"

H："A 没有猜错。"

事实上，8 个保镖中有 3 个人猜对了。你知道谁击中了杀手吗？假如有 5 个人猜对，那么又是谁击中了杀手呢？

115. 玻璃是谁打碎的

有甲、乙、丙、丁 4 个小朋友在踢足球。其中一个孩子不小心把足球踢到楼上，打碎了李阿姨家的窗户。李阿姨非常生气地走下楼来，问是谁干的。甲说是乙干的，乙说是丁干的，丙说他没干，丁说乙在撒谎。他们 4 个人当中，有 3 个人说了假话。

你知道是谁打碎了李阿姨家的窗户吗？

116. 分机器人

8 个孩子分 32 个机器人，分法如下：燕妮得到 1 个机器人，玫利得到 2 个，培拉 3 个，米奇 4 个，男孩凯德·史密斯得到的机器人和他的妹妹一样多，汤米·安德鲁得到的是他妹妹的 2 倍，比利·琼斯分得的机器人是他妹妹的 3 倍，洛克·哈文得到的是他妹妹的 4 倍。请你猜猜上面 4 个女孩的姓氏。

提示：在西方人名中，如汤米·安德鲁，姓氏居后，即安德鲁。

117. 小猫的名字叫什么

在下面的宠物照片中，有 6 只小猫的照片，它们看起来很相似，但名字是不一样的。

①叫作"咪咪"的是在上面一排里。

②叫作"花花"和"球球"的在同一排里。

③叫作"花花"的（不是 D）在"咪咪"的左边。

④ "球球"的左边是"B 或 E"，"黑黑"在中央位置（B 或 E）。

⑤叫作"忽忽"的在"兰兰"的右侧。

请问：这6只小猫的名字分别叫什么？

118. 三只难对付的鹦鹉

罗伯特、丽萨、艾米是三只鹦鹉，它们分别来自三个国家。其中来自A国的鹦鹉一直说真话，来自B国的鹦鹉一直说假话，来自C国的鹦鹉特别有意思，它总是先说真话再说假话。

对于这三只难对付的鹦鹉，饲养员偷偷地录下了它们的对话。

你能否根据它们的对话推断出这三只鹦鹉分别来自哪个国家？

罗伯特说："艾米来自C国，我来自A国。"

丽萨说："罗伯特来自B国。"

艾米说："丽萨来自B国。"

119. 休闲城镇

　　一个著名的休闲城镇里有一家餐厅、一家百货商场和一家蛋糕店。丁丁到达休闲城镇的那一天，蛋糕店正好开门营业。这个休闲城镇一星期中没有一天餐厅、百货商场和蛋糕店全都开门营业。百货商场每星期开门营业四天，餐厅每星期开门营业五天，星期日和星期三这三家单位都关门休息。在连续的三天中：

　　第一天，百货商场关门休息；

　　第二天，蛋糕店关门休息；

　　第三天，餐厅关门休息。

　　接下来（可能与前一个第三天有间隔），又一个连续的三天中：

　　第一天，蛋糕店关门休息；

　　第二天，餐厅关门休息；

　　第三天，百货商场关门休息。

　　请问：丁丁到达休闲城镇是一星期七天中的哪一天？

百货商场　　　　　餐厅　　　　　蛋糕店

120. 失误的程序员

高先生是一个高级程序员，但是他最近设计的三款机器人却出了一点问题：有一个永远都说实话，有一个永远都说谎话，另一个则有时说实话，有时说谎话。高先生不知道怎么分辨它们，就请高博士帮忙。

高博士一看，随口问了三个问题就知道怎么分辨了。

他问左边的机器人："谁坐在你旁边？"机器人回答："诚实的家伙。"

他问中间的机器人："你是谁？"机器人回答："总是犹豫不决的那位。"

他问右边的机器人："坐在你旁边的是谁？"机器人回答："说谎话的家伙。"

请根据上面三个问题及其回答，推测机器人的身份。

121. 一条漂亮的裙子

小新快过生日了，妈妈给她准备了一个生日礼物——一条漂亮的裙子。为了考验一下小新，妈妈将礼物放在下面两个盒子当中的一个里，两个盒子上面分别系有一张纸条。小新一看，就知道礼物在哪个盒子里了。你知道吗？

122. 谁在撒谎

有5个学生，在接受学校的小记者团采访时说了下面这些话，你来判断他们中有几个人撒了谎。

小艾说："我上课从来不打瞌睡。"

小美说："小艾撒谎了。"

小静说："我考试时从来不作弊。"

小惠说："小静在撒谎。"

小叶说："小静和小惠都在撒谎。"

123. 神秘岛上的规矩

有一位商人来到一个盛产美女的神秘岛上，想在这里娶一位妻子。岛上的居民不分男女，可分为：永远说真话的君子；永远撒谎的小人；有时讲真话、有时撒谎的凡夫。商人从甲、乙、丙三个美女中选一个做妻子。这三个美女中一个是君子，一个是小人，一个是凡夫，而凡夫是由狐狸变的美女。按照岛上的规定，君子是第一等级，凡夫是第二等级，小人是第三等级。岛上的长老允许商人从三位美女中任选一位，并向她提一个问题，而这个问题只能用"是"或者"不是"来回答问题。

请问：商人应该问一个什么问题才能保证不会娶到由狐狸变的凡夫呢？

答案

1. 为什么没有受伤

别去想他有什么神奇的本领了，他只是做了一件连你也能做到的事，即从座椅上跳到了机舱里。

2. 盲人分袜

幸好搞混的是袜子。袜子不分左右的，所以两人只要各取每一双袜子的一只，就会各自组成两双蓝袜子、两双红袜子。

3. 天平倾向哪边

天平最终是平衡的。冰在高温下一融化，西瓜那端就会下沉滚走，冰化成水后也会流走，剩余的水也在高温下蒸发了，天平最后依然保持平衡。

4. 一封假遗书

詹姆是看了信上的日期，才推断凶手可能是美国人。因为英国人写时间是先写日期，再写月份的。但美式写法则刚好相反，是先写月份，再写日期的。

5. 字母逻辑

Z 应该是红色的。红色的字母都能一笔写完，白色的字母则不行。

6. 太空人打赌

当然能。只要他一直往前走，超过 1 千米就行。在他走过的路线上，绝对有一点与他出发点的距离恰好 1 千米。

7. 神奇的超车

小汽车已经沿湖跑了一圈，快追上慢腾腾的小货车了，所以在小货车的后面。

8. 变脸

答案是 A。规律是：①脸部加一划；②在脸部加一划和加一根头发；③加一根头发；④脸部加一划和加一根头发（见图 2~5）。如此反复。

9. 农夫的话

不可信。因为野鸭会孵蛋，而家养的鸭子经过长期的人工选育已经退化，是不会孵蛋的。农夫在撒谎。

10. 口红印记

凶手是代号 608 的光，因为女侦探背着手写下 608，数字排列发生变化，顺序也颠倒了，608 成了 809。

11. 颜色搭配问题

这里的色彩排列顺序基本上是以彩虹的色彩为先后，每两色之间夹有一种别的色。但在基本色当中，黄、绿的顺序颠倒了。

12. 最好的类比

此类型的题必须先把第一组之间的关系思考清楚，再根据这些关系去选出相对应的图形就可以了。第一个图形与第二个图形之间是正方形对三角形，并且颜色相反，同理，与第二个图形相对应的应该是（b）。

13. 该填哪一个字母

答案是 M。按照 1，2，3 顺序，从字母 A 开始，顺时针方向螺旋至"？"，每 2 个字母之间均间隔 3 个字母。

14. 字母排列

答案是 N。每块牌由上而下都是进 5 个字母，再退 3 个字母到下一块牌。

15. 视觉幻象

箭头 e 和箭尾 3 是配对的。

16. 奇怪的绑架案

绑匪是邮差。因为在没有门牌和真实姓名的情况下，只有他能安全收到钱，但如果是挂号信就不行了，所以他要求用普通邮件。

17. 豪华客轮上的谋杀案

凶手是遗产继承人崔促达。他为了早点把遗产弄到手，没有将尸体丢入大海，而是刻意留下。因为法律规定，在失踪期间，失踪人的财产是不能被继承的。

18. 不翼而飞的钻石

清洁工人。他利用吸尘器吸出了钻石。

19. 店里是卖什么的

根据题目上的叙述，至少可以推算出图中那样的结果。

根据⑤和⑥可以知道，酒吧和文具店在道路的同一边。再看看图就会发现只有在 1 号店这一边才有可能。而且，6 号店也会在这一边，可知 6 号店的位置一定是在 1 号店的左边或右边。而 6 号店的隔壁是酒吧，所以就知道 1 号店是酒吧了。

20. 银店抢劫案

依据在银碗中见到的影像，营业员不可能认定作案者是谁，因为碗中反射出来的影像是个变形的影像。

21. 真假命题

正确的答案应该是：想象力很丰富或缺乏生命力。

原来的命题是用"但是"连接前后两句的，所以否定句就改用"或"来连接。下面再来说明一下：

假如只有"想象力很丰富"这个条件，原本的句子就不成立了。这时是否"充满生命力"也就不重要了。

假如只有"缺乏生命力"这个条件，原本的句子也不成立。这时是否"想象力丰富"也就不重要了。

两项都是对的，所以用"或"连接。

22. 大家族

依刘婆婆的叙述，将这一家族的家谱列出即可明白，所谓家属七人，乃是两位女孩和一位男孩，以及他们的父母、祖父母。

23. 移花接木

刑警看到蜡烛后产生了怀疑，再加上停电，蜡烛一直没有熄灭。假如亚美是在自己屋里被杀，过了 24 个小时，蜡烛早就燃尽了，一定是有人夜里把尸体弄来，走时忘了熄灭蜡烛。

24. 教师节买花

花店就是从右边数的第二家。

根据前三个条件，旅店不在茶店、书店和酒店的旁边，所以旅店应该是两头的两家店里的一家。而它的旁边就是茶店、书店和酒店以外的花店了。花店的旁边不是茶店或酒店，那就是书店了。

根据第二个条件，酒店不在书店的旁边，下一家应该是茶店。那么，剩下的酒店就是在两头的两家店中的一家。但是，茶店的墙是上了颜色的，所以茶店应该是左数第二家。

以此类推，就可以推出答案的顺序了。

25. 无辜的狗

张先生将狗训练得一听见电话铃响就立刻对人进行攻击。当时，张先生打电话给邓先生，狗听见电话铃声后便依照平日的训练去攻击人。

26. 三角形填空

全黑圆。从各三角形上端圆圈和下边圆圈来看，变化的规律是：从左到右，圆圈黑影每次多 $\frac{1}{4}$ ，如三角形尖部的圆圈变化为 $\frac{1}{4}$ ， $\frac{1}{2}$ ， $\frac{3}{4}$ ，直至全黑（ $\frac{4}{4}$ ）。

27. 图形推理

以 A 圆圈内黑点为起始，B 逆时针退一格，C 顺时针进三格，如此反复。F 圆圈内的黑点在 E 基础上退一格。

28. 谁偷了手提包

因为列车在停靠车站时，为了保证站内卫生，厕所一律锁门，禁止乘客使用。去石家庄的乘客在撒谎。

29. 能循环工作吗

这是不可能实现的。因为当丁走完一条边的时候，甲并不在他原来的位置上而是在乙原来的位置上，所以丁和甲并不能成功地交接，他们也就没办法循环下去了。

30. 难解的死亡密码

如右图。

E	A	E	D	E	A	A	D	E	D	E	E	A	D	E	A
A	E	D	E	D	A	D	D	A	D	E	E	D	A	D	E
D	D	A	E	E	D	A	A	D	A	A	D	E	A	E	D
E	D	D	E	A	E	A	A	A	E	D	A	D	D	A	D
A	D	A	D	E	A	E	D	A	A	A	A	D	D	E	A
E	D	D	A	D	A	D	E	D	A	A	A	D	E	A	D
D	A	E	E	E	E	A	A	D	E	E	D	D	A	E	A
A	D	E	A	D	A	A	A	A	D	E	A	A	E	A	D
A	D	A	D	A	A	D	A	A	A	A	A	D	D	A	E
E	D	A	A	D	E	D	A	A	D	D	A	A	D	A	D
A	D	D	D	A	D	A	D	A	A	A	A	E	D	E	A
D	A	D	D	A	A	D	A	D	A	A	D	A	D	A	D
E	D	D	A	D	D	E	D	E	A	D	D	A	A	D	A
A	E	E	A	D	A	A	E	A	D	D	A	E	A	A	D
E	A	E	A	A	A	D	D	E	A	E	A	D	D	E	D
D	E	D	A	D	D	A	E	A	D	A	E	E	A	E	A

31. 环环相扣

只要把3，5，7，10，12，14 六个环脱开，所有的环便都开了。

32. 奇怪的绳圈

右上的那颗钉子会钩住绳子。

33. 寻找巡逻路线

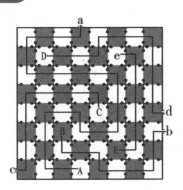

34. 填什么图形

从前两图可知每个圆圈中都包含 4 对相同的图形（相对的扇形里）。

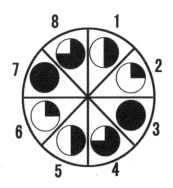

35. 猜名字

是 B 的名字。很明显，A 与 C 两人之中必有一人是对的，因为他俩的判断是矛盾的。如果A正确的话，那么B也是正确的，与老师说的"只有一人猜对了"矛盾。所以A必是错误的。这样，只有C是正确的。B的判断是错的，那么他的相反判断就是正确的，即"是B的名字"是正确的，所以老师手上写的是B的名字。

36. 幸运轮盘

根据线索二的提示，葡萄、桃子和草莓必定相邻。因为橘子在已经填出位置在1区，所以桃子一定在3，4，5，6区域。现在来看线索一和三。如果桃子在3区或6区（葡萄和草莓在它两旁），就会留下三个相邻区域给石榴、菠萝和橘子，使线索一和三不成立。进一步研究可发现桃子不会在4区，所以它必然在5区。由此可得出所有答案：葡萄在6区，草莓在4区，石榴在2区，菠萝在3区，橘子在7区，苹果在1区，桃子在5区。

37. 不打自招的凶手

影子不可能在窗口。张某说"窗口有高举木棍的影子"，这就是谎言。因为桌上台灯的位置是在被害人与窗子之间，不可能把站在被害人背后的凶手的影子照在窗子上。

38. 经理投票

先投乙案，在第二次投票的时候还是投乙案。

先想想甲、乙两案的表决，A公司将获得的预算分别是甲案：2亿，乙案：1亿，甲案比较有利。同样地对B公司来说也是甲案比较有利，所以如果 A 公司经理投甲案的话甲案就会通过了。

但是接下来甲、丙两案表决时，对 B 公司经理和 C 公司经理来说都是丙案有利，所以 A 公司得到的预算将是 0。为了避免这种情况的发生，A 公司经理在一开始时便投乙案，接下来当乙、丙两案表决时，站到 C 公司这一边使乙案通过，A 公司就可以得到 1 亿的预算资金了。这是退而求其次的选择。

39. 等式背后的逻辑

每个字母都以它的"笔画末端"数目来代替。例如 D 没有"笔画末端"，是 0；M 左下和右下有两个"笔画末端"，是 2；T 由一、丨组成，有 3 个"笔画末端"，是 3。所以最后的等式为（4÷2）+ 3 − 4 = 1，而答案是 P（也可以是 Q，这要看你怎么写）。

40. 选图填空

C。

思路：

由图可得，问号所在六边形的正上方、右下方为图案 B；右上方，正下方为图案 A。由此规律看全图，可得问号代表为图案 C。

41. 找图填空

答案是 A。构图规则：自上而下，由左边第一行起，半圆形朝向的变化为2上，4右，3下，2左，如此反复。每一行数完后，接着数下一行，仍自上而下。

42. 复杂的图形

15个正方形，72个三角形。

43. 经验丰富的警长

从落叶上分析，如果车子在森林中停放两天，车内和尸体上一定会堆满落叶；如果车上落叶很少或基本没有，证明车子放到这里时间不长。而凶手只能步行离开，在大森林里，既容易留下痕迹，又不容易走远。

44. 该放哪一种水果

正确答案应该是桃子。

这张图里3种水果的排列，从里到外形成一个漩涡状，排列的顺序依次是苹果、草莓、桃子。如果你能看出这一点，答案也就很简单了。

45. 填字母

表格中ABC的排列有一定的规律，即从里到外形成一个漩涡状，如图所示：

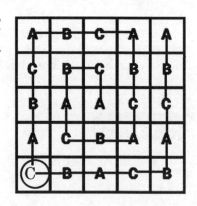

46. 依序找图

选 B 图。方格中每一个箭头均按逆时针的方向旋转 90 度，即可得到下一图。

47. 弹头不见了

凶手用与死者同血型的血液快速冷冻，使其变成固体的弹头。这种弹头射入人体后，会受体温影响而解冻融化成血液。

48. 伪装的现场

警长一看帐篷支在一棵大树下，就断定为他杀。因被害人是有经验的老地质队员，他不可能在野外将帐篷支在大树底下，因如果天气骤变，会有遭雷击的危险。

49. 一山更比一山高

时髦小姐。因为如果是另两个人的话，他们应该连那位小姐的钱包一块儿偷走才对；就算他们不全偷，他们也不知究竟哪个钱包是羽根的。

50. 如何称体重

先称皮皮、琪琪和皮皮弟弟三人的总重量，然后称皮皮和弟弟两人的重量，最后称皮皮和琪琪的重量。这样就可很快算出三人各自的体重了。你是这么想的吗？好简单哟！

51. 月圆之夜的凶案

嫌疑人说是在东西流向的河南岸坐着，即他是面朝北的。在北纬 29 度线以北，可以看到月球和太阳一样在天空的南部东升西落。如果他面朝北，是看不见月亮在河水中的倒影的。

52. 哪一句话正确

正确的答案应该是②：有的人没有逻辑。

这是个有关"否定"的基本问题。

否定的时候，"有"跟"没有"互换，同时"且"跟"或"互换，"全部"跟"有的"也互换。

"全部的人都有逻辑"这句话，它的否定就是："有的人没有逻辑"。

如果"全部的人都有逻辑"这句话是假的，一定有人会想：不是也有"全部的人都没有逻辑"的可能性吗？

但是，"有的人没有逻辑"也包含了"全部的人都没有逻辑"在内。

53. 单身公寓里的暗恋

喜欢刘杰的人是王梅。

这确实是一道比较复杂的题，我们要先把提示画成圆，这样会给我们一些更直观的感觉。我们用顺时针的方向来表示喜欢的对象。

根据题面的叙述，我们可以画出图1，在图中赵怀和朱朗的位置是可以确定的。但刘杰和李亨按照顺时针方向谁先出现还不能确定。通过假设，我们会发现当"X"的位置上是刘杰时才不会跟题目的叙述相矛盾，这时候就可以画出图2了。

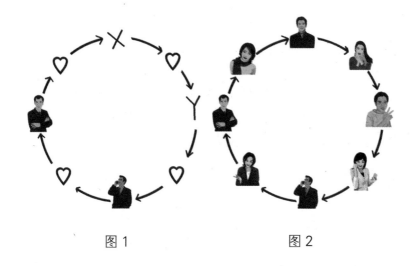

图 1　　　　　　　　图 2

54. 喜欢看什么小说

正确的答案是"喜欢科幻小说的读者不喜欢言情小说"。

这是使用"否逆命题"的初级问题，就像"喜欢言情小说的话就不喜欢武侠小说,"它的"否逆命题"就是"喜欢武侠小说的话就不喜欢言情小说"。

假设原命题"前提→结论"（"→"表示"条件"），它的否逆命题就是"结论的否定→前提的否定"。"如果原命题成立，否逆命题也会成立"，这是逻辑中非常重要的概念。这个问题可以用下面的方式，先写出否逆命题就能推论出正确答案。

喜欢言情小说→不喜欢武侠小说

喜欢武侠小说→不喜欢言情小说

不喜欢历史小说→喜欢武侠小说

不喜欢武侠小说→喜欢历史小说

喜欢历史小说→不喜欢科幻小说

喜欢科幻小说→不喜欢历史小说

所以："喜欢科幻小说→不喜欢历史小说→喜欢武侠小说→不喜欢言情小说"是正确的。

55. 猜颜色

A 可以正确推断出自己头上所戴的发卡的颜色。你想不到会是 A 女孩吧？这正是博弈论原理的实际运用，即从别人是怎么想的出发进行分析。

C 不可能推出自己头上的发卡的颜色。因她看到的只有两个红发卡，而老师给她的信息是：原有"三红二紫"，现余"一红二紫"，她当然不能确定自己的发卡是红还是紫了。

B 同样不可能推出自己头上的发卡的颜色。因她看到的只有一个红发卡，而老师给她的信息是：原有"三红二紫"，现余"二红二紫"，她当然也不能确定自己的发卡是红还是紫了。

A 虽然什么颜色的发卡都没有看见，但可以从"B，C 两人推不出来"中得到重要的提示。C 不能推出自己头上的发卡的颜色，说明 A，B 不可能都是紫发卡，如 A，B 都是紫发卡，C 当然能知道自己头上戴的是红发卡。B 也推不出自己头上的发卡的颜色，这说明了 A 不是紫发卡。如果 A 是紫的，B 从 C 不能推出自己头上的发卡的颜色中可以断定，B 的头上是红发卡，如果她是紫发卡的话，C 当然能知道自己头上戴的是红发卡。这样，A 当然可以确定她的发卡是红色了。

56. 三口之家

老王、李平和美美是一家；老张、杜丽和丹丹是一家；老李、丁香、壮壮是一家人。

57. 照片上的人

这个人在看她丈夫的继母的外孙媳妇的照片。

58. 卖相机

他把机身卖 300 元，机套卖 10 元就错了，300 − 10 = 290，而实际上机身要贵出 300 元。正确答案是机套卖 5 元，机身卖 305 元。

59. 区分左右

小芳不一定在小娟的左边。

如果照图中所示，围成一圈的话，小芳就会在小娟的右边了。

事实上，像"左边""右边"这样看似非常一般的概念，到现在为止还是没有办法用数学或逻辑学来说明。

60. 如何分车票

黄总既不去北京，也不去广州，那么他一定是去上海。剩下了北京和广州两张车票，孙经理说他不去广州，则目的地应该是北京，而最后一张是王经理去广州的车票。

61. 坚强的儿子

儿子说："如果我正直的话，就不会被神遗弃；如果我不正直，就不会被大众所背叛。所以无论如何，我都不会被背叛的。"

62. 哪句话意思最相符

正确答案应该是③：一个国际人只会说外文是不够的。

你回答对了吗？不要把问题想得太复杂了，想得太复杂是不太容易找出答案的哦。

63. 能否保持平衡

最上层秤盘放的是：2，4。中间层放的是：6。最底层放的是：1，3。

64. 5分钟谜题

李江是鱼贩，王海是瓦匠，蒋方是木匠。因为从第一个信息可以得知王海不是鱼贩；从第二个信息可以看出王海不可能去敲李江的墙壁，所以他也不是木匠。因此，王海是瓦匠。李江既不是木匠，也不是瓦匠，那么他是鱼贩。剩下的蒋方便是木匠了。

65. 妙进城堡

詹姆斯趁守门人出来巡视的间隙，快步走进城门，当守门人出来巡视时，又转身向回走。守门人误认为他想溜出城去，于是就把他赶进了城堡。

66. 野炊分工

老大洗菜，老二淘米，老三烧水，老四挑水。

67. 最后一张扑克牌

是梅花9。花色的顺序是红桃、梅花、方块、黑桃循环。点数的顺序是依次加2，3，4，5，6……

68. 图形对应的规律

F。每一个部分均按顺时针方向旋转一个位置，并且每一个图案中带阴影部分均与对面部分相对调。

69. 巧倒粮食

先把袋子上半部分的小麦倒入空袋子，解开袋子上的绳子，并将它扎在已倒入小麦的袋子上，然后把这个袋子的里面翻到外面，再把绿豆倒入袋子。这时候，把已倒空的袋子接在装有小麦和绿豆的袋子下面，把手伸进绿豆里解开绳子，这样小麦就会倒入这只空袋子，另一个袋子里就是绿豆。

70. 哪个小球是次品

在天平两端各放两个小球，次品的那端肯定重。然后在天平两端各拿走一个小球，如果这时天平是平衡的，那么刚才重的那端拿走的小球是次品；如果天平还是不平衡，那么现在天平上重的那端的小球就是次品。

71. 反穿毛衣

首先，把毛衣从头上脱下，这样就把它翻了个面，让它的里面向外挂在绳子上。

然后，把毛衣从它的一只袖子中塞过去，这样又翻了个面。现在它正面向外挂在绳子上。

最后，把毛衣套过头穿上，这样就把毛衣的正面穿在前面了。

72. 让人高兴的死法

这个人选择了"老死"。

73. 骑马比赛

可以让两个骑手骑马，这样，两个骑手都想使自己骑着的对方的马跑得快点。把"比慢"变成"比快"，所以比赛很快就结束了。

74. 近视眼购物

眼镜框。因为李明是高度近视，一拿掉眼镜就看不清东西，如果不戴隐形眼镜，就不能确定购买的镜框是否美观、合适。

75. 水为什么不溢出来

这可能吗？你可以试试看，把小金鱼放进去，水同样会溢出来。而你是不是在想类似"因为金鱼有鳞片，或者金鱼把水喝到肚子里去了"等答案呢？

这是曾两次获得诺贝尔奖的居里夫人小时候做的一道题。培养我们的创造性思维，不要迷信某种解题技巧，而是要遵循科学规律，亲自动手试一试。

76. 过独木桥

妞妞的爸爸把两个小孩放进两边的箩筐里，转一个身，两个小孩就互相换了位置。

77. 谁在敲门

女人。

78. 互看脸部

"一个面向南，一个面向北站立着"，如果你认为两个人是背对背而立，那就得不到答案了。两个面对面站立的人，也同样可以一个面向南一个面向北站立啊。

79. 狭路相逢

从南来和向北去是同一方向，他们可以一前一后地过桥。

80. 科学家理发

因为镇上只有两位理发师，这两位理发师必然要给对方理发。科学家挑选的是给对方理出最好发式的那位理发师。

81. 魔鬼与天使

甲是人，乙是天使，丙是魔鬼。

82. 奇怪的人

他没有双眼，但有一只眼睛。

83. 糊涂的交易

问题出在日期的书写方式不同。美国公司用的日期格式是月/日/年，欧洲供应商用的日期格式是日/月/年，比如，美国公司要求的是2004年7月5日送货，就表示为7/5/04，而欧洲供应商就会把7/5/04的货物在5月7日送达。

84. 荒谬的法律

不可能。

按照统计规律，全部妇女所生的头胎中男女比例各占一半。如果母亲生了男孩就不能再生孩子，而生女孩的母亲仍然可以生第二胎，比例是男女各占一半。生男孩的母亲退出生育的队伍，生女孩的仍然可以生第三胎。在每一轮比例中，男女的比例都各占一半。因此，将各轮生育的结果相加起来，男女比例始终相等。当女孩们成长起来成为新的母亲时，上面的结论同样适用。

85. 开关和灯泡

打开一个开关，过一会关掉，再打开另一个开关，马上走到乙屋里。亮着的灯泡的开关就是第二次打开的开关。然后用手摸两个没有亮的灯泡，因为有一个开关事先打开了一会儿，所以有一个灯泡是热的，因此它就对应第一个开关。剩下的一个开关就对应另一个没有亮的灯泡。

86. 左撇子，右撇子

N 是既是左撇子同时也是右撇子的学生数。

7N 的人是左撇子，9N 的人是右撇子。

那么 N+6N+8N=15N 即全班的学生数。

而右撇子在学生总数中所占的比例是 $\frac{9N}{15N}$，即 $\frac{3}{5}$，超过班上一半的人数。

L	L	L	L	L	L	N=L+R

R	R	R	R	R	R	R	R	N=L+R

87. 密码

① 每个字母有 26 中可能，每个数字有 10 中可能，那么密码的可能性有：P=26×6×26×10×10 = 263×102=1757600 种。

② P = 26×25×24×10×9=1404000 种。

③ P=1×25×24×10×9=54000 种。

88. 李经理的一周行程

星期五。

89. 老猴子的点子

老猴子先让兔子 A 将蘑菇平均分成两份，然后由兔子 B 先在两份中挑选一份，剩下的那份就留给兔子 A。因为蘑菇是由兔子 A 分的，这两份在他的眼中当然都是一模一样的。两份蘑菇在兔子 B 眼中肯定是大小不一样的，所以他挑走了他认为比较大的那份。

90. 鸡与蛋哪个在先

这道题目并没有指明这个蛋一定是鸡蛋。爬行动物在地球上出现的时间比鸡早得多，而且爬行动物也会下蛋，所以地球上是先有蛋。

91. 谁的孩子

他们都没错，很可能是你搞错了。第一个人是第二个人的爸爸，第二个人是第一个人的女儿。

92. 两位数学老师

这个等式是 $9 \times 9 = 81$，但从不同的方向看就会看出不同的答案，另一个老师看的就是 $18 = 6 \times 6$。

93. 镜子里的影像

判断左右是人的一种视觉习惯。实际上，视觉分辨左右和分辨上下的概念不同。当人侧身躺下时，令头的方向为右，脚的方向为左，那么你会发现，原本在腹部"右边"的头，在镜子中则变成了在腹部的"左边"。

94. 哪个与众不同

A。你只需把图做旋转就会发现 B，C，D 是同一个图形。

95. 分辨生熟鸡蛋

旋转鸡蛋，容易转起来的是熟的，而很难旋转的是生的。因为，煮熟的鸡蛋蛋白和蛋黄是一个整体，容易转动，而生鸡蛋的蛋黄和蛋清是液体，所以转起来比较困难。

96. 古铜镜是真的吗

公元前四十二年的时候，"公元纪年"这个概念还没有产生；汉字的公元纪年到 20 世纪才出现。在使用公元纪年前，是使用年号纪年、干支纪年等纪年法。

97. 怎样合法销售

商店可以每斤水果卖高价，每次购买就赠送一种电器或一些图书。

98. 丢失的稿件

丢失的是 7—8 页。

99. 最后的弹孔

最后一枪的弹孔是 C。后发射子弹造成的玻璃裂纹被上一发子弹的玻璃裂纹挡住停下。按顺序查一下，就知道子弹发射的顺序是 D，A，B，C。

100. 兔子的食物在哪里

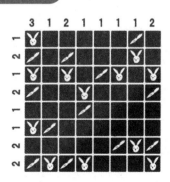

101. 冬天还是夏天

左图是夏天画的。因为夏天 11 点钟时太阳处于屋顶上方，照射进屋里的光线面积小。右图是冬天画的。

102. 水多还是白酒多

一样多。第二次取出的那勺水，因为它和第一勺体积相等，都设为 a。假设这勺混合液中白酒所占体积为 b，那么倒入第一杯白酒的水的体积为 a－b。第一次倒入水的白酒为 a，第二次舀出 b 体积白酒，则水里还剩 a－b 体积白酒。所以白酒杯里的水和水杯里的白酒一样多。

103. 有问题的时间表

亮亮把时间重复计算了。举一个很简单的例子，在他暑假的 60 天里，他把用餐和睡觉的时间既计入了暑假的时间，又分别计入了全年的用餐时间和睡眠时间。

104. 阿凡提为什么不害怕

水面一点儿也不会升高，因为冰块融化成水的体积正好是它排开水的体积。

105. 三位不会游泳的人

他们如下划船往返六次就可以让所有人都到达对岸：

第一次，两个孩子乘小船到对岸，由一个孩子把船划回三个人所在地方（另一个孩子留在对岸）。

第二次，把船划过来的孩子留在岸上，一个人划小船到对岸登陆。在对岸的那个孩子把船划回来。

第三次，两个孩子乘船过河，其中之一把船划回来。

第四次，第二个人坐船过河。小船由小孩划回来。

第五次，同第三次。

第六次，第三个人过河。小孩把船划回来。所有人都顺利到达对岸。

106. 走不出的山谷

实际上，这些人走了一个圆。人走路时，两脚之间有一定的距离，大约是 0.1 米，每一步的步长大约是 0.7 米，由于每个人两脚的力量不可能完全一致，因此，迈出的步长也就不一样，若在白天要沿直线行走，我们会下意识地调整步长，保证两脚所走过的路程一样长。当在夜间行走辨不清方向时，就无法调整步长，走出若干步后两脚走的长度就有一定差距，自然就不是沿直线行走，而是在转圈。

107. 谁胜谁负

让你的朋友先说，你所说的数加上你的朋友说的数值刚好等于 11。依次类推，等你们所说的数值总和达到 99 的时候，即使你的朋友说 "1"，他也会输。

108. 超标的药丸

从 6 个瓶子里分别取出 11，17，20，22，23 和 24 粒药丸来，然后放在一起称一次就可以知道问题出在哪几瓶里。比如：称重之后超重 53 毫克，而这 6 个数字能构成 53 的组合只有一种，即：11 + 20 + 22。因此，问题就出在第 1 瓶、第 3 瓶和第 4 瓶。

109. 秘密行动

本杰伦的失误在于没有考虑到火车本身的长度。30 秒是火车头进入隧道到驶出隧道的时间，但是车身还在隧道中，火车实际完全驶出隧道的时间为 45 秒。所以，炸药爆炸的时候只炸断了铁轨，对火车本身并没有造成太大影响。

110. 抢报 30

蓬蓬的策略其实很简单：他总是报到 3 的倍数为止。如果亨亨先报，根据游戏规定，他或报 1，或报 1，2。若亨亨报 1，则蓬蓬就报 2，3；若亨亨报 1，2，蓬蓬就报 3。接下来，亨亨从 4 开始报，而蓬蓬视亨亨的情况，总是报到 6 为止。依此类推，蓬蓬总能使自己报到 3 的倍数为止。由于 30 是 3 的倍数，所以蓬蓬总能报到 30。

111. 摸黑装信

不正确。如果出错的话，至少有 2 封信出错。

112. 标点的妙用

《三角》《几何》共计九角。《三角》三角，《几何》几何？

《几何》书价是六角。

113. 猜拳

连续出对手刚出过的并且输了的拳。

114. 谁击中了杀手

如果8个保镖中有3个人猜对，杀手是C击中的；如果8个保镖中有5个人猜对，杀手是G击中的。

115. 玻璃是谁打碎的

是丙干的。乙和丁中一定有一个在说谎，假设乙没有说谎，那么这件事就是丁做的，而丙说的话也同样正确，但因为只有一个孩子说了实话，所以乙在说谎。也就是说，这4个孩子中，只有丁说了实话。因此可以断定，是丙打碎了李阿姨家的玻璃。

116. 分机器人

4个女孩的姓名分别是：燕妮·琼斯、玫利·哈文、培拉·史密斯和米奇·安德鲁。

117. 小猫的名字叫什么

D 不是"咪咪"（①），也不是"花花"（③），也不是"球球"（④），也不是"黑黑"（④），也不是"忽忽"（⑤），所以是"兰兰"。

A 不是"咪咪"（③），也不是"球球"（④），也不是"黑黑"（④），也不是"忽忽"（⑤），所以是"花花"。

所以，由②和④可知，"球球"是 C。

由①可知，"咪咪"是 B。　　由④可知，"黑黑"是 E。
剩下"忽忽"就是 F 了。

118. 三只难对付的鹦鹉

罗伯特来自 A 国；丽萨来自 B 国；艾米来自 C 国。

119. 休闲城镇

根据已知条件得知，餐厅在星期一、星期二、星期四、星期五和星期六开门营业，在星期日和星期三关门休息，而其中第一个连续三天的第三天关门休息，因此，这连续三天的第一天不是星期五就是星期一。同理，第二个连续三天中的第一天不是星期二就是星期六。

因为一星期中没有一天餐厅、百货商场和蛋糕店全都开门营业，那么蛋糕店在星期四和星期五就关门休息，由于丁丁到达休闲城镇的那一天蛋糕店开门营业，所以那一天一定是星期一。

若第一个连续三天的第一天是星期日，则第二个连续三天的第一天是星期二。则百货商场在星期三、星期四、星期五、星期日休息，不符合已知条件"百货商场每星期开门营业四天"。

则第一个连续三天的第一天是星期二，第二个连续三天的第一天是星期日。则百货商场在星期一、星期三、星期天休息，在星期二、星期四、星期五和星期六营业，符合题意。

因为三家店每周不会在某天全部营业，所以蛋糕店只能在星期一营业。即丁丁到达休闲城镇是在星期一。

120. 失误的程序员

左边的机器人是犹豫不决的机器人，中间的机器人是骗子机器人，右边的机器人是诚实机器人。

121. 一条漂亮的裙子

礼物在 B 盒。

122. 谁在撒谎

假如小艾的话是真实的话，那么小美的话就是假的，相反，如果小艾的话是假话的话，那么小美的话就是真话，据此推测，小艾和小美之间必定有 1 个人在撒谎。以此类推，5 个人中应该有 3 个人在撒谎。

123. 神秘岛上的规矩

商人随便问其中一位美女，比如问甲："你说乙比丙的等级低吗？"如果甲回答"是"，那么应该选乙做妻子。如果甲是君子，则乙比丙低，因此乙是小人，丙是凡夫，所以乙保证不是狐狸；如果甲是小人，则乙的等级比丙高，这就意味着乙是君子，丙是凡夫，所以乙一定不是狐狸；如果甲是凡夫，那么她自己就是狐狸，所以乙肯定就不是狐狸。因此，不管什么情况，选乙都不会娶到狐狸。如果甲回答的是"不是"，那么商人就可以挑选丙做妻子。推理方法同上。

，数学原来这么好玩

数字演绎

金铁 主编

中国民族文化出版社

北京

图书在版编目 (CIP) 数据

哇，数学原来这么好玩 / 金铁主编 . —北京 : 中
国民族文化出版社有限公司 , 2022.8

ISBN 978-7-5122-1601-3

Ⅰ . ①哇… Ⅱ . ①金… Ⅲ . ①数学—少儿读物 Ⅳ .
① O1-49

中国版本图书馆 CIP 数据核字（2022）第 124135 号

哇，数学原来这么好玩
Wa, Shuxue Yuanlai Zheme Haowan

主　　编：金　铁
责任编辑：赵卫平
责任校对：李文学
封面设计：冬　凡
出 版 者：中国民族文化出版社　地址：北京市东城区和平里北街 14 号
　　　　　邮编：100013　联系电话：010-84250639 64211754（传真）
印　　装：三河市华成印务有限公司
开　　本：880 mm × 1230 mm　1/32
印　　张：28
字　　数：550 千
版　　次：2023 年 1 月第 1 版第 1 次印刷
标准书号：ISBN 978-7-5122-1601-3
定　　价：198.00 元（全 8 册）

　　"数学王国"，一个多么令人崇敬和痴迷的"领地"，你可曾想过现在它离你如此之近？数学究竟是什么？严格地说：数学是研究现实的空间形式和数量关系的学科，包括算数、代数、几何和微积分等。简单来说，数学是一门研究"存储空间"的学科。

　　尽管人类大脑的存储空间是有限的，但科学家已研究证明：目前人类大脑被开发利用的脑细胞不足 10%，其余都处于休眠状态，是一片有待开发的神奇空间。

　　想要开发休眠的大脑空间，让大脑释放出更大的潜能，数字游戏起着不可替代的作用。数学是一种"思维的体操"，其中所隐藏的数字规律、数学原理无不需要大脑经过一番周折才会豁然开朗；在这期间大脑被激活，思维得以扩展。

　　让大脑的存储空间得到充分的利用和发挥，更大程度地强化或激活脑细胞，让思维活跃起来，就是本套书的目的所在。

　　本套书有 8 个分册，按照数学题型类别结合趣味性，分为快

乐数学、天才计算、数字逻辑、数字谜题、巧算概率、分析推理、数字演绎、几何想象；选取970道趣味数学题，让你通过攻克一个个小游戏，体会数学的奥秘，培养灵活的数学思维，提高解决数学问题的能力。

　　本套书版面设计简单活泼，赏心悦目，让你愉快阅读；书中各类谜题不求数量繁多，但求精益求精，题目类型灵活新颖，题目讲解深入浅出，让你在快乐游戏中积累知识，开拓思路，扩展思维。

目 录

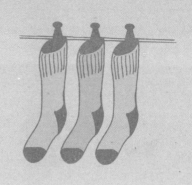

1. 有趣的算式

下图中的算式不管你移动其中的 2 根或 3 根火柴来改变其中的数字或符号，等号两边都可以是相等的。你能分别列出移动 2 根和 3 根火柴的等式吗？

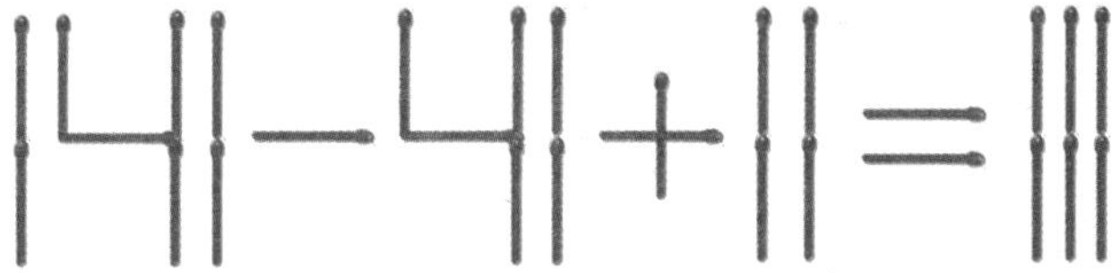

14-4+11=III

2. 一题三解

下面是一道用火柴排成的错误的算式，要使它成立，需移动其中的 2 根火柴。你觉得简单吗？可不要骄傲，它可有 3 种解答方式，而答案各不相同。

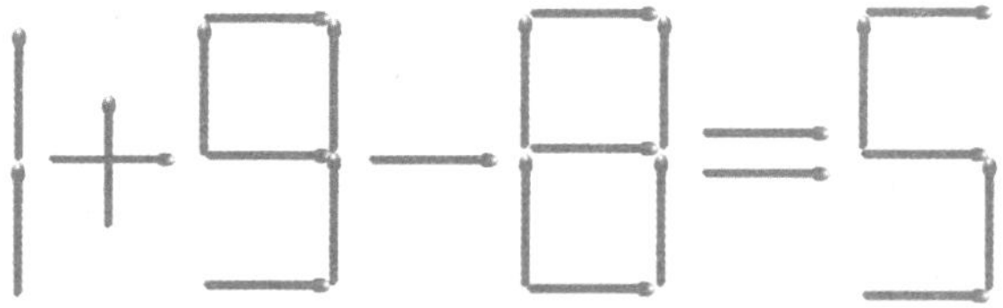

1+9-8=5

3. 火柴排队

24 根火柴排成三行，其中第一行 11 根，第二行 7 根，第三行 6 根。请你将火柴排成 8 根一行，要求只调动 3 次，

1

并且每次调入某行的火柴数必须和这一行原有火柴数相等。

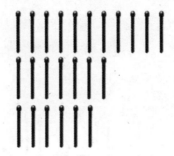

4. 最大和最小

用火柴排成下列算式，其值为17。现在只许移动1根火柴，使这道题结果最大；若要使运算结果最小，又该移哪一根呢？

$$56-39=17$$

5. 巧移1根

下图中3道算式都不相等，每次移动1根火柴使每道算式相等。你能做出几道题？

$$11+4-11+2=32$$

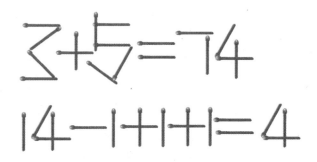

6. 戒烟的妙法

想让你的爸爸戒烟吗？告诉你一个办法，保证他能戒掉烟。

一包烟有 20 根，请他点燃第一根香烟，抽完后，1 秒后再点第二根香烟。抽完第二根后，过 2 秒再点燃第三根。抽完第三根后，等 4 秒后点第四根。之后等 8 秒，如此下去，每次等待的时间加倍就行。只要他遵守规则，我保证，抽不完两包烟，你爸爸就能戒掉烟。你知道为什么吗？

7. 吃羊

有一只羊，狮子用 2 小时吃完它，熊用 3 小时吃完它，狼用 6 小时吃完它。如果 3 只野兽一块儿吃，用多长时间才能吃完它？

8. 拼摆长方形

准备 12 根火柴，你能不能用它们排出下面的这两种长方形？

A. 无论长方形的哪一边，火柴数目之和都是 5。

B. 纵横各 3 排，无论哪一排，火柴数目之和都是 4。

9. 神奇的数字4

你能不能只用数字4的组合来表示0到10？可以使用加法、减法、乘法、除法和括号等基本的数学运算符号，而且还可以使用任意多的4，但要尽量找出每个数字最简单的表示方法。

10. 快速计算

已知：A×B=12，B×C=13，C×D=14。那么，A×B×C×D＝？

11. 移糖果

24块糖果分成三堆：第一堆11块，第二堆7块，第三堆6块。移动每堆的糖果，最后每一堆都为8块。要求只能移动三次，而且向某一堆添加的数目要等于这一堆原有的数目。

12. 巧装棋子

有100枚棋子，要求分别装入12个盒子中，并且使每个盒子里的棋子数量中必须有一个"3"。如何装？

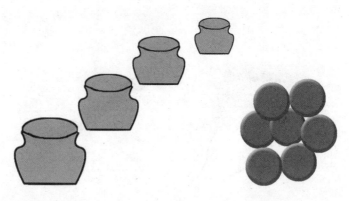

13. 比大小

用 4 个 "1" 组成 4 个不同的数，使它们一个比一个大；用 3 个 "9" 组成 3 个不同的数，使它们一个比一个小；用 5 个 "5" 再加上一些普通的数学符号，组成一个等于 1 的算式。

4 个 "1": ( ) < ( ) < ( ) < ( )

3 个 "9": ( ) > ( ) > ( )

5 个 "5": 5 5 5 5 5 = 1

14. 等于 2

在下列算式中添上四则运算符号，使等式成立。要求至少要写 3 种等式哟。

4 4 4 4 = 2

4 4 4 4 = 2

4 4 4 4 = 2

15. 巧摆正方形

用 12 根火柴可摆出 1 大 4 小的 5 个正方形。变换一下，看你有没有办法摆出 2 大 3 小的 5 个正方形。

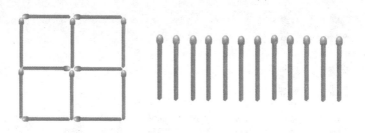

16. 费脑子的组合

① 用 10 以下的 3 个相同的数组成得数为 30 的算式，你能组合几个？

例如：10+10+10 = 30。

② 相同条件的得数改为 20，你能组合几个？

17. 各行了多少千米

皮特的车行了 10000 千米，为了使包括备用轮胎在内的 5 个轮胎的磨损程度相同，他轮流使用这 5 个轮胎。那么，你知道每个轮胎行了多少千米吗？

18. 结果是 30

用 29 根火柴排成 5 个各不相同的数字，使这 5 个数字相加的和是 30，你知道是哪 5 个数字吗？

19. 会议室里的人

在一个会议室里，有几把 3 条腿的凳子和 4 条腿的椅子，并且它们都有人坐。如果你数出房间里一共有 39 条腿，那么你是否有可能算出有几把凳子、几把椅子和几个人？

20. 数字游戏

这是一个比一般数字游戏难一点儿的数字游戏。要求不仅每一行、每一列和每一个九宫格里必须包含1~9这9个数字，而且还要求在两条主对角线上也必须包含1~9。

9			3			4		5
7	4				2		3	
			6				1	
	1		8		6			
4	9						8	3
			4		1		9	
	2				9			
	7		1				6	9
1		9			3			7

21. 巧填八角格

你能将1~8的自然数填入图中的八角格中，使相邻两数之间没有直线连接吗？

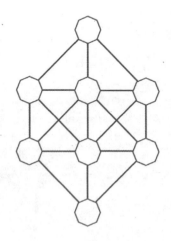

22. 聪明的将军

有一位将军特别善于调配士兵。一次，他带了 360 名士兵守一座小城池，他把 360 个士兵分派在城的四面，每面都有 100 名士兵。战斗打得很激烈，不断有士兵阵亡，每减少 20 人，将军便将守城的士兵重排，使敌人看到每面城墙上依然有 100 名士兵。士兵的人数已降为 220 人了，四面城墙上仍有 100 名士兵。敌人见守城的士兵丝毫没有减少，以为将军有大量的后备军，便撤退了。

你知道将军是怎样巧妙布置士兵的吗？

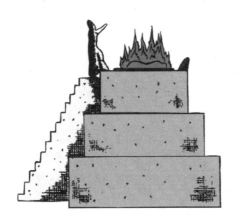

23. 一共有多少对

图中有若干对靠在一起的两个数字相加恰好等于 10。这些成双的数字，或横或竖或斜地靠在一起。请找找看，一共有多少对？

7	1	1	8	7	4	7	5	5	3	1	8	1	6	4	3
2	9	6	7	5	9	2	5	3	6	3	1	4	8	4	8
1	6	5	6	2	4	3	6	8	5	6	6	3	9	7	5
3	2	7	8	1	5	9	6	1	8	7	1	5	8	6	2
5	9	2	1	3	3	4	2	2	4	5	7	7	6	7	2
3	4	3	4	8	6	2	4	7	9	4	1	6	3	9	
8	3	8	9	5	3	1	7	5	7	5	8	5	1	8	7
3	7	5	4	8	9	1	4	2	7	4	3	1	5	6	5
5	1	8	7	1	6	8	7	8	4	3	8	3	3	6	7
2	6	7	4	5	3	5	4	8	5	3	4	8	1	8	5
3	2	6	2	1	8	4	3	9	4	2	4	1	3	5	3
1	4	5	2	7	1	3	5	2	8	5	2	1	8	1	4
8	3	9	9	6	7	2	6	8	1	2	6	9	7	6	4
5	4	3	2	5	9	3	9	8	3	2	6	2	5	9	6
2	9	4	2	4	8	6	6	6	9	6	5	6	1	8	3
3	5	2	7	8	5	1	5	3	7	7	8	7	2	9	5

24. 奇妙幻星

你能将 1~19 的数字填入下图六角星的 19 个交点上，构

12

成一个幻星，使每一条直线上的 5 个数字之和都相等吗？

25. 巧填数字

这一数列的最后一个数字是什么数?

1 3 2 6 4 12 8 24 ?

26. 计算年龄

马丁带着一家人坐火车回家乡。他们在车上遇到一个爱唠叨的人，这人不停地问这问那，最后问起了马丁一家人的年龄。马丁有些不耐烦，就说："我儿子的年龄是我女儿年龄的 5 倍，我老婆的岁数是我儿子岁数的 5 倍，我的年龄是我的老婆年龄的 2 倍，把我们的年龄加在一起，正好是我祖母的年龄，今天她正要庆祝 81 岁的生日。"

爱唠叨的人想了一会儿还不明白。你知道马丁的儿子、女儿、老婆以及他自己各多少岁吗？

27. 求和方阵

我们知道用 9 个自然数能排成一个其纵向、横向、斜向相加之和均为 15 的魔术方阵（如下图）。现在，你能找出 9 个不同的自然数，排成一个其纵向、横向、斜向相加之和均为 18 的方阵吗？

2	7	6
9	5	1
4	3	8

28. 菱形中的计算

下图中自菱形上方尖端的数字开始，顺时针方向经过六次加、减、乘、除运算，最后得数为9。请在数字间填上相应的加减乘除符号。(按顺序计算，不考虑乘、除先计算这一规律。)

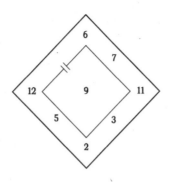

29. 数字表格

下面表格中的数字摆放有一定的规律，请你找出规律，并填上问号处的数。

6	2	0	4	6
7	2	1	6	8
5	4	2	3	7
8	2	?	7	?

30. 5个5的算式

在下列算式中添上四则运算符号，使等式成立。

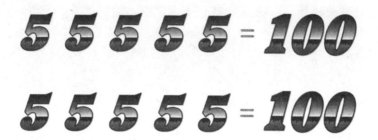

31. 和为 26

把数字 1 至 12 不重复地填入由菱形组成的迷宫中（见下图），使每一个菱形四个角上的数之和都是 26。

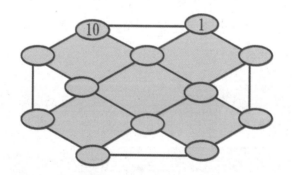

32. 改错题

下面是一道错误的算式，但只要移动其中的 1 根火柴，就会改正这个错误。请问该移动哪一根呢？

$$Z3-7+1-1+1=3$$

33. 插入符号

你能在"987654321"中插入 7 个"＋"或"－"号，使整个算式的计算结果等于 0 吗？

$$987654321=0$$

34. 找路线

请从下面图形顶端的数字 10 开始，往下寻找两条路线，直到最下面一个数字 20 为止。①要求该路线所经过的数字之和为 49；②要求该路线所经过的数字之和为 54。

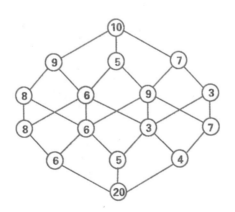

35. 找出例外的数

A，B，C，D，E 这五组数字中，其中四组有一个共同特性，另一组例外。请找出它。

A 561117
B 741115
C 921113
D 881624
E 771117

36. 算24点

用 5，5，5，1 四个数算 24 点，规则大家都知道吧：加减乘除任意用，但都只能用一次。

37. 等于 51

在算式中添上四则运算符号，使等式成立。

① 1 2 3 4 5 6 7 = 51

② 2 3 4 5 6 7 1 = 51

③ 3 4 5 6 7 1 2 = 51

④ 4 5 6 7 1 2 3 = 51

⑤ 5 6 7 1 2 3 4 = 51

⑥ 6 7 1 2 3 4 5 = 51

⑦ 7 1 2 3 4 5 6 = 51

38. 怎样排队

如果要24个人站成6排，每排分别有5个人，应该怎么站？

39. 餐厅的面试题

一位刚毕业的大学生到一家大型餐厅应聘主管。主考官出了一道题目来考他：请在正方形的餐桌周围摆上 10 把椅子，使桌子每一面的椅子数都相等。应聘者想了很久都没有想出来，你能帮帮他吗？

40. 横竖都是 6

有 10 枚硬币，要求按照"十"字形状排列，使得不论横着或竖着数都是 6 枚。该怎么摆？

41. 测量牛奶

有一个牛奶瓶，其下半部分是圆柱形，高度为整个瓶高的 $\frac{3}{4}$；其上半部分形状不规则，占瓶高的 $\frac{1}{4}$。现在瓶内只剩半瓶牛奶，怎样在不打开瓶盖的情况下，利用一把直尺，测定这些牛奶占整个牛奶瓶容积的百分比？

注：牛奶瓶的内径在求百分数时可以不计。

42. 巧摆硬币

如下图，每个点上放有 1 枚硬币。你能不能只改变 1 枚硬币的位置，使它形成两条直线，而且每条直线上各有 4 枚硬币？

43. 巧移火柴

下面是淘气鬼扔下的烂摊子。请你移动其中的一根火柴使等式成立。

44. 不成立的等式

下面的不等式是由 14 根火柴组成的。请你只移动其中一根火柴，使不等式成为等式。

$$74 - 4 = 4$$

45. 划分区域

请尝试将下面方格划分为 6 个完全相同的部分。要求划分后的每个部分中，所有数字之和必须等于 17。

7	1	4	4	4	3
3	5	5	3	5	2
5	5	1	3	5	0
1	4	3	2	0	5
3	0	4	5	6	4

46. 和值最大的直线

请在下图中画一条直线，使得直线所经过格子的数字之和值最大。

8	1	6
3	5	7
4	9	2

47. 歪博士的考题

歪博士最近闲得无聊，就出了一道题目来考周围的人：这是5×5排列（即横竖都是5颗棋子）的棋子阵，一共25颗棋子。现在再加5颗，一共30颗棋子，能不能使这个方阵变成横行、竖行、对角都是6颗棋子呢？

48. 数学天才的难题

杜登尼是一位数学天才，这是他所提出的一个非常难解的七边形谜题。请在下图中填入 1 到 14 的数字（不能重复），使得每边的三个数之和等于 26。

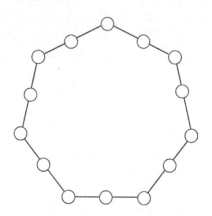

49. 补充六线星形

请在○里各填入一个 1~12 的数字，使各个边上的○内的数字之和为 26。但是，已经写入的数字不能移动。

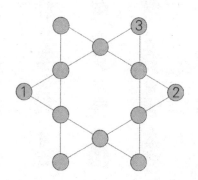

50. 大于3，小于4

用3根火柴摆出一个符号，要大于3，小于4。应该怎么摆?

51. 和为18

请你将1~8这8个数字分别填到下图中的8个方格内，使方格里的数不论是上下左右中，还是对角的四个方格以及四个角之和都等于18。想一想：该怎么填?

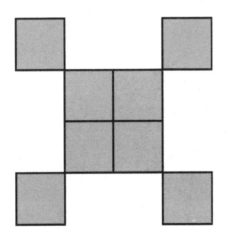

52. 如何种树

一块地上种着 16 棵树，它们组成了 12 行、每行 4 棵树的图形（如下图）。其实，这 16 棵树还可以组成 15 行，每行 4 棵树。你知道应当怎样栽种吗？

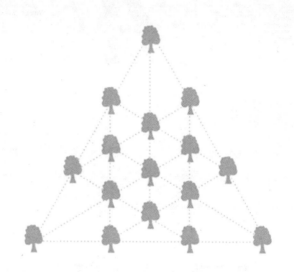

53. 一步之差

在课堂上，老师出了这样一道题目：怎样移动一根火柴棒，就可以让等式成立（ = 可以是 ≈ ）。

甲移动了一根火柴，只差一点就完全相等了。而乙同样是移动了甲刚才动过的那根火柴，竟使答案更接近了。你知道他们是怎么移动火柴的吗？

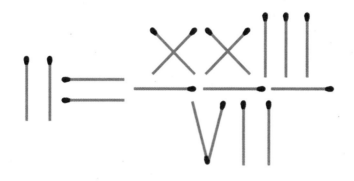

54. 过河

一条大河上没有桥，37人要过河，但河上只有一条能装载5人的小船。

请问：37人要多少次才能全部到达河对面？

55. 巧填算式

请你用不同的运算方法在下面的三道算式里分别填上合适的运算符号，使等式成立。

①　4　3　2　1＝0
②　4　3　2　1＝0
③　4　3　2　1＝0

56. 文具的价格

2 支圆珠笔和 1 块橡皮是 3 元钱；4 支钢笔和 1 块橡皮是 2 元钱；3 支铅笔和 1 支钢笔再加上 1 块橡皮是 1.4 元。请问：每种文具各一种加在一起是多少钱？

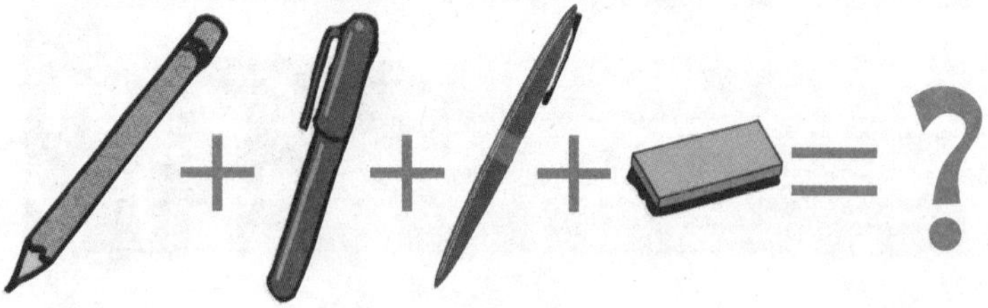

57. 买鸡、卖鸡赚了多少钱

一个人从市场上花8元钱买了只鸡，买了之后想想不划算，9元钱把鸡卖了。卖掉之后突然又嘴馋，于是花10元买了回来。回家一看家里有鸡，于是11元又卖掉了。这个人赚了多少钱？

58. 列算式

请你按照9，8，7，6，5，4，3，2，1的顺序，在这9个数字的每两个数字之间适当地添加上 +、 −、 ×、 ÷ 等运算符号，列出两道算式，使其答案都等于100。

9 8 7 6 5 4 3 2 1 ＝ 100

59. 等于 100

① 请在 1，2，3，4，5，6，7，8，9 之间添上 7 个 "+" 和 1 个 "×"，使其和为 100。

① 1 2 3 4 5 6 7 8 9 ＝ 100

② 请在 1，2，3，4，5，6，7，8，9 中插入加号和减号 共 3 个，使其和为 100。

② 1 2 3 4 5 6 7 8 9 ＝ 100

60. 关于 "5" 的创意算式

下面有 4 个数字 "5"，你能写出 4 个数字 "5" 组成的得 数是 1~6 的算式吗?

注: +、-、×、÷ 和 ( ) 均可以用。

1=5 5 5 5   4=5 5 5 5

2=5 5 5 5   5=5 5 5 5

3=5 5 5 5   6=5 5 5 5

61. 神奇的数字

请在下面的算式中添上 +、−、×、÷ 及 ( )，使得等式成立。

$$123=1$$
$$1234=1$$
$$12345=1$$
$$123456=1$$
$$1234567=1$$
$$12345678=1$$

62. 和为 99

把 9, 8, 7, 6, 5, 4, 3, 2, 1 九个数按顺序用加号连起来，使和等于 99。（数字可以连用）

63. 卡片游戏

下面有编号为 2，1，6 的三张数字卡片，请你变换一下它们的位置，使它们变成一个能被 43 除尽的三位数。

64. 最简单的算式

请你用 5 个 1 和 5 个 3 组成两道最简单的算式，使其答案都等于 100。

65. "8" 的奥秘

将 6 个 8 组成若干个数，使其相乘和相加后等于 800，你该如何排列？

66. 最大的整数

如果 +、−、×、÷ 都只能使用一次，那么，这几个数字中间分别应添什么符号，才能使下面这个算式得出最大的整数？

注：可以使用一次小括号。

$$4 \ 2 \ 5 \ 4 \ 9 =$$

67. 鸡生蛋

5 只鸡 5 天一共生 5 个蛋，50 天内需要 50 个蛋，需要多少只鸡?

68. 分米

有两个合伙卖米的商人，要把剩下的 10 斤米平分。他们手中没有秤，只有一个能装 10 斤米的袋子，一个能装 7 斤米的桶和一个能装 3 斤米的脸盆。请问：他们该怎么平分 10 斤米呢？

69. 和与差

随意说出 2 个数字来，你能迅速算出它们的和减去它们的差的结果吗？

比如：125 和 43，310 和 56。

70. 思维算式

老师在黑板上写了 1~9 共 9 个阿拉伯数字，要求用这 9 个数字组成三个算式，每个数字只能用一次，而且只允许用 "+" 和 "×"。你能列出来吗？

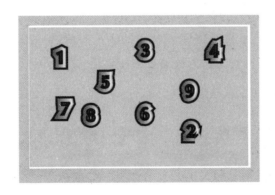

用 2，3，4 三个数字，填进方阵的 9 个方格，让每一行和每一列的和都相等。

62-63=1 是个错误的等式，能不能移动一个数字使得等式成立？若只移动一个符号就让等式成立，应该怎样移呢？

62-63=1

73. 数字城堡

在下面这个数字城堡中填入 1~16 这些数字，使城堡中横、竖、对角线、中间 4 个数以及角上 4 个数之和均为 34，并且每个数字只能出现一次。你能做到吗？

74. 摆棋子

小区门口有一位老爷爷经常坐在一个刻有 16 个小方格的桌子旁，桌子上面放了 10 个棋子。他每天都拿着棋子在桌子上移来移去。有一天，有人问他在干什么，他说他在尝试用 10 个棋子摆出最多的偶数行，即横排、竖排和斜排上的棋子都是偶数。路人一听，两三下就排出了 16 行，并且自称偶数行是最多的。你知道他是如何摆放棋子的吗？

每种玩具都有一个价格，下图中的数字表示该行和列所示的和，你能把未知的总价算出来吗？

	22	12	18	16	?
16	🦆	⬤	⬤	⬤	🦆
19	🦆	🌀	🦆	🌀	🧸
17	🦆	⬤	🌀	🦆	🧸
16	🦆	🧸	🦆	⬤	🦋
?	⬤	🦋	⬤	🦋	🧸

76. 最大的数

用 3 个 9 所能写出的最大的数是多少？

77. 排队

问：10 个人要站成 5 排，每排要有 4 个人，怎么站？

78. 果汁的分法

7个满杯的果汁、7个半杯的果汁和7个空杯，平均分给3个人，该怎么分？

79. 多变少

怎样将八根火柴棍组成的10，移动一根变成2？

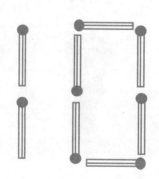

80. 变算式

2＝2，这个算式是正确的。现在，请你移动一根火柴，把此算式变成另外一个合理的算式。

81. 三张钞票

有三张钞票，加起来总共是 80 元。已知这三张钞票分别不是 10 元、20 元、50 元。

问：这三张钞票各是面值多少的钱？

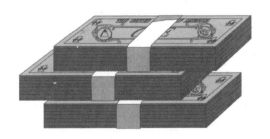

82. 分桃子

桌子上有5个桃子，要把它们分给5个小朋友，使每人得到1个，同时桌子上必须还要留1个，该怎么办？

83. 梯形数塔

这是考古学家在埃及金字塔内的壁刻上发现的一个有趣的梯形数塔，其中"？"处所乘的数字相同，而且各行的待加数字也是有一定变化规律的，试着把它填好吧。

$$9 \times ? + ? = 88$$

$$98 \times ? + ? = 888$$

$$987 \times ? + ? = 8888$$

$$9876 \times ? + ? = 88888$$

$$98765 \times ? + ? = 888888$$

$$987654 \times ? + ? = 8888888$$

$$9876543 \times ? + ? = 88888888$$

$$98765432 \times ? + ? = 888888888$$

84. 数字卡片

下面有三张数字卡片，随你任意移动位置，摆出一个能被 17 整除的三位数。

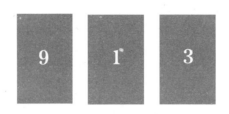

85. 放糖块

你能不能把十块糖放入三个空杯，使得每个杯子中糖块的数目都是奇数?

86. 链形图

在这个链形图中，空白的一环应该填上哪一个数字？

87. 趣连数字

你能用加减乘除与括号，使下面的两个等式成立吗？

1 2 3 4 5 6 7 8 9=90

1 2 3 4 5 6 7 8 9=99

88. 数学公式

以下 4 个三角形之间是通过 1 个简单的数学算式联系在一起的。你能找出其中不同的 1 个吗？

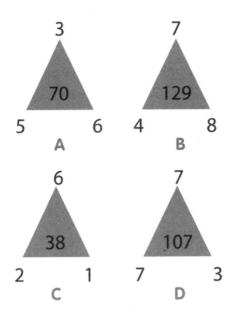

89. 多种解法

移动两根火柴可使下列等式成立，你能找到 3 种解答方式吗？

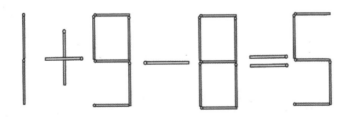

有一个如下图所示的数字链，请转动你的脑筋，猜一猜空格内应填入什么？

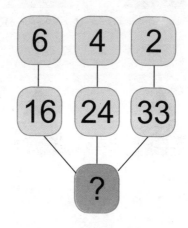

在问号处填上恰当的数字。

92. 奇数还是偶数

在 1，2，3……1992 这些数字的前面都添上一个加号或减号，然后将所组成的算式做运算，它们的算数结果是奇数还是偶数？

93. 填什么

找规律，并在中心方框里填上缺少的数字。

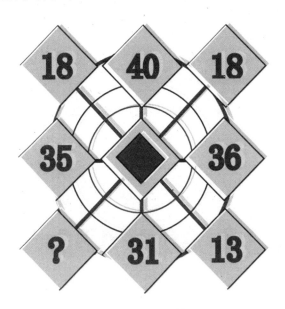

94. 空缺的数

根据下列数字的排列规律，填出空缺位置的数。

1 3 6 10 15 （ ） 28 36

95. 算一算

观察以下数列，根据规律，在问号处填上正确的数字。

3.3 5.7 13.5 ？

96. 带小数点的数列

仔细观察下面的数列，它们是有规律的，你能从给出的选项中找出合适的一项代替问号吗？ A. 29.3；B. 34.5；C. 16.1；D. 28.9。

33.1 88.1 47.1 ？

97. 不成立的等式

一位数学研究者的工作本上写着一道加法题，被他的儿子看到了，越看越奇怪。题目是这样写的：

不成立的等式

$$3205$$
$$+\ 4775$$
$$\overline{10202}$$

数学家的儿子认为这道题错了，等式不成立。到底是谁错了呢？

98. 菲波纳契数列

意大利数学家莱昂纳多·菲波纳契发现了菲波纳契数列。这个数列在大自然中到处都有体现，如雏菊、向日葵，鹦鹉螺的生长模式等，都遵循该数列描绘的螺旋线。观察下边的这个数列。你能填入最后那个数字吗？

$$1, 1, 2, 3, 5, 8, 13, ?$$

99. "V" 字图

在这幅"V"字图中，问号处应填上哪个数字？

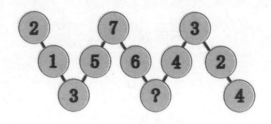

100. 巧填数字

从给出的图形中找到数字变化规律，在问号处填上恰当的数字。

101. 移动火柴

多年以前，火柴是由小片的木材制成的。这种常见又便宜的东西成了餐后活动或是会客活动中绝佳的小道具。今天，我们再拿些出来，将它们排列成下图中的这三个图算式。如你所见，由火柴拼出的每一行内容都是一个错误等式。现在你所面临的挑战就是在每一行里只挪动一根火柴，从而使得原来错误的等式变成正确的。

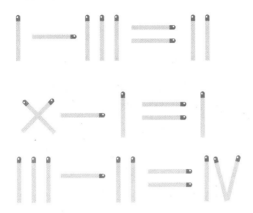

请在○里各填入一个1~9的数字，使各个正方形的四个顶点的数字之和都相等。但是，已经写入的数字不能移动。

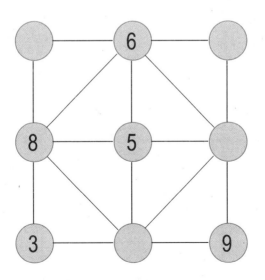

103. 数字填空

利用0~5这六个数字，在每一个小圆上各填一个数字，使围绕每个大圆的数值加起来都等于10。

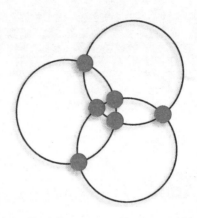

104. 找规律

下图5×5的方格中，数字的排列是有规律的，你能找出它们的规律，填出空缺的数字吗？

	10		20	
4		12	16	20
	6	9		
	4			
1			4	

105. 序列中的数字

西德尼很迷恋思维游戏，因为会学到许多东西。请你试试，看能否在他从当地的糖果商店回来之前把这个题解答出来。

西德尼："西比尔，我知道你很喜欢思维游戏，所以我一听到这个新的大难题，就飞奔过来了。这是个递进的题。问下面序列后的数字是什么：1，2，6，24，120，720，？。"

西比尔："很好，西德尼，很感谢你一有思维游戏就首先想到我，但是如果我解答出来的话，我希望你会为我买一盒糖果。"

106. 猜数字

很久以前，有位叫霍华德·迪斯丁的先生，他是一个乐器制作商。图中的他正在击鼓召唤大家来参加一个数字竞赛。在今年的乐器集会上，为了增加大家的兴趣，他把题印在了鼓皮上。那么，你知道问号处的数字是什么吗？

77，49，36，18，？

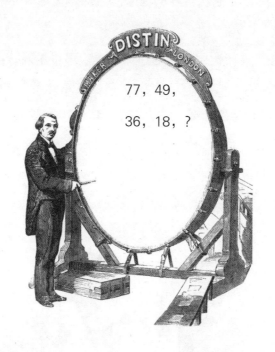

107. 书蛀虫

"贪婪的书蛀虫"游戏很早就有了，而且非常有意思。书架上有一套思维游戏书，共3册。每册书的封面和封底各厚0.2厘米；不算封面和封底，每册书厚2厘米。现在，假如书虫从第一册的第一页开始沿直线吃，那么，到第三册的最后一页需要走多远？

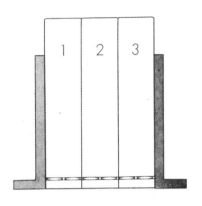

108. 重新排列

我们这台著名的游戏计算机好像感染某种黑客病毒了。程序应该使计算机在水平方向、垂直方向以及对角线的数字相加结果为 6。可是，却出现了下图中的现象。那么，你能否重新排列显示屏上的数字使这个幻方显示正确呢？

109. 关系

你能发现各个三角形中的数字之间的相互关系，并根据这种关系找出问号部分应该填入的数字吗？

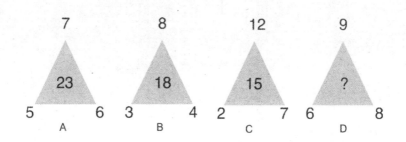

110. 破解密码

每个地方的间谍需要 2 个密码数字来与指挥部联系。缺少的密码数字是多少？

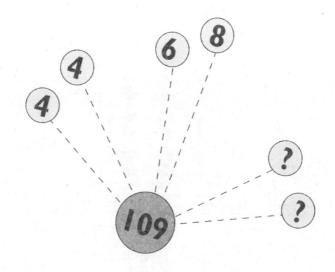

111. 问号代表什么数字

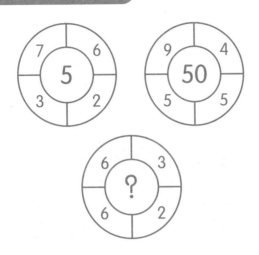

112. 剩余的页数

共计 100 页的书，其中的第 20~25 页脱落了，请问剩下的书还有多少页呢？

113. 选票

假定有一个民意测验：有 3 个候选人竞选班长，选举人中有 $\frac{2}{3}$ 的人愿意选 A 不愿意选 B，有 $\frac{2}{3}$ 的人愿意选 B 不愿意选 C。这是否说明愿意选 A 的人比不愿选 C 的人多？

114. 从中取利

甲国和乙国是两个相邻的国家，但两国之间的关系很不好。有一天，甲国制订了一条法律："从今以后，乙国的一块钱等于我国的九毛钱。"

乙国也不甘示弱，公布了一条新法律："从今以后，甲国的一块钱等于我国的九毛钱。"

这时，有一个住在国界附近的商人想利用这个机会大捞一笔，结果他成功了。

请问：他是用什么方法赚到钱的呢？

115. 赛跑比赛

甲、乙两人赛跑。甲到达 100 米终点线时，乙才跑到 90 米的地方。现在，假如让甲的起跑线退后 10 米，再让两人进行比赛，甲、乙两人能否同时到达终点呢？

116. 扑克谜题

哪张扑克牌可以完成这道谜题？

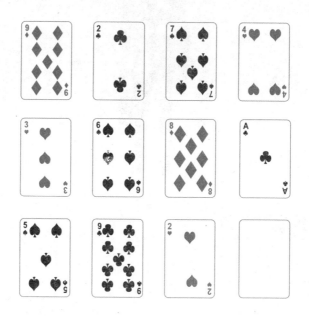

117. 很怪的巧合

　　一辆汽车已坐进30个小伙子，他们很快就要启程去露营地了。而另一辆汽车里坐着30个姑娘。她们也要去同一地点。在出发前，有10个小伙子趁司机不备偷偷地从他们的汽车中出来，溜进了姑娘们的汽车。姑娘们的司机发觉乘客太多了，于是说："好了，请大家不要玩闹了。这辆汽车只能坐30个人，所以你们最好下去10个人，快点！"结果不知性别的10个人下去了，并上了小伙子的汽车，坐上了空座。一会儿，这两辆汽车各载着 30 个露营者上路了。

结果，人们发现这两辆汽车上异性乘客的比例都一样，为什么呢？

118. 猜玩具

桌子上放着三个正方形盒子，一个盒子里放着玩具，另外两个是空的，每个盒子上面都贴着一个标签，标签上面都写着一句话：

盒子 A："这只盒子里没有玩具。"

盒子 B："这只盒子里有玩具。"

盒子 C："盒子 B 里面是空的。"

这三个盒子上，只有一个写的是正确的。你能推断出哪个盒子里有玩具吗？

119. 该填什么牌

看下面的图形分布规律，想一想问号处应该填什么牌？

120. 会说话的指示牌

篮球场、健身房和足球场是从教室通往宿舍的三个路过地点。一天，新生琪琪来到篮球场，看到一个指示牌，上面写着："到健身房 400 米／到足球场 700 米。"她很受鼓舞，继续往前走。但当她走到健身房时，发现那里的指示牌上写着："到篮球场 200 米 / 到足球场 300 米"。聪明的她知道肯定是哪里出了问题，因为两个指示牌有矛盾的地方。她继续朝前走，不久便到达足球场，那里的指示牌上写着："到健身房 400 米 / 到篮球场 700 米。"琪琪感到困惑不解，她询问一个过路的老师。老师告诉他，沿途的这三个指示牌，其中一个写的是假话，另一个写的是真话，剩下的那一个写的一半是假话，一半是真话。

你能指出哪块指示牌写的都是真话，哪块指示牌写的都是假话，哪块指示牌写的一半是真话，一半是假话吗？

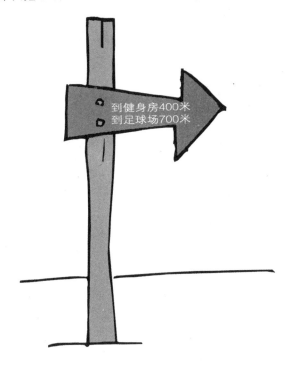

121. 稳操胜券

赌局现在到了决出胜负的关键时刻。

蒋老大非常幸运地赢了700根金条，现居第一名。第二名的贾老大稍微落后，赢了500根金条。其余的人都已经输光了。

蒋老大犹豫着，要将手上的筹码押一部分在"偶数"或"奇数"上，赢的话赌金就可以变成两倍。另一边，贾老大已经把所有筹码都押在"3的倍数"上，赢的话赌金可以变成三倍，运气好的话他就可以反败为胜。

请问：蒋老大应该怎么下注才能稳操胜券呢？

3X

奇数　偶数

122. 有几只猫

房间的四角各有 1 只猫，每只猫的对面各有 3 只猫，每只猫的后面又各有 1 只猫。请问：这个房间一共有多少只猫？

123. 露西小姐的年龄

农场主杰克和他太太每隔一年半就生一个孩子，他们一共生了 15 个孩子。

大女儿露西说，她的年龄是这群孩子中最小的弟弟麦迪的 8 倍。试求露西小姐的年龄。

124. 有多少只白兔

某人在一个非常大的笼子里养了一雄一雌两只白兔。如果每个月每对白兔能且只能生出一雄一雌的一对小白兔，并且一对白兔存活一个月后就有生育能力了，那么在一年后笼子里总共有多少对白兔？（假设一年内白兔都存活。）

125. 有多少件礼物

玛丽接到了 50~60 件生日礼物。现在她正在数到底有多少件礼物。她发现，如果每次数 3 件，结果会余下 2 件。如果每次数 5 件，则会余下 4 件。你知道共有多少件礼物吗？

126. 混合液中有多少蜂蜜

桌子上有两个瓶子 A 和 B，B 的大小是 A 的两倍。A 瓶中装了一半蜂蜜，B 瓶中装了四分之一的蜂蜜。分别把水注满两瓶，然后把它们完全倒入 C 瓶。你知道 C 瓶里的混合液有多少蜂蜜吗？

127. 钓了多少条鱼

大张、老李和小王周末一起去钓鱼。回来的时候，他们遇到一位同事，同事问他们每人钓了几条鱼。老李自豪地说：

"俺老李钓的鱼跟他们两个钓的加起来一样多。"大张说:"小王钓到的最少,不过要是把我们3个人钓的条数相乘的话,一共是84条。"

想一想,大张、老李和小王他们各钓到了多少条鱼?

答案

1. 有趣的算式

A 41 − 41 + 111 = 111

B 141 − 11 + 11 = 141

C 111 + 41 − 11 = 141

2. 一题三解

7 + 5 − 6 = 6

1 + 9 − 2 = 8

$$55+39=94$$

$$50-39=11$$

$$144-112=32$$

$$3+5=7+1$$

$$114-111+1=4$$

6. 戒烟的妙法

只需要算一算第 39 根香烟后要等多久才能抽第 40 根香烟，即可知晓。要等的时间为 536870912 秒 = 149130.8 小时 = 6213.8 天，快 10 年了。能在这么长的时间不抽烟，想不戒都难！

7. 吃羊

狮子 1 小时吃 $\frac{1}{2}$ 只羊，熊 1 小时吃 $\frac{1}{3}$ 只，狼 1 小时 $\frac{1}{6}$ 只，$\frac{1}{2} + \frac{1}{3} + \frac{1}{6} = 1$，所以正好 1 小时吃完这只羊。不过你想想，这可能吗？让狮子、熊和狼一起吃晚餐，它们还不先打起来？

8. 拼摆长方形

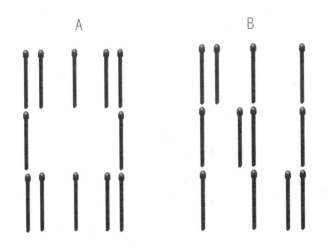

9. 神奇的数字 4

$0 = 4 - 4$

$1 = 4 \div 4$

$2 = (4 + 4) \div 4$

$3 = 4 - 4 \div 4$

$4 = 4$

$5 = 4 + 4 \div 4$

$6 = (4 + 4) \div 4 + 4$

$7 = 44 \div 4 - 4$

$8 = 4 + 4$

$9 = 4 + 4 + 4 \div 4$

$10 = (44 - 4) \div 4$

10. 快速计算

168。真是很简单的一道题。如果你被其中的 $B \times C = 13$ 所迷惑，那只能证明你的粗心。如果换一种表达方式你就明白了：$A \times B \times C \times D = (A \times B) \times (C \times D) = 12 \times 14 = 168$。差不多口算就能算出来了。

11. 移糖果

第一步：从第一堆的 11 块中移 7 块到第二堆，于是三堆分别为：4 块、14 块、6 块。

第二步：从第二堆的 14 块中移 6 块到第三堆，于是三堆分别为：4 块、8 块、12 块。

第三步：从第三堆的 12 块中移 4 块到第一堆，于是三堆分别为：8 块、8 块、8 块。

12. 巧装棋子

在第 1、第 2、第 3 个盒子中各放入 13 枚棋子，第 4 至 11 个盒子中各放 3 枚棋子，第 12 个盒子中放入 37 枚棋子，这样刚好 100 枚棋子，每个盒子里的棋子数量中都有一个"3"。

13. 比大小

① $1^{111} < 111^{1} < 1111 < 11^{11}$；

② $9^{99} > 99^{9} > 999$；

③ $[(5\times5) \div (5\times5)]^{5} = 1$。

14. 等于 2

① $4 \div 4 + 4 \div 4 = 2$；

② $4 - (4 + 4) \div 4 = 2$；

③ $4 \times 4 \div (4 + 4) = 2$；

④ $4 \div [(4 + 4) \div 4] = 2$。

15. 巧摆正方形

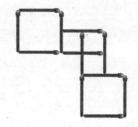

16. 费脑子的组合

除了题目中列出来的一个，等于 30 的组合还有三种，等于 20 的也有三种。

①$33 - 3 = 30$；$5 \times 5 + 5 = 30$；

  $6 \times 6 - 6 = 30$。

②$22 - 2 = 20$；$4 \times 4 + 4 = 20$；

  $5 \times 5 - 5 = 20$。

17. 各行了多少千米

8000 千米。汽车由 4 个轮胎行驶，也就是 4 个轮胎各行了 10000 千米，4 个共行了 40000 千米。如果 5 个轮胎均匀使用，即 $40000 \div 5 = 8000$ 千米。

18. 结果是 30

19. 会议室里的人

3 把凳子、4 把椅子和 7 个人。

每把有人坐的凳子，有 5 条腿：3 条凳子的腿和 2 条人腿。而每把有人坐的椅子有 6 条腿。所以 5 × 凳子数 + 6 × 椅子数 = 39。由此，可以解出答案。

20. 数字游戏

9	6	2	3	1	8	4	7	5
7	4	1	9	5	2	6	3	8
8	3	5	6	7	4	9	1	2
5	1	3	8	9	6	7	2	4
4	9	6	5	2	7	1	8	3
2	8	7	4	3	1	5	9	6
6	2	8	7	4	9	3	5	1
3	7	4	1	8	5	2	6	9
1	5	9	2	6	3	8	4	7

21. 巧填八角格

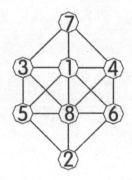

22. 聪明的将军

如图所示：

360:

10	80	10
80		80
10	80	10

340:

20	70	10
70		70
10	70	20

320:

20	60	20
60		60
20	60	20

300:

20	50	30
50		50
30	50	20

280:

30	40	30
40		40
30	40	30

260:

40	30	30
30		30
30	30	40

210:

40	20	40
20		20
40	20	40

220:

50	10	40
10		10
40	10	50

23. 一共有多少对

共有 44 对。

24. 奇妙幻星

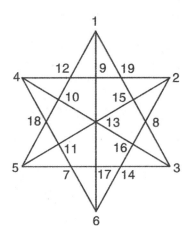

25. 巧填数字

16。变化规律是奇数位置的数乘以 2。

26. 计算年龄

马丁儿子 5 岁，女儿 1 岁，老婆 25 岁，马丁自己 50 岁。

27. 求和方阵

在原方阵中各格数字上加上 1，就行了。

28. 菱形中的计算

6 + 7 + 11÷3×2 + 5 − 12 = 9。

29. 数字表格

1 和 9。每一行中，第 1 列数字与第 3 列数字相加等于第 5 列数字。第 2 列数字与第 4 列数字相加也等于第 5 列数字。

① $5 \times 5 \times (5 - 5 \div 5) = 100$

② $(5 + 5 + 5 + 5) \times 5 = 100$

31. 和为 26

由于 4 个数字相加之和是 26，考虑到 1 至 12 这 12 个数在 5 个菱形中其大小宜协调、均衡分布，因此每组数字两两之和适宜在 12~14 之间，如 10+4=14，7+5=12，6+7=13，9+3=12 等。这样考虑的话，填数就简单得多了。

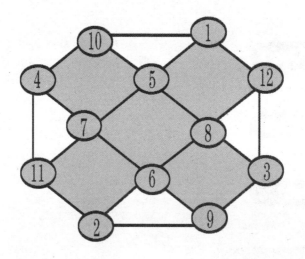

32. 改错题

$23 - 7 + 1 - 14 = 3$

33. 插入符号

$$9 + 8 + 7 + 6 + 5 - 4 - 32 + 1 = 0$$

34. 找路线

① $10 \rightarrow 5 \rightarrow 6 \rightarrow 3 \rightarrow 5 \rightarrow 20$

② $10 \rightarrow 7 \rightarrow 9 \rightarrow 3 \rightarrow 5 \rightarrow 20$

35. 找出例外的数

E。其他几组的数字都符合一个规律：每一个数的前两位相加等于第三、四位组成的数，而第二位加第三、四位组成的数等于末尾两位组成的数。

36. 算24点

$$5 \times (5 - 1 \div 5) = 24$$

37. 等于51

① $1 \times 2 + 3 \times 4 + 5 \times 6 + 7 = 51$

② $2 + 3 \times 4 + 5 \times 6 + 7 \times 1 = 51$

③ $3 \times 4 + 5 \times 6 + 7 + 1 \times 2 = 51$

④ $4 + 5 + 6 \times 7 + 1 + 2 - 3 = 51$

⑤ $5 + 6 \times 7 + 1 + 2 - 3 + 4 = 51$

⑥ $6 \times 7 + 1 + 2 - 3 + 4 + 5 = 51$

⑦ $7 + 1 \times 2 + 3 \times 4 + 5 \times 6 = 51$

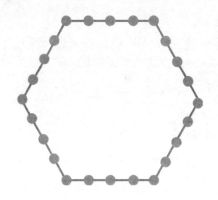

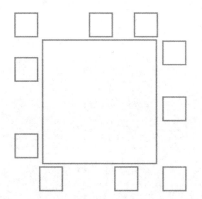

看起来把 10 枚硬币按照要求摆是不可能的，但题目并没有限定每个位置上只准放一枚硬币啊，你可以在"十"字的中

心位置摆 2 枚硬币，这样 10 枚硬币不论横竖就都是 6 枚了。

41. 测量牛奶

先把牛奶瓶正放，用直尺量出瓶子里牛奶的高度；再把瓶子倒过来，量出从牛奶的液面到瓶底的高度。牛奶在瓶子圆柱形部分占的高度和第二次量的空出部分占瓶子圆柱形部分的高度相加，就是整个牛奶瓶容积的圆柱体高度。这样，就可以用牛奶的高度占整个牛奶瓶高度的百分比算出牛奶占整个瓶子容积的百分比了。

42. 巧摆硬币

把最右边的那枚硬币叠置于左上角的那枚硬币上。

43. 巧移火柴

$$9 \times 9 - 20 = 61$$

44. 不成立的等式

$$7 + 1 - 4 = 4$$

45. 划分区域

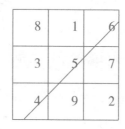

7	1	4	4	4	3
3	5	5	3	5	2
5	5	1	3	5	0
1	4	3	2	0	5
3	0	4	5	6	4

46. 和值最大的直线

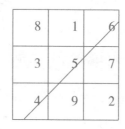

8	1	6
3	5	7
4	9	2

47. 歪博士的考题

原来的 25 颗棋子不动，只需要把新加的 5 颗棋子像下图那样与别的棋子重叠就可以了。

48. 数学天才的难题

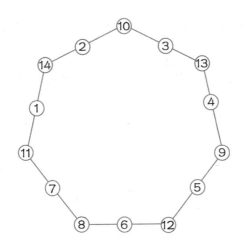

49. 补充六线星形

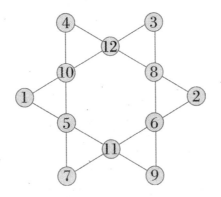

50. 大于 3，小于 4

用 3 根火柴摆出 π，如下图。

51. 和为 18

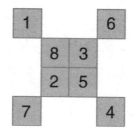

52. 如何种树

按下图的栽法，可使得 16 棵树形成 15 行，每行 4 棵。

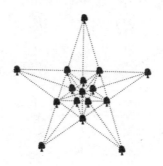

53. 一步之差

第一种方法是：$3=\dfrac{22}{7}$，但 $\pi=\dfrac{22}{7}$ 更接近正确答案。

54. 过河

9 次。因为他们每次都要有一个人把船划回来。

55. 巧填算式

① $4-3-(2-1)=0$

② $4-3-2+1=0$

③ $4\times(3-2-1)=0$

56. 文具的价格

假设铅笔 $=X$，钢笔 $=Y$，圆珠笔 $=Z$，橡皮 $=Q$，可以得出：

$2Z+1Q=3$ (1)

$4Y+1Q=2$ (2)

$3X+1Y+1Q=1.4$

把 (1) $\times 1.5$，把 (1) $\div 2$，可以得出：

$3Z+1.5Q=4.5$

$2Y+0.5Q=1$

$3X+1Y+1Q=1.4$

把三者加起来就是：$3X+3Y+3Z+3Q=6.9$，由此可得：

$X+Y+Z+Q=2.3$(元)

57. 买鸡、卖鸡赚了多少钱

第一次 9 元钱卖掉时赚了 1 元，第二次 11 元卖掉时又赚了 1 元。总共赚了 2 元。

58. 列算式

$9 \times 8 + 7 - 6 + 5 \times 4 + 3 \times 2 + 1 = 100$

$9 \times 8 + 7 + 6 + 5 + 4 + 3 + 2 + 1 = 100$

59. 等于 100

① $1 + 2 + 3 + 4 + 5 + 6 + 7 + 8 \times 9 = 100$

② $123 - 45 - 67 + 89 = 100$

60. 关于"5"的创意算式

$1 = 55 \div 55$

$2 = 5 \div 5 + 5 \div 5$

$3 = （5 + 5 + 5）\div 5$

$4 = （5 \times 5 - 5）\div 5$

$5 = 5 + 5 \times （5 - 5）$

$6 = 55 \div 5 - 5$

$$(1+2)÷3=1$$
$$1×2+3-4=1$$
$$[(1+2)÷3+4]÷5=1$$
$$[(1×2+3-4)+5]÷6=1$$
$$\{[(1+2)÷3+4]÷5+6\}÷7=1$$
$$\{\{[(1×2+3-4)+5]÷6\}+7\}÷8=1$$

62. 和为 99

$$9 + 8 + 7 + 6 + 5 + 43 + 21=99$$

$$9 + 8 + 7 + 65 + 4 + 3 + 2 + 1=99$$

63. 卡片游戏

此题解答的关键是把"6"这张卡片颠倒过来变成"9",这样就是"129"。

64. 最简单的算式

① $111 - 11=100$

② $33×3 + 3÷3=100$

65. "8"的奥秘

$$88×8 + 8 + 88=800$$

66. 最大的整数

27。

$(4 \div 2 + 5 - 4) \times 9 = 27$

67. 鸡生蛋

仍然仅需5只鸡。

68. 分米

①两次装满脸盆，倒入7斤的桶里；

②往3斤的脸盆里倒满米，再将脸盆里的米倒1斤在7斤的桶里，这样脸盆中还有2斤米；

③将7斤米全部倒入10斤的袋子中；

④将脸盆中剩余的2斤米倒入7斤的桶里；

⑤将袋子里的米倒3斤在脸盆中，再把脸盆中的米倒入桶里，这样桶和袋子里各有5斤米。

69. 和与差

找出规律了吗？得数是较小数的两倍。

当从两个数的和中减去这两个数的差时，就是从两个数的和中减去了较大数比较小数多的一部分，得到的结果是两个较小数的和，也就是较小数的两倍。

70. 思维算式

① $1 + 7 = 8$

② $4 + 5 = 9$

③ $2 \times 3 = 6$

71. 数字方阵

72. 让错误的等式变正确

① 把 62 移动成 2 的 6 次方：

$2^6 - 63 = 1$。

② 把等号上的"－"移到减号上：等式成为 62 = 63 － 1。

73. 数字城堡

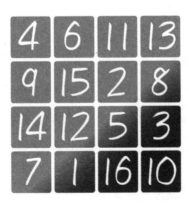

74. 摆棋子

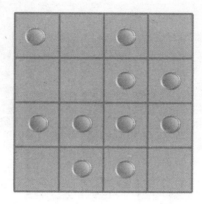

75. 玩具的总价

鸭子 =5，彩球 =2，风车 =4，熊 =1，蝴蝶 =3。因此，纵向列的未知数为 11，横向行的未知数是 11。

76. 最大的数

9 的 9 次方的 9 次方。

77. 排队

站成五角星的形状，5 个顶点和 5 个交叉点各站一个人。

78. 果汁的分法

把 4 个半杯倒成 2 满杯果汁，这样，满杯的有 9 个，半杯的有 3 个，空杯子的有 9 个，3 个人就容易平分了。

79. 多变少

只要将图旋转 90 度就很容易得出答案了。

80. 变算式

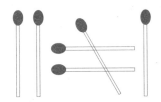

81. 三张钞票

这三张钞票是 10 元、20 元、50 元。

"分别不是 10 元、20 元、50 元",好好理解一下这句话,"分别不是"并非"都不是",这就是这道题的关键了。你明白了吗?

82. 分桃子

让 4 个小朋友每人手里拿一个,留下来一个就放在桌子上给第 5 个小朋友。

83. 梯形数塔

各行所乘的数是 9,各行待加的数字由下至上分别为 7,6,5,4,3,2,1,0。

84. 数字卡片

136。把 9 变成 6,移到 3 后面。

85. 放糖块

这道题目有很多种答案,但玩儿的都是同样的花招。例如：放七块糖在一只杯子中，放两块糖在另一只杯子中，放一块糖放在第三只杯子中；再把最后一只杯子放进第二只杯子中，这样第二只杯子就有三块糖了。

86. 链形图

17。这一环中应该填的数字，遵循质数表的顺序。

87. 趣连数字

1+2+3+4+5+6+7+8×9=90

（1+2）÷3×4+5×6+7×8+9=99

88. 数学公式

C。其余各项的规律均为：三角形中间的数字是角上各数平方数的和。

89. 多种解法

一题三解，如图。

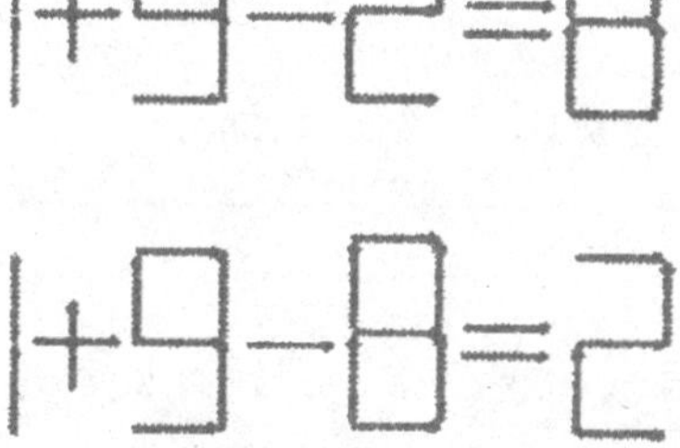

7+5-6=6

1+9-2=8

1+9-8=2

90. 数字链

96 。给出的数字都是 96 的因数。

91. 中间空白

60 。把经过中间方格上的直线两端的数字相乘，就可以得到答案。

92. 奇数还是偶数

偶数。如果只考虑奇偶性的话，题中的数字可以看成 996 个 "1" 和 996 个 "2" 的集合。无论 "2" 如何加减，结果均为偶数，不影响最终结果的奇偶性。而 996 个 "1" 无论如何加减，因为其数量是偶数，其结果也必然为偶数。所以题目算式的结果必然为偶数。

93. 填什么

22 。将每行每列拐角的正方格里的数字相加，并将答案放在按顺时针方向选择的下一个中间的方格里。

94. 空缺的数

21 。前后两个数字之间的差值按 2，3，4，5…… 的规律递增。

95. 算一算

7.1 。小数点左右都由 1，3，5，7 的基数组成，小数点左边缺少 7，小数点右边缺少 1。

96. 带小数点的数列

选C。小数点左边的33，88，47，16，成奇、偶、奇、偶的规律。小数点右边则应为：1，1，1，1。

97. 不成立的等式

等式没有错。这道加法题是八进位制，也就是逢八进一。从右数第一位，5+5等于十（不是10），由于满八就进一位，只剩下2，所以第一位是2；第二位数字0+7=7，加上刚才进位的1，又满八，于是进到第三位，而第二位的得数写0；第三位等于2+7+1，满八进一，所以向第四位进一，第三位得2；第四位等于3+4+1，又向第五位进一，第四位得0。所以最后结果是10202。

98. 菲波纳契数列

是21。数列中后一个数字都是前两个数字之和。

99. "V"字图

8。图形可以看成是两个平行四边形，水平方向同一边上的两个数字之差就是平行四边形中心的数字。

100. 巧填数字

25。该数列的规律是（16+14）÷（12−9）= 10，（25+15）÷（16−8）= 5，故问号处应为（11+39）÷（17−15）= 25。

101. 移动火柴

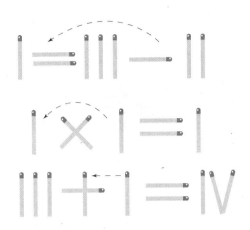

102. 补充正方形

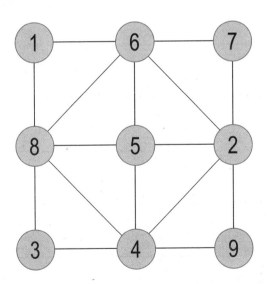

103. 数字填空

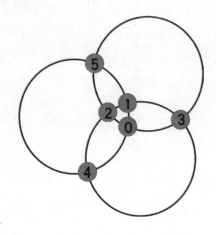

104. 找规律

从下往上，第一行加1，第二行加2，第三行加3，第四行加4，第五行加5。

5	10	15	20	25
4	8	12	16	20
3	6	9	12	15
2	4	6	8	10
1	2	3	4	5

105. 序列中的数字

第一个到第六个数字已列出，用序列数乘以它前一个序列数的数值便可得出该序列数的数值。这样，第二个数值为 $2 \times 1 = 2$；第三个数值为 $3 \times 2 = 6$；第四个数值为 $4 \times 6 = 24$。那么，第七个数值就是5040。

106. 猜数字

8。前一个数各位数字的乘积是第二个数。$7 \times 7 = 49$，$4 \times 9 = 36$。$3 \times 6 = 18$，$1 \times 8 = 8$。

107. 书蛀虫

书虫一共走了6.8厘米。书虫如果要从第一册第一页开始向右侧的第三册推进的话，第一件事情就是先从第一册的书开始破坏，接着是第一册的封底，第二册的封面，第二册书，之后是第二册的封底，然后是第三册的封面，最后是2厘米厚的书（即思维游戏的终点线）。期间，一共经过4个封面/封底以及3册书的厚度，享用了6.8厘米的美味。

108. 重新排列

第一行是2，3，1；中间是1，2，3；最后一行是3，1，2。或者，第一行是3，1，2；中间是1，2，3；最后一行是2，3，1。

109. 关系

21。将每个三角形各个角上的数字相加起来，得出的和放入下一个三角形中间，以此类推，三角形 C 三个角上的数字和放入三角形 D 中。

110. 破解密码

5 和 9。4×4 = 16，6×8 = 48，5×9 = 45，将 3 个结果相加，就等于 109。

111. 问号代表什么数字

24。上面两个数的差乘以下面两个数的和，等于中间的数。这个规律你看出来了没有？

112. 剩余的页数

92 页。如果你觉得：第 20~25 页共有 6 页，那么从 100 里减去 6 就是 94 页……那就错了。纸是有正反两面的，所以不可能只脱落其中的一面。既然第 20 页脱落了，那么第 19 页也必定脱落；同理第 25 页脱落了，那么背面的第 26 页也必然随之脱落。综上所述，应该是第 19~26 页共计 8 页脱落了。即：100−8=92。

113. 选票

不一定。如果选举人像题目中那样进行选举，就会引起一个惊人的逆论。我们用下面的情况就可以证明这一点：

甲（男）：我是 A。选举人中有 $\frac{2}{3}$ 喜欢我，不喜欢 B。

乙（女）：我是 B。$\frac{2}{3}$ 的选举人喜欢我超过喜欢 C。

丙（男）：我是 C。$\frac{2}{3}$ 的选举人喜欢 A 超过喜欢我。

通过这一推论，显然题目不能成立。

114. 从中取利

首先，他在甲国买 10 元的东西，用 100 元钞票付账，然后跟卖东西的人说："请找给我乙国的 100 元。"如果是用甲国的钱，只能找回 90 元，但用乙国的钱就得找 100 元了。

这个商人又拿着找回的 100 元到乙国去，然后又买了 10 元的东西，并且仍按之前的说法："请找给我甲国的 100 元。"然后他再回到甲国，如此重复做这件事，就赚了许多钱。

115. 赛跑比赛

不能，还是甲先到达终点。

因为当甲跑完 100 米的时候，乙才跑 90 米，所以甲在起跑线退后 10 米的地方起跑，到达距终点还有 10 米的地方时，这时的甲实际上已跑了 100 米，乙则跑了 90 米，也就是说两人同时到达 90 米线。那么，现在距终点还有 10 米，因此肯定还是甲先到达。

116. 扑克谜题

2 中的任何一个花色都可以。

每一行中，偶数牌与奇数牌的差是 10。

117. 很怪的巧合

其实道理很简单，假定姑娘们的车上有 4 个小伙子，小伙子的车上必定有 4 个姑娘，因为车上的座位数是相等的。其他数目，道理一样。

118. 猜玩具

盒子 A 中有玩具。

盒子 B 和盒子 C 上写的内容恰好相反，如果 B 正确，其他两个标签都是错的，A 中放的就是玩具，与已知条件"只有一个写的是正确的"不符合，所以 B 的标签写的是错的，C 写的是对的。C 是对的，那么 A 一定是错。所以，盒子 A 中有玩具。

119. 该填什么牌

仔细看的话可以看出，每一列的第一个数加上第三个数，然后再减去 1，就是中间的数。

120. 会说话的指示牌

足球场的指示牌上都是真话；健身房的指示牌上都是假话；篮球场的指示牌上一半是真话，一半是假话。

121. 稳操胜券

跟贾老大一样押500根金条在"3的倍数"。只要跟贾老大用同样的方法下注即可。

如果贾老大赢了，蒋老大也会得到同样的报酬，他们的名次就不会受影响，就算贾老大输了，蒋老大的名次还是不会受影响。

事实上，蒋老大只要押400根以上的金条，如果赢，金条数就会在1500根以上，仍是第一名。

所以，在这种情况下，手里有较多金条的人便是赢家。

122. 有几只猫

不要被这一长串的叙述所迷惑，其实一共就有4只猫。仔细想想看，你会恍然大悟。

123. 露西小姐的年龄

露西小姐24岁，她的小弟弟麦迪只有3岁。

124. 有多少只白兔

会有233对白兔。

刚开始笼子里只有一对白兔。一个月后，笼子里依旧只有一对白兔。第二个月，这对白兔生下第一对后代，于是第二个月末，笼子里总共有两对白兔——最初的一对白兔和它们的第一对后代。

一年后笼子里有多少对白兔：

刚开始 1 对

1 个月 1 对

2 个月 2 对

3 个月 3 对

4 个月 5 对

5 个月 8 对

6 个月 13 对

7 个月 21 对

……

你有没有发现一个好玩的规律：笼子里白兔的对数都等于它前面两个月对数之和。推到最后第 12 个月，就成了 233 对。

125. 有多少件礼物

有 59 件礼物。

在 50~60 件礼物中，"每次数 3 件，会余下 2 件"这句话可以理解成：50~60 这些数中，若被 3 除，余数为 2，同理"每次数 5 件，会余下 4 件"的意思是若被 5 除，余数是 4。同时满足这两个条件的，就是玛丽所得到的生日礼物数。因此，59 才是我们想要找的数。

126. 混合液中有多少蜂蜜

C 瓶里有三分之一的蜂蜜。

本题可以通过画示意图帮助思考，用这种方法会很容易推断出来。

127. 钓了多少条鱼

老李钓到了 7 条，大张钓到了 4 条，小王钓到的最少，只钓到了 3 条。

，数学原来这么好玩

数字逻辑

金铁 主编

中国民族文化出版社

北 京

图书在版编目 (CIP) 数据

哇，数学原来这么好玩 / 金铁主编 . —北京：中国民族文化出版社有限公司 , 2022.8

ISBN 978-7-5122-1601-3

Ⅰ . ①哇… Ⅱ . ①金… Ⅲ . ①数学—少儿读物 Ⅳ . ① 01-49

中国版本图书馆 CIP 数据核字（2022）第 124135 号

哇，数学原来这么好玩
Wa, Shuxue Yuanlai Zheme Haowan

主　　编：金　铁

责任编辑：赵卫平

责任校对：李文学

封面设计：冬　凡

出 版 者：中国民族文化出版社　地址：北京市东城区和平里北街 14 号
　　　　　　邮编：100013　联系电话：010-84250639 64211754（传真）

印　　装：三河市华成印务有限公司

开　　本：880 mm × 1230 mm　1/32

印　　张：28

字　　数：550 千

版　　次：2023 年 1 月第 1 版第 1 次印刷

标准书号：ISBN 978-7-5122-1601-3

定　　价：198.00 元（全 8 册）

前言

"数学王国"，一个多么令人崇敬和痴迷的"领地"，你可曾想过现在它离你如此之近？数学究竟是什么？严格地说：数学是研究现实的空间形式和数量关系的学科，包括算数、代数、几何和微积分等。简单来说，数学是一门研究"存储空间"的学科。

尽管人类大脑的存储空间是有限的，但科学家已研究证明：目前人类大脑被开发利用的脑细胞不足 10%，其余都处于休眠状态，是一片有待开发的神奇空间。

想要开发休眠的大脑空间，让大脑释放出更大的潜能，数字游戏起着不可替代的作用。数学是一种"思维的体操"，其中所隐藏的数字规律、数学原理无不需要大脑经过一番周折才会豁然开朗；在这期间大脑被激活，思维得以扩展。

让大脑的存储空间得到充分的利用和发挥，更大程度地强化或激活脑细胞，让思维活跃起来，就是本套书的目的所在。

本套书有 8 个分册，按照数学题型类别结合趣味性，分为快

乐数学、天才计算、数字逻辑、数字谜题、巧算概率、分析推理、数字演绎、几何想象；选取970道趣味数学题，让你通过攻克一个个小游戏，体会数学的奥秘，培养灵活的数学思维，提高解决数学问题的能力。

　　本套书版面设计简单活泼，赏心悦目，让你愉快阅读；书中各类谜题不求数量繁多，但求精益求精，题目类型灵活新颖，题目讲解深入浅出，让你在快乐游戏中积累知识，开拓思路，扩展思维。

目 录

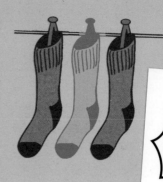

1. 音乐转灯

有一盏音乐转灯的设计很独特：在中心红光外面包有7层壳，每层壳上都有7个五角星的图案，当7层壳上的五角星排成一条直线时，中心红光就可以透出五角星的图案。如果开始时7个五角星是对齐的，然后7层壳一起转动，但是转速却不一样：每分钟第一层转1圈，第二层转2圈，第三层转3圈，第四层转4圈，第五层转5圈，第六层转6圈，第七层转7圈。请问：至少要转多长时间，可以透出五角星图案来？

2. 数字的逻辑

先看看图中数字之间的关系，再填出三角形中的数。

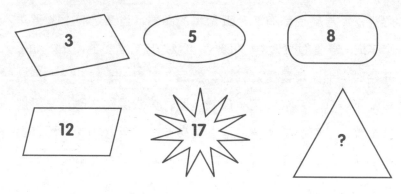

3. 毕氏三角数

如果两个平方数恰好等于第三个平方数，这样的三个数叫作"毕氏三角数"。某些毕氏三角数有一定的规律，请看下列毕氏三角数：

$$3^2 + 4^2 = 5^2;$$
$$5^2 + 12^2 = 13^2;$$
$$7^2 + 24^2 = 25^2;$$
$$9^2 + 40^2 = 41^2;$$
$$? + ? = ?$$

你能推出下一组毕氏三角数吗？

4. 公交车上的怪事

皮皮乘上一辆公交车，他发现买票的人（包括皮皮在内）只占了车上人数的 $\frac{1}{3}$，可汽车一直开到终点，司机和售票员也没有向另外 $\frac{2}{3}$ 的人索要车票。你知道这是为什么吗？

5. 浓烟飘向哪个方向

在铁轨上，有辆电动机车以每小时 100 千米的速度向前正常行驶。迎面的大风以每小时 30 千米的速度刮过来。现在有一个问题要考考你：你知道从车头冒出的浓烟会以什么速度飘向哪个方向？

6. 截木棍

有一根 31 厘米长的木棍，把它截成几段，然后用这几段可以接成 1 厘米到 31 厘米任意长度的木棍，那么，最少要截成几段呢？

7. 吃梨子

5 个人用 5 分钟吃了 5 个梨子，那 100 个人吃 100 个梨子用多少分钟？

8. 问题手表

皮皮买了一块新手表。他把手表的时间与家中大挂钟的时间做了一个对照，发现新手表每天比大挂钟慢3分钟。后来，他又将大挂钟与电视里的标准时间做了一个对照，刚好大挂钟每天比电视时间快3分钟。于是，他认为新手表的时间是标准的。下面几个推断中，哪一个是正确的?

A. 由于新手表比大挂钟慢3分钟，而大挂钟又比标准时间快3分钟，所以，皮皮的推断是正确的，他的手表上的时间是标准的。

B. 新手表当然是标准的，因此，皮皮的推断是正确的。

C. 皮皮不应该拿他的手表与大挂钟对照，而应该直接与电视机上的标准时间对照。所以，皮皮的推断是错误的。

D. 皮皮的新手表比大挂钟慢3分钟，是不标准的3分钟；而大挂钟比标准钟快3分钟，是标准的3分钟。这两种"3分钟"是不一样的，因此，皮皮的推断是错误的。

E. 无法判断皮皮的推断正确与否。

9. 地毯的面积是多少

在一间边长为 4 米的正方形房间里铺着一块三角形地毯。请问，这块地毯的面积是多少？

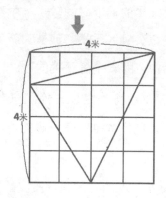

10. 等于 1 的趣题

在下列六则算式中添上四则运算符号，使等式成立。

①1 2 3 = 1

②1 2 3 4 = 1

③1 2 3 4 5 = 1

④1 2 3 4 5 6 = 1

⑤1 2 3 4 5 6 7 = 1

⑥1 2 3 4 5 6 7 8 = 1

11. 考考你

图中问号处应填什么？

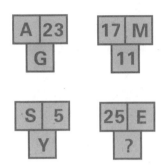

12. 丁丁的生日

一位阿姨问丁丁的年龄。丁丁想了一会儿说："前几天我是 11 岁，明年我将 14 岁了。"

请问：丁丁的生日是哪一天？阿姨是在哪一天问皮皮的年龄的？

13. 字母六角星

下面图中的问号部分应该填入什么字母?

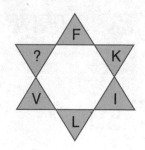

14. 问号处填什么数

你能推算出问号处应填写什么数字吗?

1 3 4 7 11 18 29 ?

15. 五角星的数

依据图 1,找出图 2 问号所代表的数。

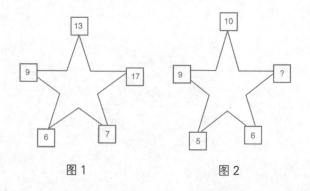

图 1　　　　　　图 2

16. 奇怪的数列

想一想问号处应该是两组什么数。

1 10 11 100 101 110 ? ?

17. 空缺的数

根据下列数字的排列规律，填出空缺位置的数。

1 3 6 10 15 28 36

18. 逻辑表格

运用第 1 个表格的逻辑，完成第 2 个不完整的表格。

	A	B	C	D	E	F
a	7	9	6	5	3	3
b	4	6	3	7	0	3
c	9	2	4	1	1	4
d	5	8	2	7	2	6

7	7	5	6	1	9
4	9	6	6	0	0
3	5	1	9	0	6
8	9	4	6	?	?

19. 排列规则

你能看出下面 10 个数字是按什么规则排序的吗?

8290673451

20. 复杂的国际象棋

将 16 个国际象棋的士兵放进棋盘的方格里,要求每一行、每一列或任何一条斜线上的棋子加起来都不超过 2 个,并且一个格子只能放一个棋子。

21. 外环上的数

找出逻辑关系并填充缺少的数字。

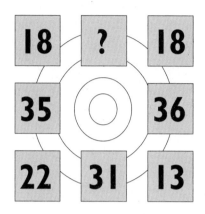

22. 符号与数字

下图中的每一种符号均代表一个数值。请问右侧的问号处应填的数字?

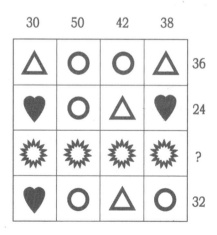

23. 数字金字塔游戏

数字金字塔共有6层，最底层6个数字，这6个数字靠近的两个相加得到上一层的5个数字，同样这5个数字靠近的两个数字相加得到再上一层的4个数字。现在这个金字塔有些数字已经看不到了，你能根据已有的数字推出缺失的数字吗？

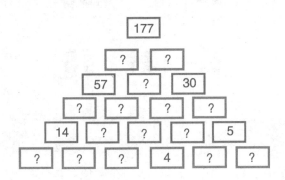

24. 快乐的数字

知道什么叫快乐数字吗？将一个数的每位数的数字先平方，再相加，然后重复前面的步骤，如果最后能得到1，那么，这个数就是快乐数字。以139为例：

$1^2 + 3^2 + 9^2 = 91$；$9^2 + 1^2 = 82$；$8^2 + 2^2 = 68$；$6^2 + 8^2 = 100$；$1^2 + 0^2 + 0^2 = 1$，所以139是快乐数字。

你能找出20以内的快乐数字吗？

25. 找规律填数字

依据下列数字的排列规律，填出"？"处的数。

1 5 14 30 ?

26. 排列规律

你能找出下列数列的排列规律吗？请根据各自的规律找出"？"所代表的数字。

A	1	5	10	50	100	?
B	3	8	23	68	?	

27. K金问题

黄金的 24K 是指百分之百的纯金。因此，12K 纯度为 50%，18 K 纯度为 75%。当你买金制品的时候，上面的纯度记号却是：375 表示 9K，583 表示 14K，750 表示 18K。请问：946 表示多少 K？

28. 找破绽

由于前一夜下大雪，这天早晨的气温降到零下 5 度。

刑警正在就一桩凶杀案询问嫌疑人不在场的证明："昨晚 11 点左右你在哪里？"

嫌疑人是位寡居的女性，她回答说："大约 9 点半，我的旧电视发生短路，然后停电了。因为我对电器一窍不通，自己无法修理，所以只好睡了。今天在你们来访前半个小时，我打电话给电器行，他们却告诉我，只要把大门口的安全开关打开便会有电。没想到竟会这么简单！"

但刑警只扫了一眼旁边鱼缸里游动的热带鱼，便发现了她话里的破绽。

请问，证据何在？

29. 猜谜语比赛

皮皮和琪琪进行猜谜语比赛，答对一题得 6 分，答错一题扣 3 分。最后皮皮得了 80 分，琪琪得了 77 分。可能吗？

30. 看鲜花填数字

请问图中问号处应填什么数字?

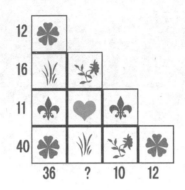

31. 填数

问号处该填什么数?

1 2 4 7 11 16 ? 29 ? 46

32. 照样子列式

　　乔伊斯和凯丽是同班同学,她们经常互相出题来考对方。一次,凯丽又给乔伊斯出了一道难题。问题是这样的:如果有 1,2,3,4 四个数,列出式子 $3 \times 4 = 12$;如果有 1,2,3,4,5 五个数,列出式子 $13 \times 4 = 52$。从例子中可看出,等式把所有的数都用上了。以此类推,请你用 1~6,1~8,1~9 和

0~9 这些连续数分别组成等式。

结果，聪明的乔伊斯当即就算出来了。那么，你知道答案是什么吗？

33. 两条狗赛跑

马戏团训练了两条狗来赛跑，100 米直线往返跑。第一条狗 1 步跑 3 米，第二条狗 1 步只能跑 2 米，但是第一条狗跑 2 步的时候第二条狗能跑 3 步。在这样的情况下，赛跑的结果可能是怎样的？

34. 看图形填数字

图中问号处该填什么数字?

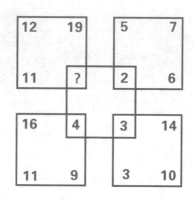

35. 老管家买牛

张三是王员外家的老管家,他是一个非常聪明的人。有一次王员外让他去买牛,并告诉他老牛每头值 3 两银子,壮牛每头值 5 两银子,小牛每 3 头值 1 两银子。员外给张三 100 两银子,让他买 100 头牛回来。过了几天,张三真的买了 100 头牛回来。

你知道用 100 两银子买的 100 头牛里面,有多少头老牛、多少头壮牛和多少头小牛吗?

36. 巧选数字

你能从右边 A，B，C，D 四个数字中选取一个放入左边问号处，使左边的数字和字母的排列合乎某种规律吗？

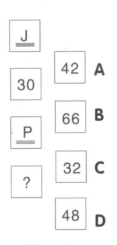

J

30

P

?

42 **A**

66 **B**

32 **C**

48 **D**

37. 吝啬鬼的把戏

有一个吝啬鬼去饭店吃面条，他花1元钱点了一份清汤面。面上来了，他又要求换一碗2元钱的西红柿鸡蛋面。服务员对他说："你还没有付钱呢！"吝啬鬼说："我刚才不是付过了吗？"服务员说："刚才你付的是1元钱，而你吃的这碗面是2元钱的，还差1元呢！"吝啬鬼说："不错，我刚才付了1元钱，现在又把1元钱的面还给了你，不是刚好吗？"服务员说："那碗面本来就是店里的呀！"他说："对呀！我不是还给你了吗？"

这么简单的账怎么就弄糊涂了呢？吝啬鬼真的不需要付钱了吗？

38. 怎么过桥

一辆货车满载着6吨的钢索前进，但在行进中遇到了一座桥。桥头的标志牌上写着：最大载重量7吨。然而，货车车身就重 2 吨，再加上钢索，明显超过了桥的载重量。你能想办法帮司机通过这座桥吗？

39. 大力士的困惑

　　力量村的人都力大无比，其中有一个大力士可以轻易地举起 200 千克的东西，但有一天，他竟然连一件 100 千克重的东西都举不起来，请问这是为什么？当然，他没有生病也没有受伤。

40. 怎样倒水

有一个盛有 900 毫升水的水壶和两个空杯子。两个杯子，一个能盛 500 毫升水，另一个能盛 300 毫升水。请问：应该怎样倒水，才能使得每个杯子都恰好有 100 毫升水？

注：不允许使用别的容器，也不允许在杯子上做记号。

41. 环球旅行家的话

环球旅行家比尔夏天的时候刚好到达广州，那里晴空万里。比尔说："早知道这里和那里一样热，我就不用花 6 个月的时间跑到这里来了。"

你认为旅行家的话正确吗？

42. 来回的疑问

在一个无风的天气里，某人从 A 地乘摩托车到 B 地，时速 35 千米，途中并无坡道，只有一处需要轮渡。过轮渡时并没有等待，车一到就上船了，共用了 80 分钟。回来时仍是原来的路线，乘轮渡时和来的时候一样，车速也一样。可是从 B 地返回 A 地，却走了一个小时又二十分钟，这是怎么回事？

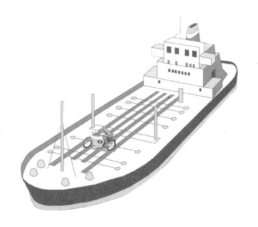

43. 葱为什么卖亏了

一捆葱有 10 斤重，卖 1 元钱 1 斤。

有个买葱人说，我全都买了，不过我要分开称，葱白 7 角钱 1 斤，葱叶 3 角钱 1 斤，这样葱白加葱叶还是 1 元，对不对？卖葱的人一想，7 角加 3 角正好等于 1 元，没错，就同意卖了。

他把葱切开，葱白 8 斤，葱叶 2 斤，加起来 10 斤，8 斤葱白是 5.6 元，2 斤葱叶 6 角，共计 6.2 元。

事后，卖葱人越想越不对，原来算好的，10 斤葱明明能卖 10 元，怎么只卖了 6.2 元呢？到底哪里算错了呢？

44. 谁在挨饿

动物园里有两只熊，公熊每顿要吃 15 千克食物，母熊每顿要吃 10 千克食物，小熊每顿吃 5 千克食物。但每天饲养员只买回来 10 千克食物，那就意味着会有熊挨饿，对吗？

45. 找关系

下面 3 组数字中，每组数字都有一个相同的条件。你能猜出这 3 组数字间有何种关系吗？

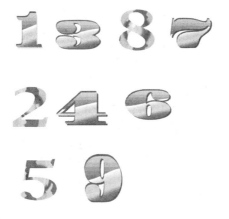

46. 有趣的棋盘

下图是一个棋盘，棋盘上已放有 6 颗棋子，请你再在棋盘上放 8 颗棋子，使得：

① 每条横线上和竖线上都有 3 颗棋子。

② 9 个小方格的边上都有 3 颗棋子。

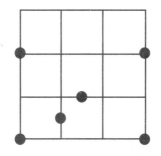

47. 魔术阶梯

这个魔术阶梯是有名的施罗德阶梯，如果你将它倒过来看就会知道它有什么特别之处。

现在请在每一阶上各放一张黑色和白色的卡片，使每一阶卡片的数字之和为5个连续的数字，即：9，10，11，12，13。

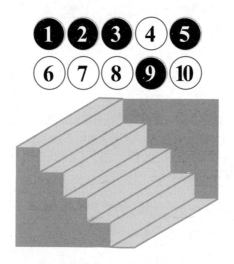

48. 粗心的管理员

公园的管理员看到公园里到处都是游客扔的垃圾，非常气愤。他决定增设20个垃圾桶，分别放在5条相互交叉的路上，每条路上放4个。但由于粗心大意，他少带了10个垃圾桶。那该怎么办？难道把垃圾桶劈成两半吗？

聪明的你帮忙想想办法吧！

49. 移数字

请移动下面等式中的一个数字（只能是数字，而且不能将数字对调，也不能移动运算符号），使等式成立。

$$101-102=1$$

50. 断开的风铃花

小柔是一个喜欢动手的好孩子，她最喜欢做的就是风铃。这一天，她折了 6 朵风铃花，用一根 1 米长的绳子每隔 0.2 米拴 1 朵。现在她不小心用剪刀剪坏了一朵，重新折的话又没有多余的材料了。现在还要求每隔 0.2 米拴 1 朵，绳子不能剩。请问：小柔该怎么拴？

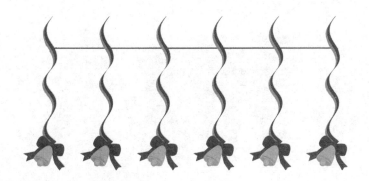

51. 难解的债务关系

甲、乙、丙、丁四人是好朋友。有一天，甲因为要办点事情，就向乙借了 10 元钱，乙正好也要花钱，就向丙借了 20 元钱，而丙自己的积蓄实际上也并不多，就向丁借了 30 元钱。而丁刚好在甲家附近买书，就去找甲借了 40 元钱。

恰巧有一天，四人决定一起出去逛街，趁机也将欠款——结清。请问：他们四人该怎么做才能动用最少的钱来解决问题呢？

甲   乙

丙   丁

52. 和尚分馒头

100 个和尚分 100 个馒头，正好分完。如果老和尚一人分 3 个，小和尚三人分 1 个，试问老和尚、小和尚的人数各有多少？

53. 填入数字

问号所在位置应该填入什么数字？

39276 ： 47195

23514 ： 14623

76395 ： 95476

29467 ： ？

54. 什么时候相遇

在一个赛马场里，A马1分钟可以跑2圈，B马1分钟可以跑3圈，C马1分钟可以跑4圈。

请问：如果这3匹马同时从起跑线上出发，几分钟后，它们会在起跑线上相遇？

55. 答案为1

在下面的数字中挑选出5个数字运算，得出的答案为1。请你找出这5个数，并说明按什么顺序运算？

+190	×12	−999	×4
−87	+29	×9	−576
−94	−65	×22	−435
×7	×8	+19	+117

56. 山羊吃白菜

如果三只山羊在6分钟内吃掉3棵大白菜，那么一只半的山羊吃掉一棵半的白菜需要多长时间？

57. 如何胜券在握

三个人面临着一场决斗。他们站着的位置正好构成了一个三角形，其中被称为"神枪手"的人百发百中；被称为"怪枪手"的人3枪能命中2枪；莱特枪法最差，只能保证3枪命中1枪。现在三人要轮流射击，莱特先开枪，"神枪手"最后开枪。如果你是莱特，怎样做才能胜算最大呢？

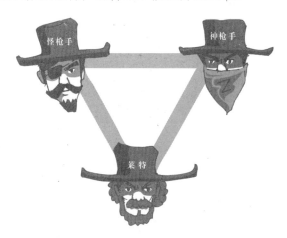

58. 分橘子

甲、乙、丙三家约定9天之内各打扫3天楼梯。由于丙家有事，没能打扫，楼梯就由甲、乙两家打扫。因此，甲家打扫了5天，乙家打扫了4天。丙回来以后就以9斤橘子表示感谢。

请问：丙该怎样按照甲、乙两家的劳动成果分配这9斤橘子呢？

59. 古董商的交易

有一位古董商收购了两枚古钱币，后来又以每枚60元的价格出售了这两枚古钱币。一枚赚了20%，另一枚赔了20%。请问：和他当初收购这两枚古钱币相比，这位古董商是赚是赔，还是持平？

60. 不会算数的顾客

　　一位顾客想寄很多封信。于是他递给邮局卖邮票的职员一张 100 元钱，说道："我要一些 2 元的邮票和 10 倍数量的 1 元的邮票，剩下的全要 5 元的。"这位职员听傻了，他要怎样做才能满足这个顾客的伤脑筋的要求呢？

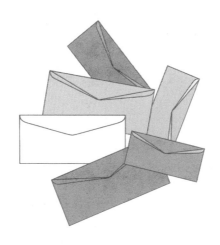

61. 自作聪明的盗贼

一个被警察追踪多年的盗贼突然来自首。他声称：他偷来的 100 块古董壁画被他的 25 个手下偷走了。这些人中最少的偷走 1 块，最多的偷了 9 块。而这 25 人各自偷了多少块壁画，他说他也记不清了，但可以肯定的是，他们偷走的壁画数量都是单数，不是双数。他为警方提供了这 25 个人的名字，条件是不能逮捕他，警察答应了。但当天下午，警长就下令将自首的盗贼逮捕，为什么？

62. 四个 4

用四个 "4" 列出得数为 1，2，3，4，5 的 5 个算式。

$$4 \quad 4 \quad 4 \quad 4 = 1$$
$$4 \quad 4 \quad 4 \quad 4 = 2$$
$$4 \quad 4 \quad 4 \quad 4 = 3$$
$$4 \quad 4 \quad 4 \quad 4 = 4$$
$$4 \quad 4 \quad 4 \quad 4 = 5$$

63. 花最少的钱去考察

赤道上有 A，B 两个城市，它们正好位于地球上相对的位置。80 年前，分别住在这两个城市的甲、乙两位科学家每年都要去南极考察一次，但那时的飞机票实在是太贵了。经南极围绕地球一周需要 1000 美元，绕半周需要 800 美元，绕 $\frac{1}{4}$ 周需要 500 美元。按照常理，他们每年都要分别买一张绕地球 $\frac{1}{4}$ 周的往返机票，一共要 1000 美元，但是他们俩却利用彼时飞机票尚不能实名制的情况想出一条妙计，两人都没花那么多的钱。你猜他们是怎么做的？

64. 握手

在一次办公会议上，每一个人都和其他人握了一次手，刚好握了 15 次手。你能猜出一共有多少人参加会议吗？

65. 拍"三角"游戏

两个小朋友小明、小浩在玩拍"三角"（用纸盒折成的玩具）游戏，开始的时候他们有同样多的"三角"。第一轮中，汤姆赢了 20 张；第二轮中，小明运气转差，输掉了手中"三角"的 $\frac{2}{3}$ ，这时，小浩所拥有的"三角"的数量是小明的 4 倍。那么，刚开始的时候他们手中各有多少张"三角"呢？

66. 消失的1元钱

3个人住宾馆时，每人10元，将30元交给服务员后，再交到会计那里去。会计给打了个折找回5元。服务员中间私吞了2元，只还给他们3元。

3个人分这3元，每人分得1元，合计每人付了9元，加在一起共27元，再加上服务员私吞的2元，一共29元。怎么也与付账的钱对不上？

哪里出了问题呢？

67. 巧妙分马

有一个拥有 24 匹马的商人，给 3 个儿子留下"传给长子 $\frac{1}{2}$，传给次子 $\frac{1}{3}$，传给幼子 $\frac{1}{8}$"的遗言后就死了。但是，在这一天有 1 匹马也死掉了。这 23 匹马用 2，3，8 都无法除开，总不能把一匹马分成两半吧，这真是个难题。你知道应该怎样解决吗？

68. 猫追老鼠

有一只猫发现离它 10 步远的前方有一只奔跑着的老鼠，便马上紧追。猫的步子大，它跑 5 步的路程，老鼠要跑 9 步。但是老鼠的动作快，猫跑 2 步的时间，老鼠能跑 3 步。

请问：按照现在的速度，猫能追上老鼠吗？如果能追上，它要跑多少步才能追上老鼠？

69. 乌龟能跑过兔子吗

有一次乌龟和兔子又要比赛谁跑得快。乌龟对兔子说：你的速度是我的 10 倍，每秒跑 10 米。如果我在你前面 10 米远的地方，当你跑了 10 米时，我就向前跑了 1 米；你追我 1 米，我又向前跑了 0.1 米；你再追 0.1 米，我又向前跑了 0.01 米……以此类推，你永远要落后一点点，所以你别想追上我了。

乌龟说得对吗？

70. 乒乓球比赛

学校要举行乒乓球比赛，采用淘汰制，最初报名参加的有 25 人，后来又有 3 人报名参加。如果没有平局的出现，总共要举行多少场比赛？

71. 一只独特的靶子

射击场上有一只独特的靶子，上面用数字标好了每环的分数，见下图。请问：假如你是射手，你一共需要射多少支箭才能使总分正好等于 100 分？

72. 半盒子鸡蛋

往一只盒子里放鸡蛋，假定盒子里的鸡蛋数目每分钟增加一倍，一小时后，盒子满了。请问：在什么时候鸡蛋装满盒子的一半？

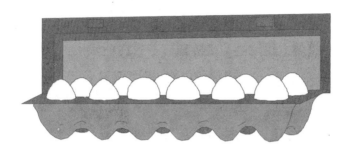

73. 解开难题

你能解开这道题吗？

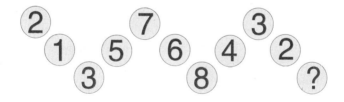

74. 乌龟和青蛙赛跑

乌龟大哥自从和兔子赛跑输了以后，就发誓再也不和兔子比赛了，而是改和青蛙进行 100 米比赛。结果，乌龟以 3 米之差取胜，也就是说，乌龟到达终点时，青蛙才跑了 97 米。

青蛙有点不服气，要求再比赛一次。这一次乌龟从起点线后退3米开始起跑。假设第二次比赛它俩的速度和第一次一样，谁赢了第二次比赛？

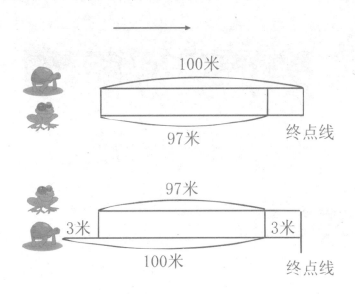

75. 爱说假话的兔子

有甲、乙、丙、丁4只兔子，年龄1~4岁各不相同。它们中有两只说话了，无论谁说话，如果说的是比它年龄大的话都是假话，说的是比它年龄小的话都是真话。兔子甲说："兔子乙3岁。"兔子丙说："兔子甲不是1岁。"

你能知道这4只兔子分别是几岁吗？

76.10枚硬币

有10枚硬币，甲、乙两人轮流从中取走1枚、2枚或者4枚硬币，谁取最后一枚硬币就算输。请问：该怎么做才能获得胜利？

77. 孪生姐妹

丁丁讲了这样一件怪事：有一对孪生姐妹，姐姐出生在 2001 年，妹妹出生在 2000 年。

你说可能吗？丁丁有没有撒谎？

78. 谁有钱

在一个灾荒之年，可怜的父亲就要面临断粮了，所以不得不求助于五个都已成家立业的儿子。他不知道哪个儿子有钱，但他知道，兄弟之间彼此知道底细，且有钱的说的都是假话，没钱的才说真话。

老大说："老三说过，我的四个兄弟中，只有一个有钱。"

老二说："老五说过，我的四个兄弟中，有两个有钱。"

老三说："老四说过，我们兄弟五个都没钱。"

老四说："老大和老二都有钱。"

老五说："老三有钱，另外老大承认过他有钱。"

五个儿子中谁有钱，你知道吗？

79. 称粮食

　　大米、小米和玉米分别装在 3 只袋子里，它们的重量都在 35～40 斤之间。用一台最少称 50 斤的秤，最多称几次就能称出小米、大米和玉米各重多少斤？

80. 调整算式

下面的火柴棍把很简单的算术题都弄错了（见下图）。不许添，不许减，只移动1根火柴棍，用最快的速度改正这道简单的算术题。

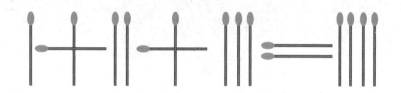

81. 怎样分汽车

一位老富翁拥有11辆古董汽车，每辆值5000美元。

这位老富翁死时留下了一个奇怪的遗嘱：他的11辆古董汽车分给他的三个儿子。把其中的一半分给长子，$\frac{1}{4}$分给次子，$\frac{1}{6}$分给小儿子。

大家都感到迷惑不解。11辆汽车怎么能分成相等的两份，或分成4份，6份，这该怎么分呢？

82. 究竟赚了多少钱

画家甲把他的画卖给了乙，卖了 100 元。

乙把画挂在家中，可是不久，他觉得不喜欢这幅画了，于是又把画卖给了甲，卖了 80 元。几天后，甲将这张画以 90 元卖给了丙。

画家甲很得意，心里盘算着：头一次我卖得 100 元，那正好是我用掉的时间和材料的费用，所以那是对等的买卖。后来，我买它用了 80 元，卖掉又得到 90 元，所以我赚了 10 元钱。

乙的想法却不一样：甲把他的画卖给我，得到 100 元，买回去又花了 80 元，显然赚了 20 元钱。第二次卖多少，我们不管，因为 90 元是那张画的价值。

丙把两种算法都颠倒了：甲头一次卖画得 100 元，买回去花 80 元，所以赚了 20 元。从他买画花 80 元，卖画给我要了 90 元来看，他又赚了 10 元钱。所以，他总共赚了 30 元钱。

算一算，甲到底赚了多少钱，10 元，20 元，还是 30 元？

83. 最大的数字之和

下图中，每个格里都有一个数字，假设下端是入口，上端是出口，一步只能走一格，不允许重复，也不允许向下走，思考一下，怎样才能使你走过的格里的数字之和最大？

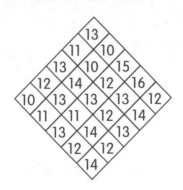

84. 数字箭头

问号处的数字应是多少？

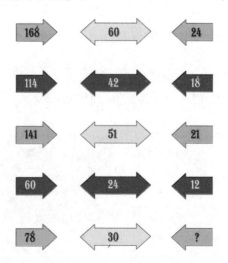

85. 数值

如果图形 A 代表数值 6，那么图形 B 代表哪个数值？

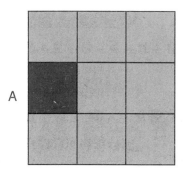 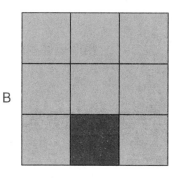

A   B

86. 称宝石

在 9 颗规格相同的宝石中有一颗较轻的是假货。在一架没有砝码的天平上，最多只能称两次，你能把这颗假宝石找出来吗？

87. 薪金高低

甲和乙两家公司都要招聘员工，他们的招聘广告只有以下两点不同，其他的条件相同。单从薪金的高低来考虑，选择哪一家公司更好？为什么？

【甲公司】年薪 10 万元；

每年提薪一次加 2 万元。

【乙公司】半年薪 5 万元；

每半年提薪一次加 5000 元。

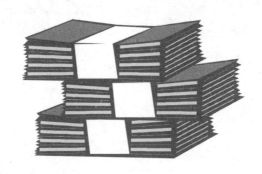

88. 一张假支票

一位穿着时髦的富婆走进珠宝店指明要买标价为 8000 元的玉镯，随即给了店主一张 10000 元的支票。店主没有这么多的现金找她，只好拿着支票找隔壁金店的老板换了 10000 元现金，并找了 2000 元给富婆。等富婆走了以后，金店的老板找来说支票是假的，珠宝店的老板只好又还给了金店老板 10000 元现金。这样，珠宝店的老板损失了价值 8000 元的玉镯，赔偿金店老板 10000 元，总共损失了 18000 元。可是珠宝店老板却说他还找给那个富婆 2000 元，这样算下来他的损失高达 20000 元！那么，他真的损失了那么多吗？

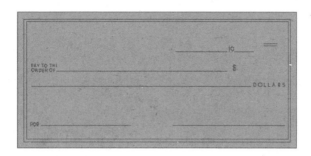

89. 选择哪辆车

多多每天都乘坐公交车上学。离多多家门不远处，有一个公交车站。汽车和电车都是每隔 5 分钟来一趟，票价也是一样的。只是汽车开过之后，隔 2 分钟电车才来，再过 3 分钟下一趟汽车又开过来。

根据以上信息，你认为多多坐哪一趟车更省事，更划算？

90. 捣蛋鬼的分数

在一次考试中，每人答对一题得9分，答错一题扣除6分。最后，考官统计分数时却发现有一个捣蛋鬼得了77分。你觉得可能吗？为什么？

91. 1元钱去哪儿了

一位老伯伯靠卖蛋为生。他每天卖鸡蛋、鸭蛋各30个，其中鸡蛋每3个卖1元钱，鸭蛋每2个卖1元钱，这样一天可以卖得25元钱。忽然有一天，有一位路人告诉他把鸡蛋和鸭蛋混在一起每5个卖2元，可以卖得快一些。第二天，老伯伯就尝试着这样做，结果却只卖得24元。老伯伯很纳闷，鸡蛋没少怎么钱少了1元？这1元钱去哪里了呢？

92. 猜数字谜语

下面是一个数字哑谜。目前只知道 B 比 C 的两倍小，而且都不等于 0，那么 A，B 和 C 的数值分别是多少？

$$\begin{array}{r} A\ B\ C \\ +)\ A\ A\ B \\ \hline B\ A\ A \end{array}$$

93. 字母算式

下列算式中，每个字母代表 0~9 的一个数字，而且不同的字母代表不同的数字。如何解？

$$AB \times A = CAD$$

94. 有趣的平方

已知：

1×1=1

11×11=121

111×111=12321

1111×1111=1234321

请问：

11111×11111=？

111111×111111=？

1111111×1111111=？

11111111×11111111=？

111111111×111111111=？

95. 移数字

如下图所示。请你移动两个数字，使两个式子都成立且结果相等。

1 + 2 + 7 + 9 = 18

3 + 4 + 5 + 8 = 18

96. 添一笔

下面的式子是一个不成立的等式，只在式子中添一笔，使等式成立。

$$5 + 5 + 5 = 550$$

97. 三个6

你有办法让下面的等式成立吗？

$$6 \; 6 \; 6 = 7$$

98. 六个9

你有办法让下面的等式成立吗？

$$9 \; 9 \; 9 \; 9 \; 9 \; 9 = 100$$

99. 怎样使等式成立

下面的数字原本是一个等式，但现在该等式中的运算符号都被擦去了，你能否使等式重新成立？

100. 男生、女生

晚会开始了，班长李磊看了看会场说："哈，女生真不少，占晚会总人数的 $\frac{1}{3}$ 。"副班长王平也看了看说："哪有那么多，也就占 $\frac{1}{4}$ 。"他们都没有说错，那么男生多少？女生多少呢？

101. 不吉利的 13

在西方，"13"被认为是不吉利的数字，但是哪两个整数（不是分数）相乘会得到不吉利的数字 13 呢？

102. 青蛙几次跳出井底

有一口井，深5米，井底有只青蛙，它总想跳到井外去，但是它每次只能跳$\frac{1}{5}$米。请问：青蛙几次能跳到井外？

103. 吃掉几只羊

一天早上，牧羊人发现少了5只羊，第二天又少了5只。牧羊人很快从羊群中找出了一只披着羊皮的狼。请问：这只狡猾的狼吃掉了多少只羊？

104. 树形序列

你能完成这个序列吗？

105. 解密码

小偷意外地偷到了一个保险箱，他猜想里面一定有很多钱，可是不知道密码，怎么打开呢？

他看着这个保险箱，密码锁上有 5 个铁圈，每个圈上有 24 个英文字母，只要把 5 个圈上的字母对得与密码相符就行了。他想，干脆自己一个一个对，肯定能把这个保险箱打开。假设拼出一个密码需要 3 秒钟，请问：只靠这种方法，这个小偷至少要多长时间才能打开它呢？

106. 兄妹俩上学

兄妹俩在同一所学校上学。每天上学，妹妹要走 30 分钟，哥哥只用 20 分钟。如果妹妹先走 5 分钟，过几分钟后哥哥能追上妹妹？

107. 猜猜这个数

有一个有趣的三位数，这个数减去 7 能被 7 除尽，减去 8 能被 8 除尽，减去 9 能被 9 除尽。请问：这个三位数是几？

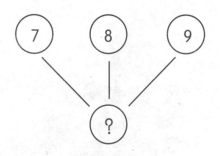

108. 这位老人的年龄

有一个老人生于公元前 30 年 10 月 14 日，死于公元 30 年 10 月 14 日。请问：他活了多大岁数？

109. 想睡懒觉

总算到星期五了，小强想明天多睡一会，他把闹钟拨到了 9 点半，然后像往常一样，9 点就上床睡觉了。你算一下，到闹钟响时，小强睡了几个小时？

110. 问号代表什么数字（1）

1	2	3	4
5	?	15	20

111. 问号代表什么数字（2）

什么数字替代问号以后可以完成这道难题？

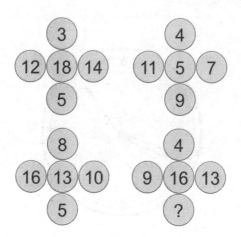

112. 问号代表什么数字（3）

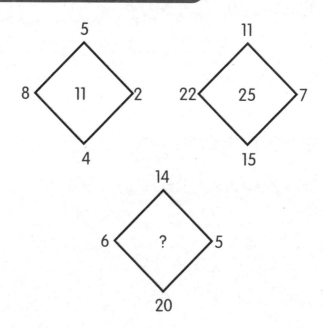

113. 哪个数字与众不同

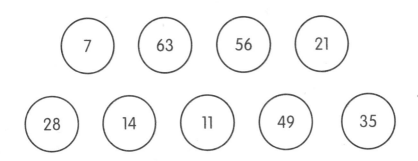

114. 恰当的字母

算一算，哪个字母替代问号以后可以完成这道题？

13	INC	2
6	QRG	7
4	DOM	8
7	SUI	7
8	AD?	2

115. 鲤鱼的数量

这天早晨，西格饭店的厨房乱作一团，因为有 2 只波斯猫闯了进来，把厨房搅得一团糟。最后，他们终于在水池旁找到了波斯猫，它们正在吃一条鲤鱼呢！几个人围攻才把两只猫逮住，麻烦终于解除了。

过了不久，经理来检查厨房，他问厨师长，水池里一共有多少条鲤鱼呢？厨师长也说不清楚，池塘里所有的鱼都是昨天刚买回来的，一共花了3600元。根据账目明细，青鱼130元一条，刀鱼104元一条，鳜鱼78元一条，鲤鱼170元一条。除了被波斯猫吃掉的一条鲤鱼以外，没有其他的损失。

通过这些数据，经理很快知道水池里到底有多少条鲤鱼了，你知道吗？

有个皇帝，派出 10 名使臣到各地征收黄金，要求 10 天之内每人征收 1000 两。10 天后，10 名使臣都按期回朝交差。黄金都是按皇帝的旨意装箱的：每个使臣交 10 箱，每箱 100 两，一两一块。这时皇帝忽然收到一封密信，说有一名使臣在每块黄金上都割走了一钱，这一钱肉眼看不出来。于是皇帝吩咐内侍取来一杆 10 斤的秤，然后对满朝文武官员说："如果谁能一次称出是哪名使臣的黄金不足，定有重赏。"

说罢命令那 10 名使臣各自站在自己交的 10 箱黄金前。

满朝文武官员面面相觑，因为只称一次就称出是谁的黄金每块少一钱，的确是个难题。但有个大臣想了一个办法，居然解决了这个难题。

请问他是怎样称的呢？

117. 画符号

请在空格中画出正确的符号。

118. 标签怎样用

狗妈妈生了 9 只狗宝宝。

9 只狗宝宝长得都一样，主人分不出哪只是哪只。

有 10 张带数字的标签，却只有 1 号到 5 号的 5 种。

那么，区别 9 只狗宝宝最少要用几种数字标签?

119. 动物园里的动物们

一日，可可独自一人到动物园里去观赏动物。他只看了猴子、熊猫和狮子三种动物。这三种动物的总数量在 26 只到 32 只之间。

根据下面的情况，说说这三种动物各有多少只？

① 猴子和狮子的总数量要比熊猫的数量多。

② 熊猫和狮子的总数量要比猴子的总数多两倍多。

③ 猴子和熊猫的总数量要比狮子数量的三倍还多。

④ 熊猫的数量比狮子的两倍数量少一点。

120. 扑克游戏"24"

在工间休息的时候，大李和老王开始玩一种扑克计算游戏，这种游戏的规则是：任意抽四张牌，每张牌代表一个数字，比如方块 7 代表 7，红桃 K 代表 13，要求用加减乘除四种基本运算，将每个数字用一遍，使得计算结果为 24。谁先算出来谁便获得这四张牌，最后以获得全副牌者为胜。大李抽了四次牌，他是这样算的：

① 1，2，3，4 四个数：$1 \times 2 \times 3 \times 4 = 24$

② 2，3，4，5 四个数：$(5 - 2 + 3) \times 4 = 24$

③ 3，4，5，6 四个数：$(3 + 5 - 4) \times 6 = 24$

④ 3，3，7，7 四个数：$7 \times (3 + 3 \div 7) = 24$

老王也抽了四次牌，他抽到的牌算起来比较难：

① 4，4，10，10

② 5，5，1，5

③ 9，9，6，10

④ 1，4，3，6

老王不知道该怎么算，你知道吗？

121. 骗了多少钱

狡猾的骗子到商店用 100 元面值的钞票买了 9 元的东西，售货员找了他 91 元钱，他又称自己有零钱，给了 9 元而要回了自己原来的 100 元。那么，他骗了商店多少钱？

122. 握手

圣诞老人学校又迎来了毕业典礼。今年，8 名圣诞老人已经准备好到城市商场履行职责。当他们离开之前，每个圣诞老人都要彼此握手。那么，他们会握手多少次呢？

123. 风铃

风铃重 144 克（假设绳子和棒子的重量为 0）。看下图，你能计算出每个装饰物的重量吗？

124. 小魔女的乌龟

小林子、小欢子、小安子、小丹子 4 个小魔女每人都养了乌龟，但每个人养的数量各不相同，并且她们眼睛的颜色和她们喜欢的魔女服装的颜色也各不相同。

乌龟的数量有：1 只、2 只、3 只、4 只。

眼睛的颜色分别是：灰色、绿色、蓝色、黄色。

服装的颜色分别是：黑色、红色、紫色、茶色。

请根据如下条件判断她们每个人眼睛的颜色、服装的颜色、饲养乌龟的数量。

（1）灰色眼睛的魔女和黑色服装的魔女和小欢子3人共有8只乌龟。

（2）绿色眼睛的魔女和红色服装的魔女和小安子3人共有9只乌龟。

（3）黄色眼睛的魔女和茶色服装的魔女和小丹子3人共有7只乌龟。

（4）紫色服装的魔女的眼睛不是灰色的。

（5）小安子的眼睛不是蓝色的。

（6）小欢子的眼睛是黄色的。

答案

1. 音乐转灯

给那么多的条件只是为了迷惑你。请你仔细想一下，在一分钟后，它们各自刚好转了整数圈，肯定又会恰好对齐。

2. 数字的逻辑

3 与 5 的差为 2，5 与 8 的差为 3，8 与 12 的差为 4……三角形中的数是 23。它与 17 的差是 6。

3. 毕氏三角数

我们把毕氏三角数还原成勾股定理就很容易看出规律。

$3^2+4^2=5^2$

$5^2+12^2=13^2$

$7^2+24^2=25^2$

$9^2+40^2=41^2$

奇数 3，5，7，9……出现在第一列，第二列增加 4 的倍数，即加 8、加 12、加 16、加 20……而结果的数字比第二列的数字多 1，所以下一个是 $11^2+60^2=61^2$，即 121 + 3600 = 3721。

4. 公交车上的怪事

现在，家家都买了小汽车，坐公交车上的人少多了。车上只有一位乘客，那就是皮皮，他买了票，司机和售票员当然不需要买车票啦。

5. 浓烟飘向哪个方向

现在电动机车不像以往的蒸汽机车，它不会冒浓烟。这道题目与你开了个玩笑，目的是考你的反应能力和观察问题的能力哦。

6. 截木棍

最少要截成5段，每段的长度分别是1厘米、2厘米、4厘米、8厘米和16厘米。

7. 吃梨子

要5分钟。5个人用5分钟吃了5个梨子，也就是说1人吃1个梨子要花5分钟（记住是5分钟，而不是1分钟），那100个人吃100个梨子，也就是1人吃1个梨子，当然也是要花5分钟。

8. 问题手表

D的评价是正确的。皮皮犯的正是"混淆概念"的错误，两个"3分钟"是不相同的，一个标准，一个不标准，因此，皮皮的推断是错误的。

9. 地毯的面积是多少

7 平方米。首先求出地毯之外的面积，再用房间的面积减去这部分面积即可。

①是 2 平方米，②是 3 平方米，③是 4 平方米；房间面积为 16 平方米，则地毯面积为 16 –（ 2+3+4) = 7(平方米)。

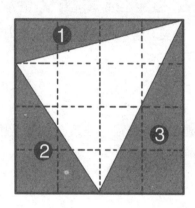

10. 等于 1 的趣题

① （1 + 2）÷ 3 = 1

② 1 ×（2 + 3）− 4 = 1

③ [（1 + 2）× 3 − 4] ÷ 5 = 1

④ （1 × 2 + 3 − 4 + 5）÷ 6 = 1

⑤ （1 + 2 + 3 + 4）÷ 5 + 6 − 7 = 1

⑥ （1 + 2 × 3 − 4）− 5 × 6 ÷（7 + 8）= 1

11. 考考你

19。字母按字母表倒数序号（Z = 1,A = 26……）排列，A 之后跳过两字母为 D（倒序号是 23），再跳过两字母为 G，再跳过两字母为 J（倒序号 17）以此类推。至问号处为 H（倒序号 19）。

12. 丁丁的生日

皮皮的生日是 12 月 31 日，阿姨是在 1 月 1 日问皮皮的。

13. 字母六角星

R。每个字母代表其在字母表中的序列数，乘以 2 所得的积填入相对的三角形中。

I（9）×2=18（R）。

14. 问号处填什么数

47。从第三个数字开始，每个数都等于前两个数之和。

15. 五角星的数

12。五角星上面一个数加下面两个数等于中间两个数之和。

16. 奇怪的数列

111，1000。电子计算机计数用的是二进位数字，写法只有二种数字：0 与 1。我们所熟悉的 1，2，3，4，5，6 用二进位的写法，则变成了 1，10，11，100，101，110。所以后面应该是 7 和 8 的二进制写法。

17. 空缺的数

21。这是一个三角形数的数列。

18. 逻辑表格

4，8。思路：

通过观察第 1 个表格可知：若把每行看成一个等式，E，F 列位置的数字视为一个数，则这个数是由 A 列数 ×B 列数，再减去 C 列数 ×D 列数得到的。如第 1 个表格 a 行上

A，B，C，D，E，F 上的数字为：7，9，6，5，3，3

A B C D E F

7 9 6 5 3 3

可得 a 行：（7×9）－（6×5）= 33

b 行：（4×6）－（3×7）= 03

c 行：（9×2）－（4×1）= 14

d 行：（5×8）－（2×7）= 26

则问号处：（8×9）－（4×6）= 48。

19. 排列规则

想不出来吧，其实非常简单！它们是按汉语拼音读音的字母顺序排列的，也就是这些数字对应的汉字在字典里出现的先后顺序。

20. 复杂的国际象棋

21. 外环上的数

40。将按顺时针方向，用每行、每列拐角方格里的数字相加，将答案放在按顺时针方向旋转的下一个方格里。

22. 符号与数字

68。各符号代表的数值：△ = 7，〇 = 11，☀ = 17，♥ = 3。

因为 △ + 〇 + 〇 + △ =36，所以 △ + 〇 =18；

因 为 ♥ + 〇 + △ + ♥ =24，即 2♥ + 〇 + △ =24，所以♥ =3；

因为♥ + 〇 + △ + 〇 =32，所以〇 =32−3−18=11；

因为 △ + 〇 =18，所以 △ =7；

因为 △ + ♥ + ☀ + ♥ =30，所以☀ =17。因此，问号 =17 × 4=68。

23. 数字金字塔游戏

$$177$$

$$102 \quad 75$$

$$57 \quad 45 \quad 30$$

$$30 \quad 27 \quad 18 \quad 12$$

$$14 \quad 16 \quad 11 \quad 7 \quad 5$$

$$5 \quad 9 \quad 7 \quad 4 \quad 3 \quad 2$$

24. 快乐的数字

1，7，10，19。

25. 找规律填数字

55。这是一个金字塔数列：

$1 = 1$

$5 = 1 + 2 \times 2$

$14 = 1 + 2 \times 2 + 3 \times 3$

$30 = 1 + 2 \times 2 + 3 \times 3 + 4 \times 4$

$55 = 1 + 2 \times 2 + 3 \times 3 + 4 \times 4 + 5 \times 5$

26. 排列规律

A：500 或 1000，规律是交替乘以 5 和乘以 2；B：203，规律是前一个数字乘以 3 再减去 1，也可以看作 + 5，+（5×3）或 +（15×3）或 +（45×3）。

27. K 金问题

22K。因为纯金是24K，所以9K黄金的纯度以十进制表示为0.375。利用计算器，你可以将一个数目乘上0.024就可以转换成K数。所以，946×0.024 = 22.704，即22K。

28. 找破绽

因为鱼缸里的热带鱼还在游动。在寒冷的夜里停电，鱼缸里的水会变得冰冷，热带鱼是必死无疑的。

29. 猜谜语比赛

不可能。6与3都是3的倍数，最后的得分也应是3的倍数，而80与77都不是3的倍数。

30. 看鲜花填数字

33。图中❀是12；∭是9；⚜是3；♥是5；🌿是7。

31. 填数

第一个问号处是22，第二个问号处是37。

相邻数相差依次为1，2，3，4，5，……

32. 照样子列式

1 ~ 6 组成：54×3 = 162

1 ~ 8 组成：582×3 = 1746

1 ~ 9 组成：1738×4 = 6952

0 ~ 9 组成：9403×7 = 65821

33. 两条狗赛跑

第二条狗获胜。第二条狗跑100步刚好完成这段路程的来回，而第一条狗却相反，它不得不跑到102米再回头，因为它33步到达99米，必须再跑1步；那样就超过了端线2米，所以第一条狗必须跑68步才能完成全程，但第一条狗的速度只有第二条狗的 $\frac{2}{3}$，所以当第二条狗跑了100步的时候，第一条狗还没有跑完67步。

34. 看图形填数字

7。每一方块外圈三数相加之和，除以此数之两数字拆开后相加之和，即为内圈之数：19 + 12 + 11 = 42，4 + 2 = 6，42 ÷ 6 = 7。

35. 老管家买牛

这个问题有两种答案。

第一种：老牛18头，壮牛4头，小牛78头。

第二种：老牛11头，壮牛8头，小牛81头。

36. 巧选数字

D。字母在字母表中的位置序号乘以字母下面的线段的数量，就是字母下边相邻的数字。

37. 吝啬鬼的把戏

在这笔糊涂账中，关键在于第一次的1元钱已经"变"成了面条，不能再算了。吝啬鬼还应该再付1元钱。

38. 怎么过桥

钢索的总重量虽然很大，但是整个重量是分布在全部长度上的。所以，可以把钢索放在地上，由货车拖着过桥，使分摊在桥上的重量不超过桥的载重量，便可以顺利通过大桥。等过了桥，再把钢索装到车上。

39. 大力士的困惑

因为他要举起的是他自己。

40. 怎样倒水

把两个杯子都倒满，然后将水壶里的水倒掉。接着将300毫升杯子内的水全部倒回水壶，把大杯子的水往小杯子里倒300毫升，并把这300毫升水倒回壶中，再把大杯子剩下的200毫升水倒往小杯子，把壶里的水注满大杯子（500毫升），这样，水壶里只剩100毫升水。再把大杯子的水注满小杯子（只能倒出100毫升），然后把小杯子里的水倒掉，再从大杯子往小杯子倒300毫升，大杯子里剩下100毫升，再把小杯子里的水倒掉，最后把水壶里剩的100毫升水倒入小杯子。这样每个杯子里都恰好有100毫升的水了。

41. 环球旅行家的话

正确。因为地球绕着太阳公转产生了四季的变化，6个月前，旅行家在南半球过夏天，那个时候广州是冬天，而6个月后，广州就是夏天了。

42. 来回的疑问

这道题容易给人造成一种错觉，以为是一个很复杂的问题。其实想一想就会明白：80分钟和一小时又二十分钟一样长。

43. 葱为什么卖亏了

要知道，葱原本是1元钱一斤，也就是说，不管是葱白还是葱叶都是1元钱一斤。而分开后，葱白只卖7角，葱叶只卖3角，这当然要赔钱了。

44. 谁在挨饿

不对。动物园里只有2只幼熊。

45. 找关系

1，3，8，7注音都是一声；2，4，6注音都是四声；5，9注音都是三声。不要看到数字就想到要用数学的解题方法来解决。

46. 有趣的棋盘

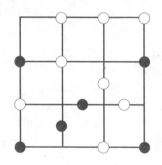

47. 魔术阶梯

施罗德阶梯为你提供一个有用的信息：你要将卡片中的6和9倒过来放。这样，卡片就能形成连续数字（9，10，11，12，13）。

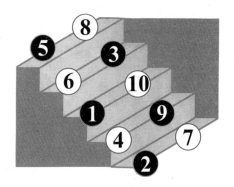

48. 粗心的管理员

垃圾桶如下图摆放。

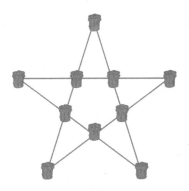

49. 移数字

将 102 改为 10^2。

50. 断开的风铃花

因为并没有要求绳子是直的，所以可以用5朵风铃花连成一个圈。

51. 难解的债务关系

只要让乙、丙、丁各拿出10元钱给甲就可以了，这样只动用了30元钱，否则，每个人都按照顺序还清的话就要动用100元钱。

52. 和尚分馒头

你可以用"编组法"。由于老和尚一人分3个馒头，小和尚三人分1个馒头。合并计算，即4个和尚吃4个馒头。这样，100个和尚正好编成25组，而每一组中恰好有1个老和尚，所以我们可立即算出老和尚有25位，从而可知小和尚有75位。

53. 填入数字

17358。所有奇数加1；所有偶数减1。

54. 什么时候相遇

1分钟后。

55. 答案为1

+29，×7，−94，×4，

−435。

（29×7 – 94）×4 – 435=1。

56. 山羊吃白菜

9分钟。一只山羊吃掉一棵白菜需要6分钟，所以，一只山羊吃掉一棵半的白菜需要9分钟。半只山羊是不会吃东西的。

57. 如何胜券在握

他应该先放空枪。他如果先射击"神枪手"，打中的话，"怪枪手"就会在2枪之内把他打死；如果先射击"怪枪手"，射中的话，枪神会一枪就要了他的命。如果先射"怪枪手"而未中，"神枪手"就会先射"怪枪手"，然后对付莱特。假如射中了"神枪手"，"怪枪手"赢莱特的概率是 $\frac{6}{7}$，而莱特赢的概率是 $\frac{1}{7}$。

假如先放空枪，莱特下一步要对付的就是其中一个人了。如果"怪枪手"活着，莱特赢的几率是 $\frac{3}{7}$。如果"怪枪手"没打中"神枪手"，"神枪手"就会一枪打中他，此时莱特的胜算是 $\frac{1}{3}$。

莱特先放空枪，他的胜算会提高到约40%，而"神枪手""怪枪手"的胜算是22%和38%。

58. 分橘子

在帮丙打扫的3天中，甲多打扫2天，即 $\frac{2}{3}$；乙多打扫1天，即 $\frac{1}{3}$。因此，甲家得6斤橘子，乙家得3斤橘子。

59. 古董商的交易

他赔了 5 元。假设收购甲古币花了 A 元，收购乙古币花了 B 元，那么，A（1+20%）=60，得 A=50，B=75，A+B=125，因此赔了 5 元。

60. 不会算数的顾客

5 枚 2 元的邮票，50 枚 1 元的，8 枚 5 元的，加起来正好是 100 元。

61. 自作聪明的盗贼

假如 100 这个数可以分成 25 个单数的话，那么就是说这些单数的和等于 100，即等于双数了，而这显然是不可能的。

事实上，这里共有 12 对单数，另外还有一个单数。每一对单数的和是双数——12 对单数相加，它的和也是双数，再加上一个单数不可能是双数，因此，100 块壁画分给 25 个人，每个人都是单数是不可能的。自首的盗贼出这一招是想嫁祸给他的手下，好让自己独吞赃物。

62. 四个 4

$$(4+4) \div (4+4) = 1$$
$$4 \div 4 + 4 \div 4 = 2$$
$$(4+4+4) \div 4 = 3$$
$$(4-4) \div 4 + 4 = 4$$
$$(4 \times 4 + 4) \div 4 = 5$$

63. 花最少的钱去考察

甲买一张经由南极到 B 市的机票，乙买一张经由南极到 A 市的机票，当他们两人在南极相会的时候，把机票互换一下，这样他们只花了 800 美元就到了自己的城市。

64. 握手

一共有 6 个人。

65. 拍"三角"游戏

刚开始的时候，他们每个人手里都有 100 张"三角"。

66. 消失的 1 元钱

付账的钱是能对上的。

三个人开始拿出 30 元，后来退回 3 元，其结果是三人负担 27 元。

27 元的清单是会计收取 25 元和服务员私吞的 2 元，正好与付账的钱数一致。服务员私吞的 2 元，包含在三人负担的 27 元内。

会计收取的 25 元 + 服务员私吞的 2 元 = 三人负担的 27 元。

因此，三人负担的 27 元加上服务员私吞的 2 元的 29 元的数字，实际上没有任何意义，因为这 2 元已经包括在 27 元里了。所以说，30 元与这 29 元的差额的 1 元是无意义的。

67. 巧妙分马

解决的办法，当然不是把 23 匹马卖掉，换成现金后再分配。而是，假定还有 24 匹马。在这 24 匹马中，长子得到 $\frac{1}{2}$ 的 12 匹马；次子得到 $\frac{1}{3}$ 的 8 匹马；三儿子得到 $\frac{1}{8}$ 的 3 匹马。

不偏不倚，按照遗嘱分完后，三人分到的马加起来正好是 23 匹。

如果拘泥于"遗产全部瓜分"的思维方式，那么这道题就解不出来。

68. 猫追老鼠

能。猫要跑 60 步才能追上老鼠。

69. 乌龟能跑过兔子吗

不对。乌龟只看到了速度和距离，却没考虑时间。事实上，兔子只要用 $1\frac{1}{9}$ 秒的时间就能追上乌龟，然后，兔子就跑到乌龟的前面去了。

70. 乒乓球比赛

冠军只有 1 人，28 人中的 27 人都要被打败，27 人被打败就需要 27 场比赛。

71. 一只独特的靶子

射 6 支箭。各箭的得分是：17，17，17，17，16，16。

72. 半盒子鸡蛋

盒子里的鸡蛋在 60 分钟时全满，一分钟之前，即 59 分钟的时候是半盒子鸡蛋。

73. 解开难题

4。将第 1 条斜线上的 3 个数字每个都加 5，得到的结果为第 2 条斜线上对应的数字，再将第 2 条斜线上的数字每个都减 4，即得到第 3 条斜线上对应的数字。

74. 乌龟和青蛙赛跑

很多人可能会认为第二场比赛的结果是平局，其实这个答案是错误的。 因为由第一场比赛可知，乌龟跑 100 米所需的时间和青蛙跑 97 米所需的时间是一样的。因此，在第二场比赛中，乌龟追上青蛙后，在剩下的相同的 3 米距离中，由于乌龟的速度快，所以，当然还是它先到达终点。

75. 爱说假话的兔子

甲：2 岁；

乙：4 岁；

丙：3 岁；

丁：1 岁。

如果丙兔子说的话是假话，丙就比甲年龄小，但甲是 1 岁的话，丙就比 1 岁还小，这是不可能的。

所以丙兔子的发言是真实的，甲不是 1 岁，丙比甲年龄要大。

如果甲的发言是真的话，就是乙 3 岁，甲比乙年龄大，即甲 4 岁，这与上面的分析是矛盾的。

所以，甲的话是假的，乙也不是 3 岁，甲比乙年龄要小。

根据以上分析，乙是 4 岁，丙是 3 岁，甲是 2 岁，剩下的丁就是 1 岁。

76.10 枚硬币

这是一个后发制胜的游戏。谁先开局谁必输。如果你的对手稍微聪明一点，就不会在你先取 1 枚后，他取 4 枚，最后出现他输的局面。

77. 孪生姐妹

丁丁没有撒谎。姐姐是在 2001 年 1 月 1 日出生在一艘由西向东将过日界线的客轮上，而妹妹则是在客轮过了日界线后才出生的。那时的时间还是处在 2000 年 12 月 31 日。所以，按年月日计算，妹妹似乎要比姐姐早一年出生。

78. 谁有钱

老大、老四和老五有钱，说假话；老二和老三没钱，说真话。

79. 称粮食

最多称 3 次。把 3 袋粮食按大米和玉米、玉米和小米、大米和小米的顺序组合在一起各称一次。把 3 次的重量加起来除以 2，就得到一袋大米、一袋小米和一袋玉米的总重量。然后把总重量分别减去大米和玉米、玉米和小米、大米和小米的重量，就能算出小米、大米和玉米各重多少了。

80. 调整算式

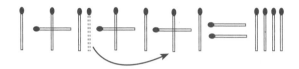

81. 怎样分汽车

其实想解决这个问题有一个很简单的方法：就是假设这里有 12 辆汽车。其中的一半分给长子，也就是 6 辆。老二得 12 辆的 $\frac{1}{4}$，即 3 辆。小儿子得到 12 辆的 $\frac{1}{6}$，即 2 辆。6 加 3 加 2 正好是 11 辆。多出来 1 辆正好是我们假设的。

82. 究竟赚了多少钱

不可能说出画家"实赚"多少，因为问题的陈述中没有说那幅画原来的"成本"是多少。我们且不管画家作画耗费时间所付出的代价，而只假定说他作画时使用的材料，如画架、画布和颜料等总共花费了 20 元。经过三次倒卖之后，画家得了 110 元。如果我们把"实赚"定义为他的材料用费与他最后得到的钱数之差的话，那么他赚了 90 元。

由于我们不知道材料的成本费是多少（我们只是假定了一个数值），故无法计算实际赚钱究竟是多少。这个问题看起来是一个算术问题，但实际上它是关于 "'实赚'的意思是什么" 的争论。

83. 最大的数字之和

84. 数字箭头

14。计算的规则是：每一行左边的数字与3的商再加上4等于中间的数字；再将中间的数字重复上面的计算步骤，结果便是该行右边的数字。那么，问号处的数字计算如下：

$78 \div 3 = 26$；

$26 + 4 = 30$；

$30 \div 3 = 10$；

$10 + 4 = 14$。

85. 数值

8。各个方格都是按照1~9的顺序排列的，从左上角的方格开始依次按照由左至右、由右至左，再由左至右的方向排列。

86. 称宝石

先把 9 颗宝石分为 3 组，每组 3 颗，把 A，B 两组放在天平的左右两边，如果平衡，则假的在 C 组里；若不平衡，哪组较轻，假的就在哪组中。再从有假宝石的那组中任意选择两颗出来称，如果天平平衡，则余下的那颗就是假的；若不平衡，则较轻的那颗就是假的。

87. 薪金高低

选择乙公司更合适。

我们先来算一下年收入：

第 一 年：甲 公 司 10 万 元；乙 公 司 5 万 元 +5.5 万 元 =10.5 万元

第二年：甲公司 12 万元；乙公司 6 万元 + 6.5 万元 = 12.5 万元

通过比较，还是乙公司的收入更高些。

88. 一张假支票

实际的损失是 10000 元。

没有那么复杂，因为只有 10000 元的支票是假的，只有这张假支票才是真正的损失。

89. 选择哪辆车

哪辆车先来就乘坐哪辆。因为价钱一样，而且间隔时间也一样。

90. 捣蛋鬼的分数

不可能。因为9和6都是3的倍数，所以任何得分都会是3的倍数；因此捣蛋鬼不可能得到77分。

91. 1元钱去哪儿了

原来1个鸡蛋可以卖得 $\frac{1}{3}$ 元，1个鸭蛋可以卖得 $\frac{1}{2}$ 元，但是混着卖之后平均1个鸭蛋或者鸡蛋都卖得 $\frac{2}{5}$ 元钱。因为

$$\left(\frac{1}{2}+\frac{1}{3}\right) - 2 \times \frac{2}{5} = \frac{5}{6} - \frac{4}{5} = \frac{1}{30}。$$

那么，混卖后的所得就减少了 $30 \times \frac{1}{30} = 1$（元）。

92. 猜数字谜语

A=4，B=9，C=5。

93. 字母算式

$85 \times 8 = 680$

思路：由题意得条件①：

$$A \neq B \neq C \neq D$$

条件②：

$$A \neq 0，B \neq 0，C \neq 0$$

由题意，可把 $AB \times A = CAD$ 等式转换成：

$$(A \cdot 10 + B) \times A = C \cdot 100 + A \cdot 10 + D$$

$$A^2 \cdot 10 + A \cdot B = C \cdot 100 + A \cdot 10 + D$$

由此条件③：

$A^2 \cdot 10$ 和 A·B 均至少为两位数；两数相加后，十位上的数必为 A。

若 $A^2 \cdot 10$ 为两位数，即 A 的取值范围是 1~3，则 $A^2 \cdot 10$ 最小为 10，最大为 90。

则 B 的取值范围是 4~9，A·B 最小为 4，最大为 27。

符合条件③的可能是 A = 3，B = 9，即 AB = 39，CAD = 117，不符合条件①；

则 $A^2 \cdot 10$ 必为三位数，即 A 的取值范围是 4~9。

当 A 的取值范围是 4~9 时，A^2 有以下两种情况：

一、A^2 个位上的数字大于十位数的数字。

即 A 的取值范围是 4，5，6，7；

若 A = 4，则 $A^2 \cdot 10$ = 160，则 A·B 的十位数需为 8。A·B 最大为 36，无法满足其条件。重复上述计算，A = 5、A = 6、A = 7 均无法满足条件③。

二、A^2 个位上的数字小于十位数的数字。

即 A 的取值范围是 8，9；

当 A = 8，则 $A^2 \cdot 10$ = 640，则 A·B 的十位数需为 4。当 B = 5 时，A·B = 40，AB×A = CAD 即 85×8 = 680，满足所有条件。

当 A = 9，则 $A^2 \cdot 10$ = 810，则 A·B 的十位数需为 8。当 B = 9 时，A·B = 81，无法满足条件①

综上，AB×A = CAD 即 85×8 = 680。

仔细观察这些数字，你就会发现规律：

11111×11111

$=123454321$；

111111×111111

$=12345654321$；

1111111×1111111

$=1234567654321$；

11111111×11111111

$=123456787654321$；

$111111111 \times 111111111$

$=12345678987654321$。

95. 移数字

把两等式左侧的数字 8 和数字 9 对调一下，同时把 9 倒过来变成 6，这样两个式子的和就都等于 18 了。

96. 添一笔

只要在其中一个"+"号的上面加一撇，把"+"变成 4，就可以了。

97. 三个6

$6 + 6 \div 6 = 7$

98. 六个 9

99+99÷99=100

99. 怎样使等式成立

1 + 2 + 3 − 4 + 5 + 6 + 7 8 + 9 = 100

100. 男生、女生

晚会来了 13 人。女生有 4 人。李磊是男的，王平是女的，他们都没有算自己。

101. 不吉利的 13

当然是 13×1 了。

102. 青蛙几次跳出井底

青蛙跳不到井外。因为它每次跳起后都会落到井底。

103. 吃掉几只羊

吃掉了 11 只羊。要把被狼披着羊皮的那只羊也算进去。

104. 树形序列

48。这 6 个数字都可以用于飞镖记分。60（20 的 3 倍），57（19 的 3 倍），54（18 的 3 倍），51（17 的 3 倍），50（靶心）及 48（16 的 3 倍）。

105. 解密码

不吃、不喝、不睡，一刻不停地解密，至少需要 276.5 天。

这是个排列组合题，5 个圈上的字母全部组合一遍，次数

是 24^5，即 7962624 次，最快的操作以每次 3 秒钟计算，也需要 276.5 天。

106. 兄妹俩上学

10 分钟。

假如妹妹早走 10 分钟，两人同时到学校。妹妹早走 5 分钟，哥哥在路的一半处追上妹妹，他用的时间是自己全部时间的一半，也就是用 10 分钟追上妹妹。

107. 猜猜这个数

504。

108. 这位老人的年龄

这位老人活了 59 岁。注意，并没有公元 0 年哦!

109. 想睡懒觉

半小时。因为闹钟在晚上 9 点半时就会响。

110. 问号代表什么数字（1）

10。看出规律了没有? 很简单，下面的数是它上面那个数的 5 倍。

111. 问号代表什么数字（2）

2。在每个图形中，中间的数字等于左右两边的数字之和减去上下 2 个数字之和。

112. 问号代表什么数字（3）

5。规律是：菱形的左、上、右角的数字相加，再减去下角的数字就是中间的数字。

113. 哪个数字与众不同

11。其他的数都可以被7整除，唯独11不可以。

114. 恰当的字母

K。在每一行中，左右两边的数字相乘，所得结果等于中间3个字母的顺序值相加。

115. 鲤鱼的数量

其实，这个问题不难，鲤鱼共12条，除去被吃掉的1条，还剩下11条。观察价格，你就会发现青鱼、刀鱼和鳜鱼的价格都是13的倍数，也就是说，无论这三种鱼买多少条，其价格总和也将是13的倍数。

用鲤鱼的价格170除以13的余数是1，也就是说，每买一条鲤鱼剩1元。用3600除以13，余数是12，说明鲤鱼一共有12条。至于其他鱼有多少，就不在考虑范围之内了。

116. 征收黄金

这个大臣想的办法是：在第一个使臣的黄金箱拿1块，第二个黄金箱拿2块，第三个黄金箱拿3块……第十个拿10块，都放在秤盘上，用秤一称，如果缺五钱，就是第五个使臣贪污了黄金。因为从他那拿的是5块，每块少一钱，所以是五钱。如果是第一个使臣拿的，因为只拿了他一块黄金，所以就少一钱。

117. 画符号

从左向右横向进行，把前 2 个图形叠加在一起，就可以得到第 3 个图形。

118. 标签怎样用

正确答案是一种。当然用 9 个数字标签也可以轻易地区分出狗宝宝，但是，即使只有一种卡片也是可以把狗宝宝区分开的。只要把方向和贴的部位区分开，不要说是 9 只，就是再多的狗宝宝也可以清楚地区分开。举个例子，我们有写有 "1" 的卡片，就可以在第一只肚子上横着贴，第二只背上竖着贴，以此类推……除此之外还有很多方法。

119. 动物园里的动物们

猴子：9 只；

熊猫：13 只；

狮子：7 只。

120. 扑克游戏 "24"

① $(10 \times 10 - 4) \div 4 = 24$

② $5 \times (5 - 1 \div 5) = 24$

③ $(9 \times 10) \div 6 + 9 = 24$

④ $6 \div (1 - 3 \div 4) = 24$

值得强调的是，题目中并未规定不让用分数。

121. 骗了多少钱

做这一类题目，别被几个数字弄糊涂了。他开始买东西时是公平的，接着用9元换了100元，那么就等于骗了91元。

122. 握手

8位圣诞老人总共握手28次。A与其他7位握手，B因为已经与A握过手所以只需与其他6位握手，而C需与其余5位握手，依此类推，握手的总次数为：7+6+5+4+3+2+1=28。

123. 风铃

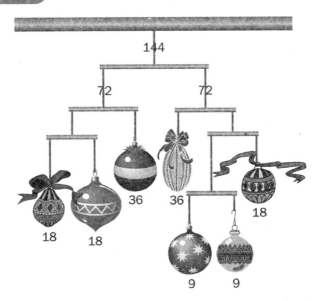

　　根据（1）（6），灰色眼睛的魔女、黑色服装的魔女、小欢子（黄色眼睛），3人饲养的乌龟是1只、3只、4只（顺序不确定）……①

　　根据（2），绿色眼睛的魔女、红色服装的魔女、小安子3人饲养的乌龟分别是2只、3只、4只（顺序不确定）……②

　　根据（3），黄色眼睛的魔女、茶色服装的魔女、小丹子3人饲养的乌龟分别是1只、2只、4只（顺序不确定）……③

　　小安子的眼睛不是黄色的（6），也不是蓝色的（5），也不是绿色的（2），所以是灰色的。

　　灰色眼睛是小安子，所以不是红色服装（6），也不是紫色服装（4），也不是黑色服装（1），应该是茶色服装。

　　灰色眼睛和茶色服装的魔女在①②③里面都出现过了，所以是饲养了4只乌龟。还有1个，在①③里共同出现过的黄色眼睛的魔女（小欢子）是1只乌龟。所以，黑色服装的魔女和小丹子不是同一个魔女。

　　根据①黑色服装的魔女有3只乌龟，在①②里面都出现过的黑色服装魔女和绿眼睛魔女是同一个人；而黑色服装的魔女（绿色眼睛，3只）和小丹子不是同一个人，所以是小林子。

　　根据（2）红色服装的魔女是小丹子，养了2只乌龟。

　　所以，小林子的眼睛是绿色的，穿着黑色服装，养了3只乌龟；小欢子的眼睛是黄色的，穿着紫色服装，养了1只乌龟；小安子的眼睛是灰色的，穿着茶色服装，养了 4 只乌龟；小丹子的眼睛是蓝色的，穿着红色服装，养了 2 只乌龟。

，数学原来这么好玩

几何想象

金铁 主编

中国民族文化出版社

北 京

图书在版编目 (CIP) 数据

哇，数学原来这么好玩 / 金铁主编 . —北京：中
国民族文化出版社有限公司 , 2022.8
ISBN 978-7-5122-1601-3

Ⅰ.①哇… Ⅱ.①金… Ⅲ.①数学－少儿读物 Ⅳ.
①01–49

中国版本图书馆 CIP 数据核字（2022）第 124135 号

哇，数学原来这么好玩
Wa, Shuxue Yuanlai Zheme Haowan

主　　编：金　铁
责任编辑：赵卫平
责任校对：李文学
封面设计：冬　凡
出 版 者：中国民族文化出版社　地址：北京市东城区和平里北街 14 号
　　　　　　邮编：100013　联系电话：010-84250639 64211754（传真）
印　　装：三河市华成印务有限公司
开　　本：880 mm × 1230 mm　1/32
印　　张：28
字　　数：550 千
版　　次：2023 年 1 月第 1 版第 1 次印刷
标准书号：ISBN 978-7-5122-1601-3
定　　价：198.00 元（全 8 册）

前言

　　"数学王国"，一个多么令人崇敬和痴迷的"领地"，你可曾想过现在它离你如此之近？数学究竟是什么？严格地说：数学是研究现实的空间形式和数量关系的学科，包括算数、代数、几何和微积分等。简单来说，数学是一门研究"存储空间"的学科。

　　尽管人类大脑的存储空间是有限的，但科学家已研究证明：目前人类大脑被开发利用的脑细胞不足 10%，其余都处于休眠状态，是一片有待开发的神奇空间。

　　想要开发休眠的大脑空间，让大脑释放出更大的潜能，数字游戏起着不可替代的作用。数学是一种"思维的体操"，其中所隐藏的数字规律、数学原理无不需要大脑经过一番周折才会豁然开朗；在这期间大脑被激活，思维得以扩展。

　　让大脑的存储空间得到充分的利用和发挥，更大程度地强化或激活脑细胞，让思维活跃起来，就是本套书的目的所在。

　　本套书有 8 个分册，按照数学题型类别结合趣味性，分为快

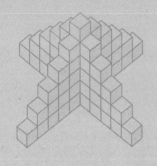

乐数学、天才计算、数字逻辑、数字谜题、巧算概率、分析推理、数字演绎、几何想象；选取970道趣味数学题，让你通过攻克一个个小游戏，体会数学的奥秘，培养灵活的数学思维，提高解决数学问题的能力。

本套书版面设计简单活泼，赏心悦目，让你愉快阅读；书中各类谜题不求数量繁多，但求精益求精，题目类型灵活新颖，题目讲解深入浅出，让你在快乐游戏中积累知识，开拓思路，扩展思维。

目录

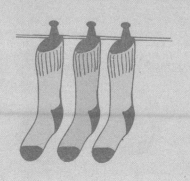

1. 分图片

这里有 5 张大小不一、形状又不规则的图片，现在要把它们分别分成形状、大小都一样的两块。该怎么分？

2. 谁走的路短

一座小城里有许多纵横交错的街巷。皮皮、琪琪两人要从甲处出发步行到乙处，琪琪认为沿着城边走路程短些，皮皮则认为在城里穿街走巷路程短。你认为谁的走法路程短些？

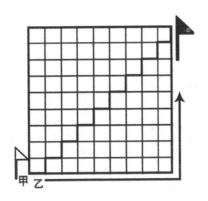

3. 六角星变长方形

这是一个六角星，如果要把它拼成一个长方形，该怎么拼？

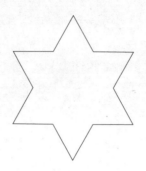

4. 善变的火柴

火柴棒看似简单，其实变化多样，下面9根火柴棒能拼出多种图形：

①1个正三角形、1个正方形和1个菱形；

②3个正三角形、1个平行四边形和1个梯形；

③3个正方形和7个长方形。

你能拼出这些图形吗？还能拼出几种来？

5. 哪个图形不同

下面 4 个图形中有 1 个与其他 3 个不同，请找出来。

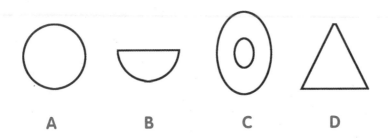

A   B   C   D

6. 智者的趣题

听说智者要招收关门弟子，很多聪明的人都想拜智者为师，以便学到更多的知识。他们来到智者的门前，看到了智者画在墙上的 6 个小圆（如下图）。旁注说："现在要把 3 个小圆连成一条直线，只能连出两条，如果擦掉一个小圆，把它画在别的地方，就能连出 4 条直线，且每条直线上也都有 3 个小圆。谁能第一个画出，我就收谁做我的关门弟子。"

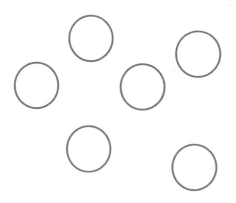

7. 旋转的圆圈

3 个圆圈每分钟分别转 3 圈、4 圈、5 圈。从现在这个状态开始，多少分钟后，可以组成一个完整的三角形？

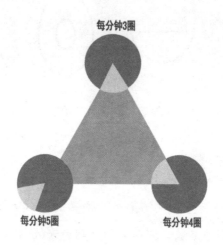

每分钟3圈

每分钟5圈   每分钟4圈

8. 锯成"十"字形

下图是一块有机玻璃板，现在只要沿着一条曲线锯开，就能把它做成医院的"十"字形标记。你知道怎么锯吗？

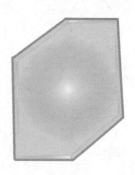

9. 不一样的图形

下面五幅图，有一幅与其他四幅不一样，你能挑出来吗？

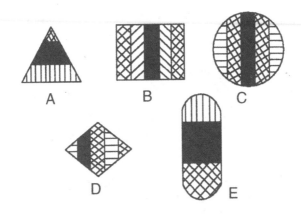

10. 连线谜题

在下图的中间，你能否看到一个并不存在的正方形？将这4个星星用4条直线连起来，直线不能穿过圆圈的实线段，而且第4条线的末端要接上第1条线的起点。

11. 图形对应

如果A相对应于B，那么C相对应于D，E，F，G之中的哪一个？

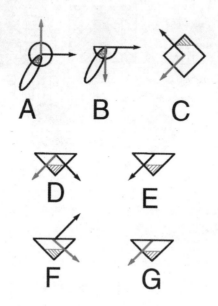

12. 展开成大环形

下面的4张纸沿线剪断，哪一张剪完后展开能形成一个大环形？

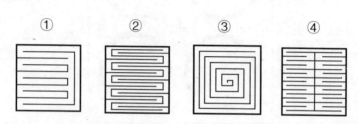

将正方形彩纸沿着虚线对折，再折成三等分，将黑影部分剪掉，展开后会是下边的哪个图形？

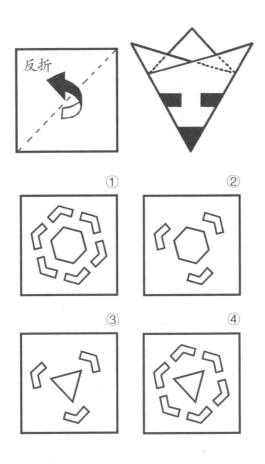

14. 说变就变

有一张卡片如图1，只要在它上面剪一刀，就能拼出另一张如图2的卡片来。你会拼吗？

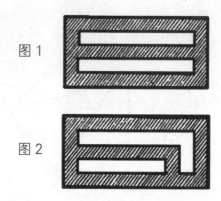

图1

图2

15. 三等分

你能将下面三个图形分成大小、外形完全相同的三个小图形吗？

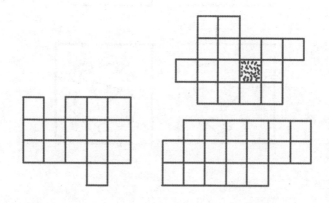

16. 哪一个图形相似

下边图形中，A，B，C，D，E 五个中哪一个加上一点与最左边的图形相似?

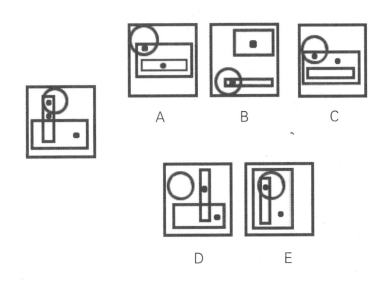

A   B   C

D   E

17. 布满镜子的小房

有一间小房里布满镜子，所有的墙面、地面甚至门，没有不是镜子的地方。你走进去，关紧门，将会看到什么现象?

下面的两幅图是两把摔碎的塑料尺，图1为"T"字形尺，图2为"工"字形尺。请你把它们拼回原样吧。

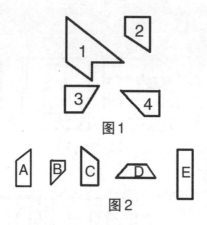

图1

图2

19. 比面积

有两个三角形，一个三角形的三边是3，4，6，另一个三角形的三边是300，400，700。哪一个三角形的面积大？

20. 时髦妈妈的裙子

时髦妈妈嫌她的这条裙子过时了，就把它改成了一条正方形的裙子，而且只剪了一下。你知道她是怎么做的吗？

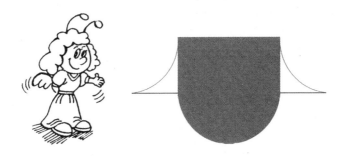

21. 纠错

下图从 1A 到 3C 的 9 个小方格中的图形，是由上方 A，B，C 与左边 1，2，3 两图相叠加而成。但其中有个图形叠加错了，请找出来。

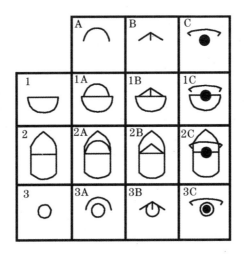

22. 比周长

如下图，大圆中有 4 个大小不同的小圆 A，B，C，D，小圆两两外切，且 4 个小圆的圆心都在大圆的一条直径上，A 圆和 D 圆与大圆外切。请问，4 个小圆的周长之和与大圆的周长比较，哪个长？

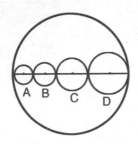

23. 哪个不合群

在这 5 幅图中，哪一个是不合群的？

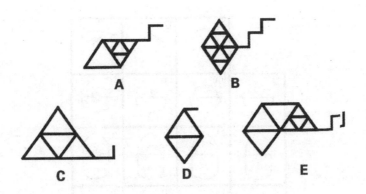

24. 找菱形

在这个图形中，你能找出多少个菱形？

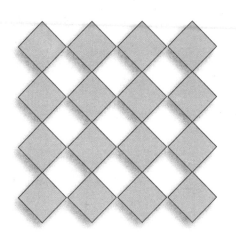

25. 图形互补

请问 A，B，C，D，E 五个图形中，哪一个跟上面的图形互补？

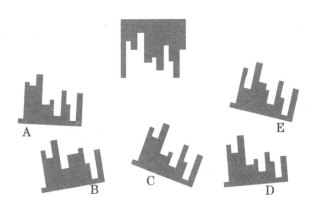

26. 不可能的台阶

如果登上巴黎圣母院的台阶是这样的，你觉得会发生什么呢？你能找到最低一级和最高一级的台阶分别在哪儿吗？

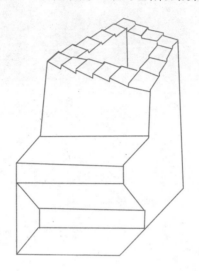

27. 鱼鳞的变化规律

按照图中鱼鳞的变化规律，下一个图形该是什么样的？

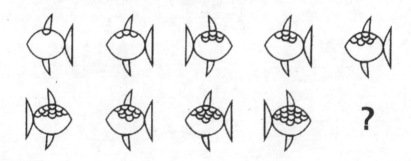

28. 数图形

数一数，下图中的三角形、长方形和六边形各有多少个？

29. 没招儿就认输

下面是用8根火柴摆成的2个正方形，可移动其中的4根火柴，摆出2个正方形、8个三角形。哈哈！你还有招儿吗？

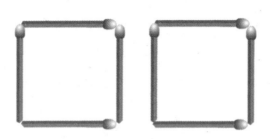

30. 判断周长

运用一定的技巧，从A，B，C，D四个选项中找出周长最长的那个图形。

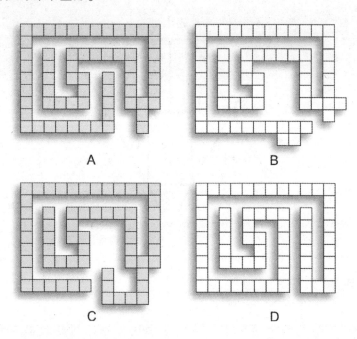

31. 二等分

你能将下面图形分成大小、外形完全相同的两个小图形吗？

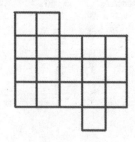

32. 图案盒子

（a）（b）（c）（d）中哪一个盒子是用左边的硬纸折成的？

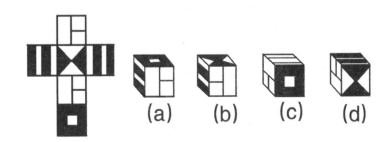

33. 与众不同的图形

下面五个图形中，有一个图形与其他四个图形不同，请把它挑出来。

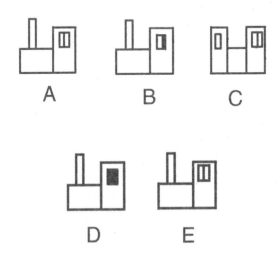

34. 移4变3

下面的拼图是2个大正方形带着2个小正方形。只要移动其中的4根火柴，它们就会变成3个形状、大小都相同的图形。

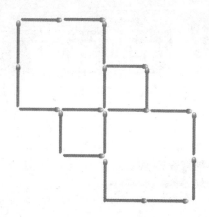

35. 四等分五边形

你能将下图的五边形分成形状、大小完全一样的且与原五边形相似的4个小五边形吗？

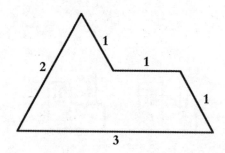

用 11 根火柴可以摆成多少种不同的三角形？ 12 根呢？

37. 最佳救火路线

　　如下图所示，在一条大河同一岸边住着两户人家。一天，乙家不小心失火了，甲家发现后，立即挑着水桶去河里打水救火。甲家应选择什么样的路线才是省时省力的最佳路线呢？

图中每个方块里的箭头都表示这个方块允许行进的方向，比如紧邻起点的方块表示可以经过它向下走或向右走，但是不可以向上走或向左走。那么依照图中的箭头方向，从起点走到终点共有多少条路径？

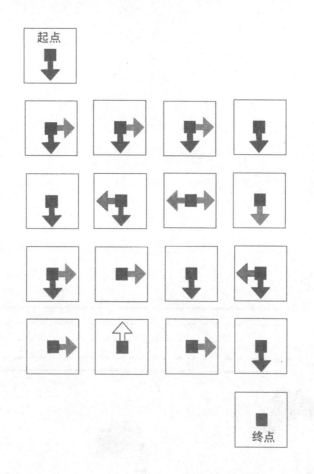

39. 哪一个图案是多余的

哪一个图案是多余的？你知道它为什么多余吗？

40. 找相似

A，B，C，D，E中，哪个图只需加一条直线就与最上面的图形相似？

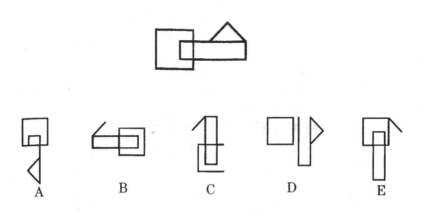

这是一个观察立方体的问题。

上面的图形和下面 5 个图形中的哪个相同？

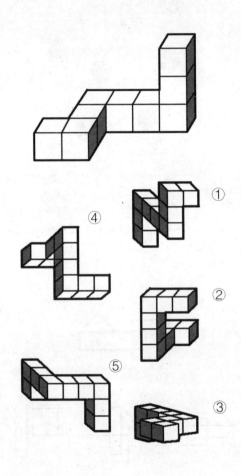

"？" 处应是什么符号?

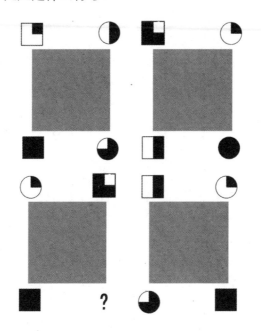

43. 码正方形

用 24 根火柴码正方形，可以分别码成 6 个、9 个、16 个，最多可以码成 50 个大小相等的正方形。你试试看。

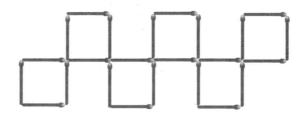

44. 找正六角形

下图是由三角形与菱形组成的图案。

事实上，在这个图案中藏有一个正六角形，找找在哪里。

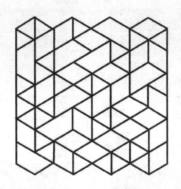

45. 找图形

A，B，C，D中，哪一个是上排图形中的下一个？

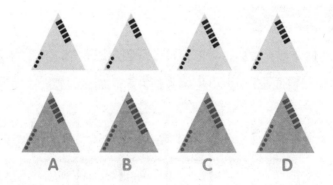

46. 图形转转转

将下图中 4 个圆圈转动 180 度，形成一个常见的几何图形。

47. 旋转的图形

下面 6 个图形中，有 4 个图形可由同一图形旋转不同的角度得到，但有 2 个不能，你能找出这 2 个图形吗？

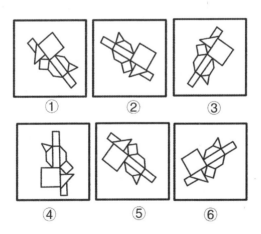

48. 骰子构图

在 A，B，C，D，E 五个骰子中，哪一个是上方的骰面无法构成的？

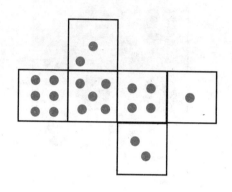

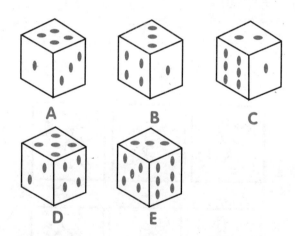

49. 智力拼图

给出的 3 个零散图形可拼成 A，B，C 中的哪一图形？

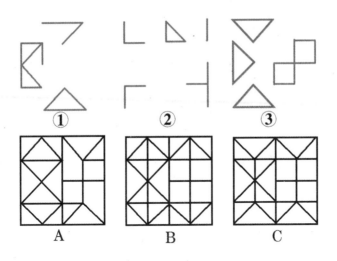

① ② ③

A B C

50. 重排地砖

要如何重新排列甲、乙和丙地砖的组合，才能使上面的英文字母能正确连接到下面的英文字母，使 A 连接到 A，B 连接到 B，C 连接到 C，D 连接到 D？

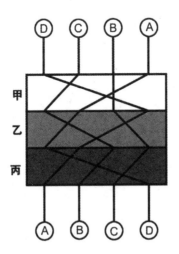

51. 找不同的布局设计图

A，B，C，D，E，F中，哪两个不是按照上面的布局设计图构成的？

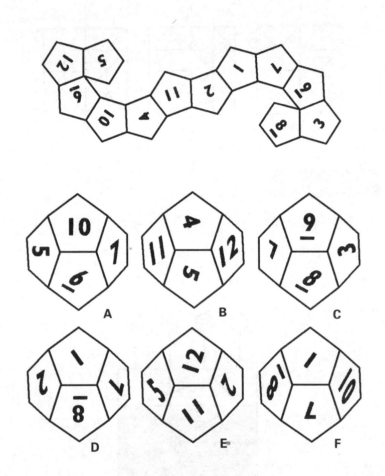

52. 小蚂蚁搬家

要下大雨了，可怜的小蚂蚁又要搬家。又饿又累的它要从立方体的 A 点到 B 点，你能帮它设计一条最短的路线吗？

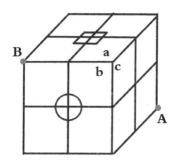

53. 魔幻正方

用 12 根火柴可以摆成 4 个相等的正方形。那么你能完成下面的变形吗？

①拿掉 2 根火柴，变成 2 个正方形；

②移动 3 根火柴，变成 3 个相等的正方形；

③移动 4 根火柴，变成 3 个相等的四边形；

④移动 5 根火柴，变成 10 个正方形。

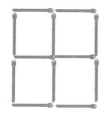

54. 巧拼正方形

如下图，有 5 个完全相同的三角形，B 边是 A 边的 2 倍。要求你在其中的一个三角形上剪一刀，然后把这 5 个三角形拼成一个正方形。

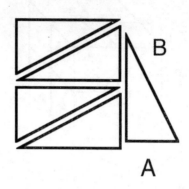

55. 不同的图形

下面哪个图形与众不同？

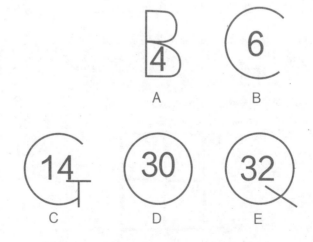

A   B

C   D   E

56. 哪个图形与众不同

你能看出下边 5 个图形中，哪个是与众不同的吗？

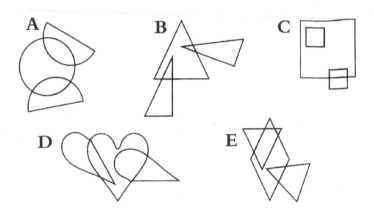

57. 分割三角形

这是应用问题的一种。

用两根火柴将 9 根火柴所组成的正三角形分为两部分。

请问①和②两个图形哪一个面积比较大？

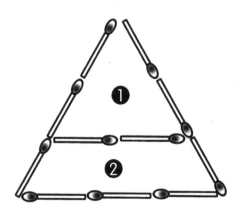

将两个正三角形重叠做出一个星形，在重叠的图形中再做一个小星形，即阴影部分。大星形的面积为 20 平方厘米，那么小星形的面积是多少？

59. 与众不同

下列图形中，与众不同的是哪一个？

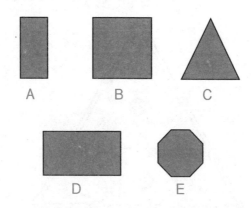

60. 哪个图形是错误的

下面4个方形之中的图形是按一定逻辑而变化的，但其中有一个是错误的。你能找出是哪一个吗？

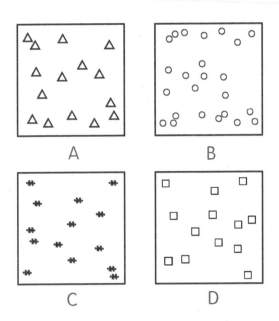

61. 百变图形

你能用2个弯曲的三方格图形（如下图）组成多少个不同的图形？

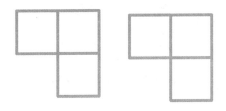

62. 摆火柴

6根火柴可以拼一个正六边形，再用6根火柴，在这个六边形内摆出另一个六边形和6个三角形。

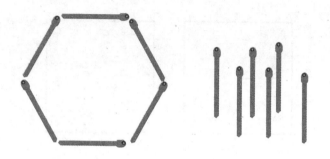

63. 添1变18

下图含有7个大小不等的三角形，你能再加一个三角形上去，使图内含有18个大小不等的三角形吗？

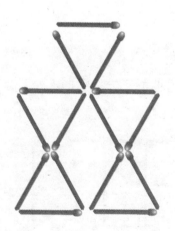

64. 锯木料

有一块木料（如下图），要把它锯成形状、大小完全相同的 4 块。该如何分？

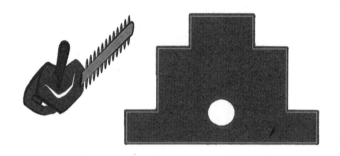

65. 巧量对角线

一块砖（如下图），你能用尺子量出对角线 AB 的长度吗？

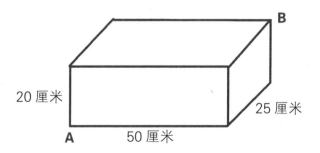

20 厘米
25 厘米
50 厘米
A
B

66. 怎么移火柴

要把图中的 8 个正方形变成 5 个相等的正方形或 5 个不相等的正方形，而且只许去掉 4 根火柴。怎么移动？

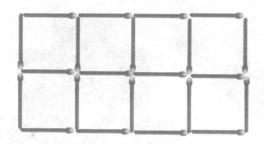

67. 7 个三角形

下面这组图形里的小三角形数量都是不等的，你能将每图的火柴分别移动 3 根，使它们各自变成有 7 个大小相等的三角形的图形吗？

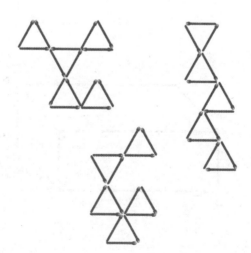

68. 分园地

下图用火柴模拟了一座美丽花园里的一块园地，现在要再用 7 根火柴把它分成形状和面积一样的 3 块。怎么分呢？

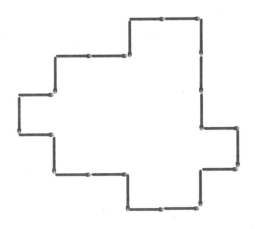

69. 火柴拼图

用 8 根火柴能拼出由 4 个三角形、1 个大的和 1 个小的正方形组成的图形吗？

70. 找相符的图形

请在下面 A，B，C，D 四个图形中找出一个与左侧图相符（可旋转一定角度或方向）的图形。

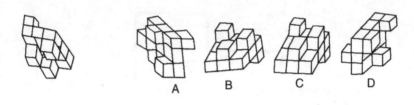

71. 求小正方形的面积

有一个边长 10 厘米的正方形。在里面画一个内接圆，在圆内再画一个正方形。

请问：小正方形的面积为多少？

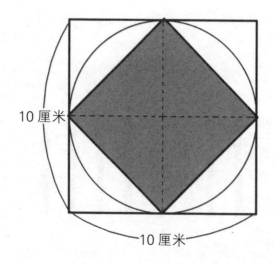

72. 立体计算

一个正立方体，如图切去一个面的四个角。现在考考你：还剩多少个角？多少个面？多少条棱？

73. 分网球

星期天，小军、小明、小兰三人先后到网球场练习打网球。小军第一个来到网球场，他从网球筐里拿走一个球，筐里剩下的球的数量正好可以分成相等的三份，小军用网兜装走了其中一份。5分钟之后，小明来到网球场，他从网球筐里拿走一个球，剩下的球的数量同样可以分成相等的三份，小明也用网兜装走了其中一份。10分钟后，小兰来到网球场，也从网球筐里拿走一个球，剩下的球的数量仍旧可以分成相等的三份，小兰也用网兜装走了其中一份。请问：网球筐里一开始最少有多少个网球?

74. 巧手拼桌面

　　有一个木匠想用剩下的一块多边形的木料（如下图）拼成一个正方形的桌面，本想多锯几下，又怕太零碎了桌面会不结实。最后他只把木料锯成 2 块就拼出了正方形桌面。他是怎么锯的呢?

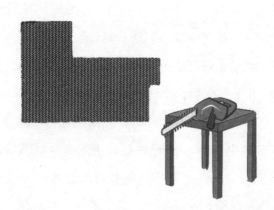

75. 巧拼图形

用13根火柴摆成下图，移动其中的4根火柴，使它变为有5个菱形、5个梯形、7个三角形的图形。

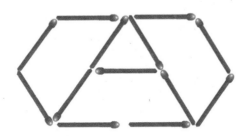

76. 哪一个对应

A 对应于 B，恰如 C 对应于 D，E，F，G 中的哪一个？

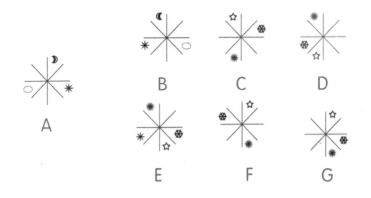

77. 分解小船

皮皮用火柴摆了一艘小船，然后移动了其中的 4 根火柴，这个图形就变成了有 3 个梯形和 2 个三角形的图形。你会移动吗？

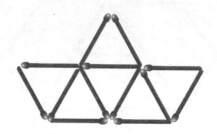

78. 鸭子戏水

湖里有 10 只鸭子在欢快戏水，请你用 3 个同样大小的圆圈，把每只鸭子都隔离开。你知道怎么分吗？试试看吧！

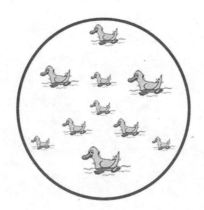

79. 怎么摆放椅子

15位很久没见的同学在一家餐厅聚会，可是餐厅里只剩下一张六角形的大桌子。如果每一边都坐3个人，那么椅子该怎么摆放呢？

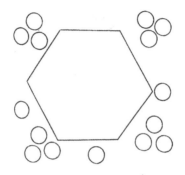

80. 小猴的游戏

聪明的小猴拿着10根火柴棒在院子里摆弄不停，小兔子问他在干什么，小猴说他要完成妈妈交给他的任务：用10根火柴拼成一个含有10个三角形、2个正方形、2个梯形和5个长方形的图形。可小猴怎么拼也达不到妈妈的要求，小兔子一把接过他手中的火柴棒，两三下就拼成了。你知道小兔子拼成的图是什么样的吗？

81. 图形的奥秘

在一张纸上随意画5个图形，你能使这5个图形中的每个图形都与其他4个图形有一条共同的边吗？

82. 摆放不规则

下面有4颗摆放得很不规则的星星，你能用一个正方形将它们连在一起吗？

83. 连点的方法

一笔画出 4 根直线把下面的 9 个点连接起来。你能做到吗？

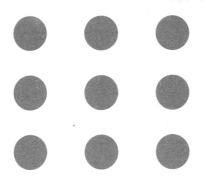

84. 扩大水池的方法

下图中有一个正方形水池，水池的 4 个角上栽着 4 棵树。现在要把水池扩大，使它的面积增加一倍，但要求仍然保持正方形，而且不移动树的位置。你有什么好办法吗？

85. 10根变9根

有10根相等间隔的平行线，不再添加线，怎样使其变成9根？

86. 胖胖的木墩

院子里有一个正立方体的木墩。胖胖想把它切成27块用来搭积木。你猜胖胖最少要切几刀才能完成任务？

87. 体积会增加多少

冰融化成水后，它的体积减小 $\dfrac{1}{12}$，那么当水再结成冰后，它的体积会增加多少呢？

88. 火柴游戏

只移动 2 根火柴，拼出 4 个三角形和 3 个平行四边形。

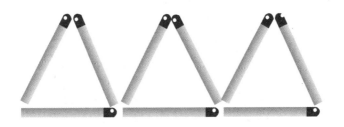

89. 火柴棒难题

妈妈最喜欢用火柴棒来考佳佳。有一天，妈妈在桌上用火柴棒摆了这样一个图形（如下图），要求佳佳只动 3 根火柴棒把下面的 7 个正方形变成 5 个正方形。佳佳想了半天也没有想出来。你知道应该怎么做吗？

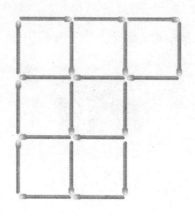

90. 最高的人

仔细看下图，3 个人中，最高的是哪一位？

把下图这个长得有点奇怪的图形变成 3 个正方形。记住，你只能移动 4 根火柴棍。

92. 一笔成图

下面这 6 幅图有一些是可以一笔画出来的，有一些是不能一笔画出来的。你能判断哪些图能一笔画出来，哪些图不能一笔画出来吗？要求是不能重复已画的路线。

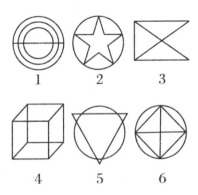

A，B，C，D，E，F是一个立方体的不同侧面，看一看，哪个图不属于这个立方体？

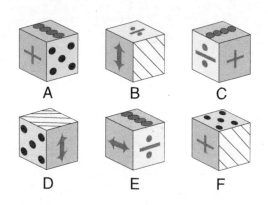

用两条直线把下面这个残缺的正方形切成3块，使这3块能重新拼成一个正方形。

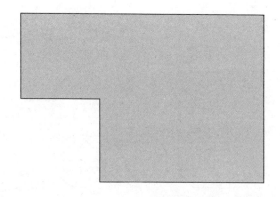

95. 三分土地

美国有一个农场主，家里有一块地，形状如下图。他有3个儿子，儿子长大后，农场主决定把地分成3份给3个儿子。要求不仅面积一样大，形状也要相同。你知道需要增加几根火柴才能按要求摆出分地示意图吗？

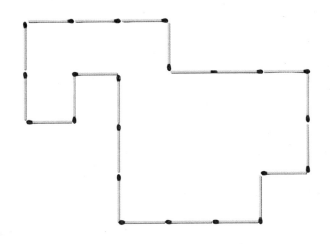

96. 怎样分才公平

兄弟4人继承了老财主的遗产，遗产共有如下图所示的土地、4棵果树和4所房子。遗嘱上注明要公平分配。请问：怎么分才能让4位兄弟每人都分到相同面积的土地，并且每人都有一所房子和一棵果树？

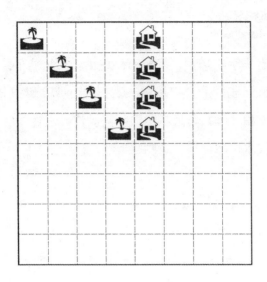

97. 拼正方形

下面七个图块中的六个能够拼成一个正方形，有一块是多余的，请找出来。

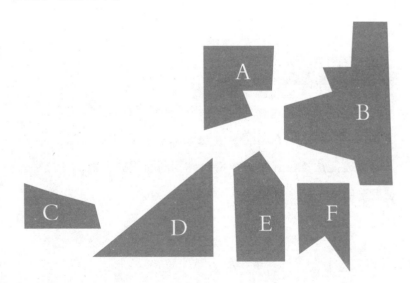

98. 巧手剪纸

张大妈有一双灵巧的手，她最喜欢的是剪十字形。但她剪的十字形和别人不一样，只需一张正方形的纸，就可以剪出一个十字形。你知道张大妈是如何剪的吗？

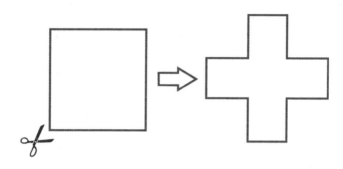

99. 奇妙的莫比斯环

拿出一张长纸条，将其中一端翻转之后，再把两端连接固定，形成转折 1 次的纸环，即莫比斯环（如图 1）。莫比斯环最妙的不是如何形成，而是在不断的剪切中，变化无穷。

先把转折 1 次的纸环沿着宽度 $\frac{1}{2}$ 处剪开（如图 1 中的虚线），这样会形成一个两倍长度、转折 2 次的纸环（如图 2）。如果把转折 1 次的纸环沿 $\frac{1}{3}$ 宽度处（如图 3 中的虚线）剪开成三等份后，会出现什么情况呢？请先仔细思考，然后再自己实践。

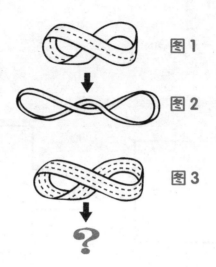

图1

图2

图3

?

100. 漂亮的头巾

头巾各式各样，十分好看。下面这块带刺绣的正方形的头巾是由很多个小正方形组成的。你能数出头巾中共有多少个正方形吗？

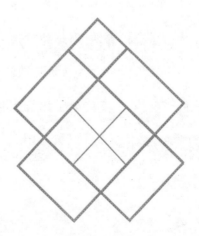

101. 该涂黑哪个

下图是由 10 个方框组成的一个大三角形。现在请你把其中的 4 个方框涂黑，使得没有任何地方能构成等边三角形。你知道该涂哪 4 个方框吗?

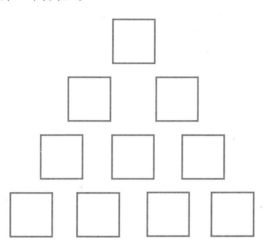

102. 14 个正三角形

如下图，有 4 个正三角形，你能否再添加 1 个正三角形，使之变成 14 个正三角形呢?

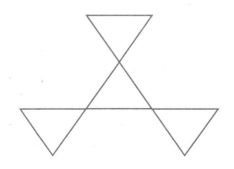

103. 奇形怪状的木板

丁丁家有一块奇形怪状的木板（如下图）。一天，爸爸想让丁丁把它拼成一个正方形，前提是只能锯两次。丁丁看了半天也不敢动手，你能帮帮丁丁吗？

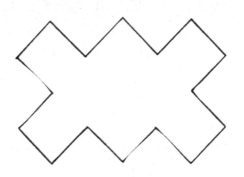

104. 围墙

下图是一个用35根火柴棒组成的围墙。请你在围墙内挪动4根火柴棒，拼成4个封闭的大小不一的正方形。

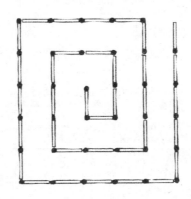

105. 考眼力

为了考验你的眼力，请仔细看下面这张图，想想看它是什么。

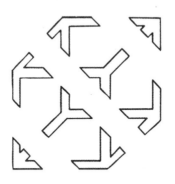

106. 神奇的折纸

乍一看，把纸折叠成这种效果是不可能的。可是，如果你有一定的空间想象力，将纸折成这样的效果是轻而易举的。只允许把一张长方形的纸片剪开两处，不允许使用胶水和胶带。你能不能做到呢？

107. 摆三角形

有 3 根木棒，分别长 3 厘米、5 厘米、12 厘米，在不折断任何一根木棒的情况下，你能够用这 3 根木棒摆成一个三角形吗？

3 厘米

5 厘米

12 厘米

108. 切正方形

一个正方形的桌面有 4 个角，切去一个角，还剩几个角？

不要过于轻率地认为这是一个简单的减法，仔细想一想，会有什么样的结果呢？

提示：有 3 种切法。

109. 倾斜的线条

仔细看一看，下图中竖直的线条是倾斜的吗？

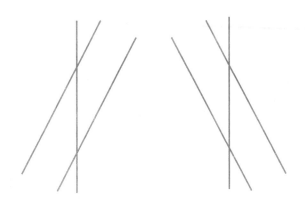

110. 角度排序

不要使用量角器，下图中哪一个角最大？哪一个角最小？你能按从小到大的顺序排列一下吗？

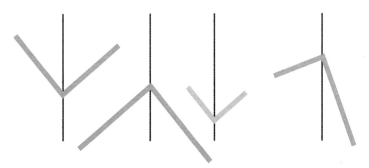

仔细观察①②③三幅图，然后思考：可以取代问号位置的图形应是 A，B，C，D 中的哪一个？

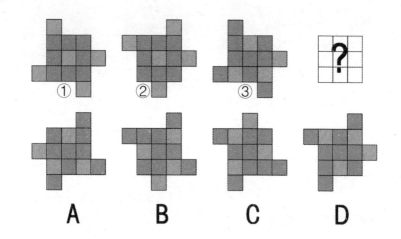

112. 什么骗了你

看到下面几组图形，你的眼睛会"欺骗"你，使你产生错觉。不信就用尺子量一量。

① 两个正方形哪一个大？

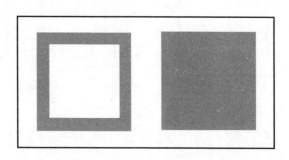

② 两条对角线哪一条长?

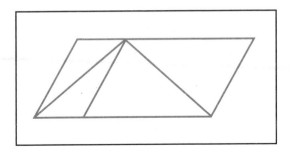

113. 小物包大物

下图中所示的景象在现实中可能吗?

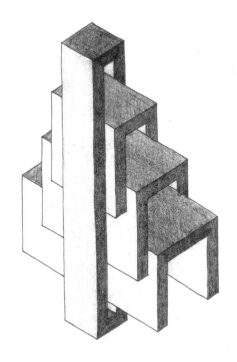

114. 吃樱桃

下图中有一个用火柴拼成的杯子，杯子内放有一颗樱桃。如果你想吃到这颗樱桃的话，只能挪动 2 根火柴，把樱桃从杯子中拿出来。你知道该怎么挪动吗？

115. 小熊猫的任务

最爱吃竹子的小熊猫今天怀里竟然抱了 9 根火柴棒。原来，小熊猫是要完成妈妈交给他的任务：用 9 根火柴棒拼出 6 个正方形。看来，小熊猫今天是完不成任务了。你能帮帮他吗？

116. 三个正确的

想想看，把A图案折成一个立方体，能够折成B，C，D，E，F五个选项中的哪三个图呢？

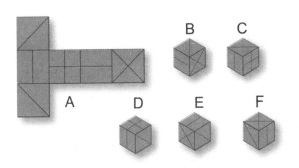

117. 地图

小童住在甲区，她的朋友婷婷住在乙区。一天，婷婷想去小童家玩，小童该如何以"最简单"的方法（她走的路程不一定是最短的）告诉婷婷用下面的地图找到甲区？

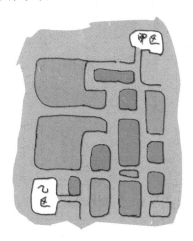

118. 转换方向

下图用 35 根火柴排出了一条呈方形的螺旋线。如果从里向外沿这条螺旋线行进，就要按顺时针方向兜圈子。

现在要求移动 4 根火柴，使图形仍是一条呈方形的螺旋线，不过从里向外沿这条螺旋线行进时，是按逆时针方向兜圈子。想想该怎样移动？

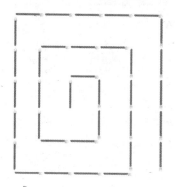

119. 变三角形

10 枚硬币排成倒三角形，如果让这个三角形朝上，只允许移动 3 枚硬币，该怎么移？

120. 兔子小姐的迷宫

兔子小姐被主人放进一个有很多格子的盒子里。她好想出去走走，可又怕被主人发现，而且她一次只能"上下"或"左右"移动一格，不能跳动。

请你帮她想想：要如何走，才能走完所有的格子回到原点，而且不被主人发现呢？

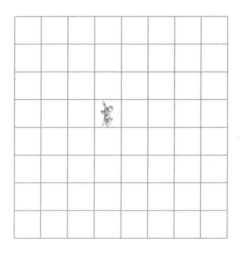

121. 复杂的碑文符号

考古人员在希腊进行发掘工作，使一批奇异的古代遗迹重见天日。他们发现很多纪念碑的碑文上反复出现下面这个由圆形和三角形组成的符号。

这个图可以一笔画出，不过，要求用尽可能少的转折一笔画出这个图形。你知道怎么画吗？

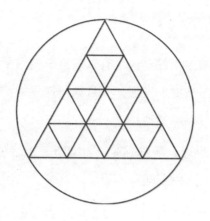

122. 多少个等边三角形

发挥你的想象力，仔细数一数，下面图形中到底有多少个大小不同的等边三角形?

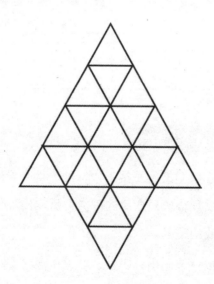

123. 移杯子的学问

有10只杯子，前面5只装有水，后面5只没有装水。移动4只杯子可以将盛水的杯子和空杯相间，现在只移动2只杯子就要使其相间，你可以做到吗？

124. 经典的几何分割问题

这是一道经典的几何分割问题。

请将这个图形分成四等份，并且每等份都必须是现在图形的缩小版。

125. 翻转梯形

下图是由 23 根火柴摆成的含有 12 个小三角形的梯形，最少移动几根就能让它倒转过来呢？

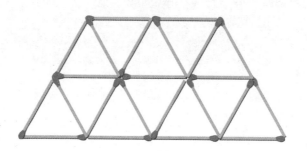

126. 面积比

在一个正三角形中内接一个圆，圆内又内接一个正三角形。请问：外面的大三角形和里面的小三角形的面积比是多少？

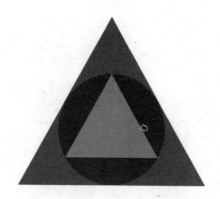

127. 商店的最佳位置

在铁路沿线的同一侧有 100 户居民，根据居民的要求要建一家商店，并使 100 户居民到商店的距离之和最小。你知道商店的位置应该建在哪里吗？

答案

1. 分图片

需沿虚线剪开。

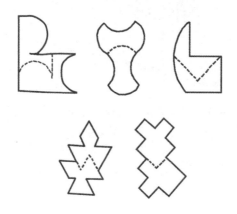

2. 谁走的路短

　　如果不考虑街巷的宽度，单从理论推算的话，两人走的路程是一样长的。但实际上，皮皮走的路程要短些，因为街巷不是一条细细的直线而是有宽度的，路面越宽，皮皮走的路就越直，即可选择走斜线；而琪琪走的是两条直角边，而斜线是小于两条直角边之和的。

3. 六角星变长方形

如下图，将六角星的上下两个角剪下来，一分为二，拼到左右两个缺口上。

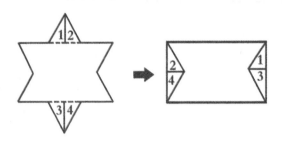

4. 善变的火柴

5. 哪个图形不同

A 和其他三个不一样，只有它是由单条封闭曲线组成。

B 和其他三个不一样，只有它是由一条线段和一条曲线组成。

C 和其他三个不一样，只有它是由两条曲线组成。

D 和其他三个不一样，只有它全部由线段组成。

不管怎么样，你都是对的，但你有没有看出它们所有的区别呢？如果让你找出它们的共同点，又是什么呢？

6. 智者的趣题

把最左边的小圆画在极远的右边。如下图：

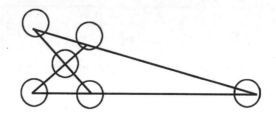

7. 旋转的圆圈

永远不能。是不是感觉上当了？

8. 锯成"十"字形

沿虚线锯开，用斜边相拼即可。

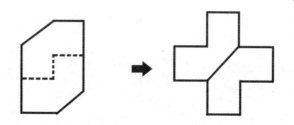

9. 不一样的图形

D。因为 A，B，C，E 四幅图中黑块在中间且左右对称，而 D 不是。

10. 连线谜题

11. 图形对应

E。图形等于折叠成一半，深色箭头遮盖在淡色箭头上。

12. 展开成大环形

如下图，答案有两个：②和④。图中虚线是形成环形的部分，我们可以看出：①除了虚线中的实线可以展开形成一个环形外，其余部分无法形成闭合图形；③展开后只在最外圈有一个环形，其余部分无法形成闭合图形。

① 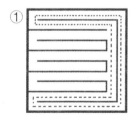 ②

③ 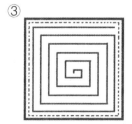 ④

答案是图形①。可以在 4 个图形上试着把折线画出来，如果呈现出和黑影部分相同的图形，就是答案。或者仔细观察展开图，观察四边形的黑影部分的切口处是否平行及两个四边形的间距等，也能够找到答案。

14. 说变就变

只要将图 1 沿虚线剪出一个等腰三角形，将等腰三角形的反面翻过来拼上去，就变成了另一张如图 2 的卡片了。

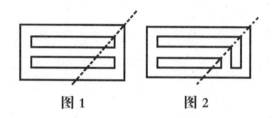

图 1   图 2

15. 三等分

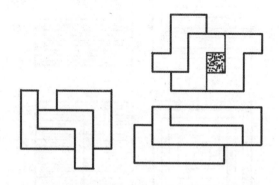

16. 哪一个图形相似

B。理由是小长方形与圆共有一个圆点，但大长方形与小长方形间没有共同的圆点。

17. 布满镜子的小房

也许你会想，你能看到无数个自己，其实你什么也看不见。因为没有光线能射进房间里面，到处一团漆黑。

18. 摔碎的塑料尺

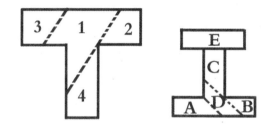

19. 比面积

三边是3，4，6的三角形的面积大。也许你还想去求两个三角形的面积，然后比较大小，可两者的面积不那么好求。其实本题根本不用去求三角形的面积，3，4，6能构成一个三角形，它的面积不为0；而300，400，700不能构成一个三角形，只是一条长的线段，当然面积为0了。所以，三边是3，4，6的三角形的面积大。做题时，可要先好好分析一下题目！

20. 时髦妈妈的裙子

剪两刀很容易，分别剪去两边突出的部分（见图 1）。剪一刀需先左右对折一下（见图 2），再剪去突出的部分即可。

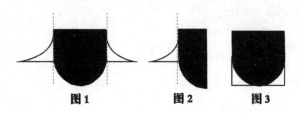

图1   图2   图3

21. 纠错

2B。

22. 比周长

一样长。圆的周长是直径与圆周率的乘积，而 4 个小圆的直径之和刚好等于大圆的直径，圆周率是一定的，所以两者当然相等。

23. 哪个不合群

C。只有它的"台阶"笔画数在三角形个数的一半以下。

24. 找菱形

42 个。有 5 个菱形是由 9 个正方形构成的，有 12 个菱形是由 4 个正方形构成的，还有 25 个菱形是由 1 个正方形构成的。

25. 图形互补

C。

26. 不可能的台阶

你会发现这个台阶并没有最低一级和最高一级的区分，它仿佛永远走不完，既不会太高，也不会太低，这就是为什么说它不可能的原因。"不可能的楼梯"是一个著名的几何学悖论，由英国数学家罗杰·彭罗斯和其父亲——遗传学家莱昂内尔·彭罗斯于20世纪50年代末期提出，之后它又为M.C.埃舍尔创作经典相片《上升与下降》提供了灵感。

27. 鱼鳞的变化规律

答案如下图。鳞片变化规律是加2，加3，减1，如此反复。鳞片为双数时，鱼头变换方向。

28. 数图形

三角形有14个，长方形有7个，六边形有2个。

29. 没招儿就认输

D。哪个图形中彼此接触的面最少，哪个图形的周长就最长。

31. 二等分

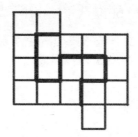

32. 图案盒子

(a)。

33. 与众不同的图形

C。

34. 移4变3

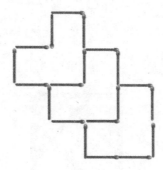

35. 四等分五边形

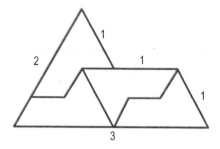

36. 火柴图形

11 根火柴可以摆 4 种三角形，4 - 4 - 3，5 - 3 - 3，5 - 4 - 2，以及 5 - 5 - 1。12 根火柴却只能摆 3 种三角形，4 - 4 - 4，5 - 4 - 3，5 - 5 - 2。

37. 最佳救火路线

乙家与河边的垂直线是最佳的救火的路线。人们习惯认为从甲家到河边再到乙家的最短路线就是最佳路线，找出这条路线需要用到几何的方法，如图所示：A 点代表甲家的位置，B 点代表乙家的位置，乙家到河岸的垂线与河岸交于 C 点，延长 BC 至 B1，使 BC=CB1，再连接 AB1 与河岸交于 D 点，从 A 点到 B 点的最短距离就等于从 A 点到 B1 的最短距离，因为两点间直线最短，所以 AD + DB 为最短的距离，因此 D 点是取水点。可是，你再仔细想一想，如采取这一条路线，甲必须挑着重重的一桶水走 DB 的线路，甲能快速到达乙家吗？因此，应该选取的路线是从河里打水后直接到乙家是最近的。这样，问题就变得简单了，选择先到达乙家到河边的最短距离 C 点，就是救火省时省力的最佳路线。

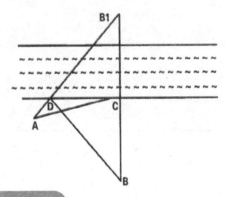

38. 共有多少条路径

15 条。下面这个 4×4 的矩形图显示图中起点与终点之间
的每个点各有几条路可到：

1	1	1	1
3	2	1	2
3	8	10	2
3	3	13	15

39. 哪一个图案是多余的

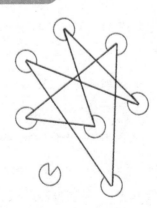

40. 找相似

B。只添一条直线，它就与上面的图相似。

41. 找相同的立方体

图③。

原图有 7 个立方体排列在平面上，请注意它们排列的相对位置，只有图③是相同的。

42. 该填什么符号

各方块四角处的圆形和方形相交替，分别表现为 $\frac{1}{4}$ 阴影，$\frac{1}{2}$ 阴影，$\frac{3}{4}$ 阴影，全阴影。

43. 码正方形

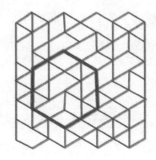

B。序列变化规律是减 1 点、1 线，再增 2 点、2 线，如此反复。

转动其中 4 个圆圈，可形成一个立方体图像。

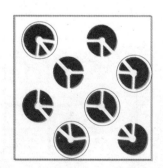

②和⑤不一样。

E。

49. 智力拼图

A 图。

50. 重排地砖

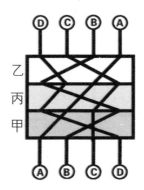

51. 找不同的布局设计图

B 和 F。

52. 小蚂蚁搬家

将立方体展开（如下图），A 和 B 的连线即是最短路线。

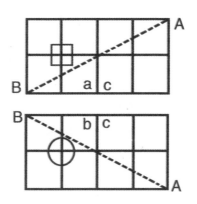

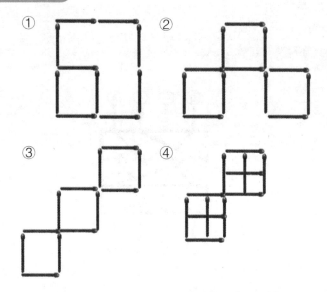

　　将一个三角形沿中点拦腰剪开，先拼成一个小正方形，然后再拼成大的正方形。

　　E。其他选项的数字都是其所在字母表中的位置序号的两倍。如 4 是 B（2）的两倍，而 32 不是 Q（17）的两倍。

　　C 与众不同。A，B，D，E 都是两个小图形相加等于大图形。

　　②的面积比较大。

先多用几支火柴棒把图形细分成小三角形。可以看到，图形①中有 4 个小三角形，而在图形②中却有 5 个小三角形。

58. 重叠的三角形

5 平方厘米。

解这道题可借助辅助线。如下图，将大星形分成 12 个正三角形，中间部分的正六边形面积是总面积的一半；小星形则分成了 6 个菱形，面积是正六边形的一半。

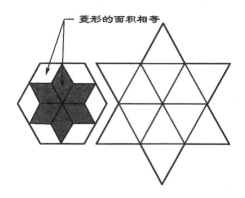

菱形的面积相等

59. 与众不同

C。只有这个图形的上下不对称。

60. 哪个图形是错误的

B。四个方形中的符号应当是从 A 到 D 递减的，而 B 是增加的，所以 B 是错误的。

61. 百变图形

可以组成 14 种。如下图。

62. 摆火柴

63. 添 1 变 18

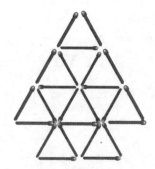

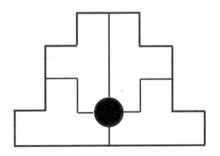

从 B 点垂直立起一根和砖块高度相等的木棍子，只需要用尺量 DC 的距离就行了。

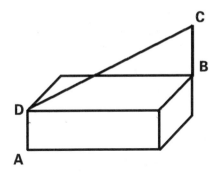

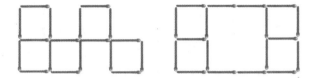

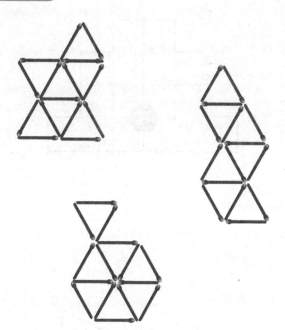

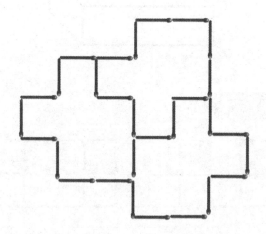

69. 火柴拼图

70. 找相符的图形

A。

71. 求小正方形的面积

面积是 50 平方厘米。

这个题目不止有一种解法,只是看你的思路而已。

可以把小正方形转 90 度,面积就会变成大正方形的一半,即 50 平方厘米,或者利用对角线的长来计算小正方形的面积。

72. 立体计算

剩 12 个角、10 个面和 20 条棱。

73. 分网球

一开始网球筐里最少有 25 个网球。解题方法是将题倒过来思考。

① 假定最后小兰用网兜装走一份之后,剩下的两份总共为 2 个,即每份 1 个,则在小兰来到时共有 4 个,在小明来

到时共有 7 个，而 7 个不能构成两份，与题意不符合。

②假定最后剩下的两份为 4 个，即每份 2 个，则在小兰来到时筐里共有 7 个网球，也与题意不符。

③假定最后剩下的两份为 6 个，即每份 3 个，则在小兰来到时筐里共有 10 个网球，在小明来到时筐里有 16 个网球，而小军来时筐里有 25 个网球。

74. 巧手拼桌面

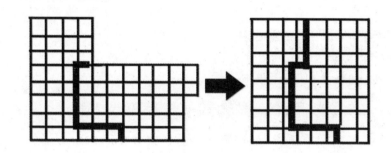

75. 巧拼图形

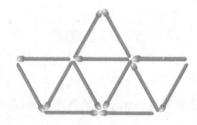

76. 哪一个对应

F。A 与 B，C 与 F 都是垂直面相对应。

77. 分解小船

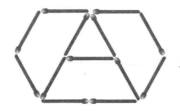

78. 鸭子戏水

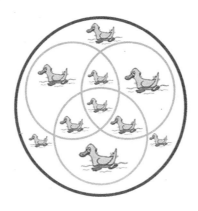

79. 怎么摆放椅子

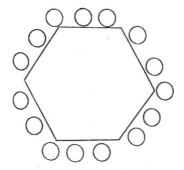

80. 小猴的游戏

81. 图形的奥秘

这是不可能的。如果你不信就自己动手试一试。

82. 摆放不规则

这 4 颗星星连在正方形的三条边上。

83. 连点的方法

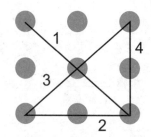

84. 扩大水池的方法

85. 10根变9根

用剪刀将图中的平行线沿对角线剪成两份，每份上就变成
9根了。

86. 胖胖的木墩

切6刀。

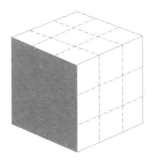

$\frac{1}{11}$。假设现在有 12 毫升的冰，这冰融化后，变成水，体积减少 $\frac{1}{12}$，也就是只剩下 11 毫升的水。当这 11 毫升的水再结成冰时，则又会变成 12 毫升的冰，对于水而言，正好增加了 $\frac{1}{11}$。

88. 火柴游戏

89. 火柴棒难题

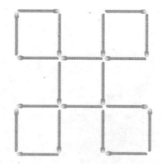

90. 最高的人

3 个人一样高。这是一幅立体空间图，之所以看起来最前面的那个人高，是空间线给你造成的错觉。

91. 变正方形

92. 一笔成图

1，2，3 可以一笔画出来，4，5，6 不能一笔画出来。

93. 立方体问题

D 图不属于这个立方体。

94. 残缺变完整

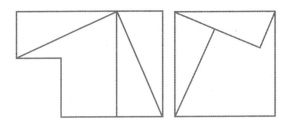

95. 三分土地

增加 7 根火柴。

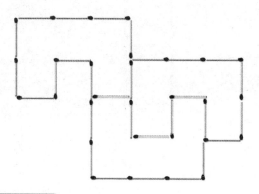

96. 怎样分才公平

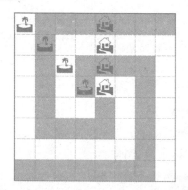

97. 拼正方形

D 是多余的。

98. 巧手剪纸

将正方形的纸对折两次，在开口处剪下一个正方形。

99. 奇妙的莫比斯环

1个大环和1个小环套在一起。

100. 漂亮的头巾

11个。

101. 该涂黑哪个

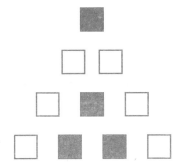

102. 14个正三角形

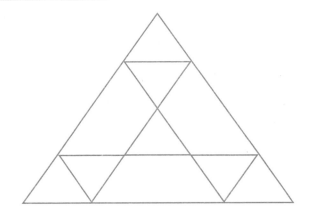

103. 奇形怪状的木板

104. 围墙

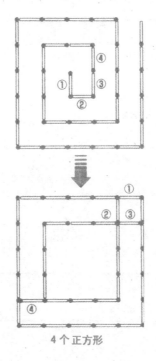

4 个正方形

105. 考眼力

一个被挡住的标牌。

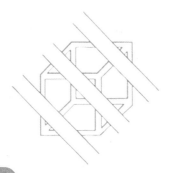

106. 神奇的折纸

你可以从长的一边剪开约 $\frac{1}{3}$ ，向下折，把它折在反面，剩下的就容易了。是不是很简单？

107. 摆三角形

很简单，完全可以摆成一个三角形。题目并没有要求3根木棒必须首尾相接。

108. 切正方形

一个正方形切去一个角，有3种切法，会出现3种情况：

① 切去一个角，得到5个角；

② 切线通过一个角，则得到4个角；

③ 切线通过两个角，只剩3个角。

109. 倾斜的线条

这就是著名的"倾斜感应"。尽管竖直的线条看起来有点朝外倾斜，但它确实没有倾斜。斜线会引起我们方向感的错觉，使倾斜的感觉变得更强烈。

110. 角度排序

所有的角都是 90 度直角，不信的话你可以用量角器测量一下。而在我们的感觉中，浅色看上去要大一些，深色看上去则要小一些。

111. 取代图形

B。正如图②是图①垂直翻转 180 度再顺时针旋转 90 度一样，B 和图③也具有这样的关系。

112. 什么骗了你

① 大小相等。

② 长短相等。

113. 小物包大物

不可能。

114. 吃樱桃

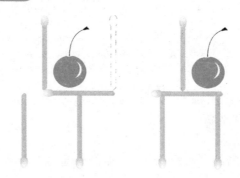

115. 小熊猫的任务

116. 三个正确的

C，D，F。

117. 地图

当你走到只有左转或者右转两种选择的 T 字路口时，只要左转就行了。

118. 转换方向

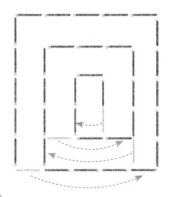

119. 变三角形

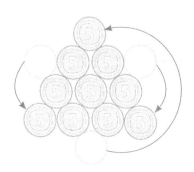

120. 兔子小姐的迷宫

这只是正确答案的一种，你可以发挥想象力帮兔子小姐设计路线。

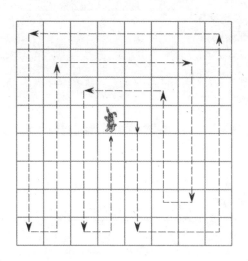

121. 复杂的碑文符号

这个图可以经过 13 个转折一笔画成：

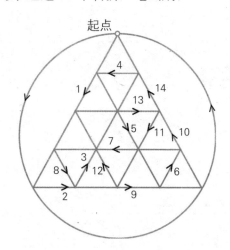

122. 多少个等边三角形

35 个。你是不是有遗漏呢?

123. 移杯子的学问

将第 2 只杯子里的水倒入第 7 只杯子里,将第 4 只杯子里的水倒入第 9 只杯子里,这样就可以使其相间了。其实题目考的是一种思维方式,解答的时候不要拘泥于题目本身,要开拓思路。

124. 经典的几何分割问题

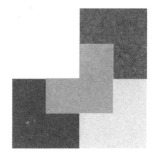

125. 翻转梯形

移动 4 根。

126. 面积比

把小三角形颠倒过来,就能立刻看出大三角形是小三角形的 4 倍。

127. 商店的最佳位置

因为这些用户沿着铁路排列,可以看成是一条直线。商店应在最中间两户间任意一点。

，数学原来这么好玩

数字谜题

金铁 主编

中国民族文化出版社

北 京

图书在版编目 (CIP) 数据

哇，数学原来这么好玩 / 金铁主编 . —北京：中
国民族文化出版社有限公司 , 2022.8

ISBN 978-7-5122-1601-3

Ⅰ . ①哇… Ⅱ . ①金… Ⅲ . ①数学－少儿读物 Ⅳ .
① 01-49

中国版本图书馆 CIP 数据核字（2022）第 124135 号

哇，数学原来这么好玩

Wa, Shuxue Yuanlai Zheme Haowan

主　　编：金　铁

责任编辑：赵卫平

责任校对：李文学

封面设计：冬　凡

出 版 者：中国民族文化出版社　地址：北京市东城区和平里北街 14 号

　　　　　　邮编：100013　联系电话：010-84250639 64211754（传真）

印　　装：三河市华成印务有限公司

开　　本：880 mm × 1230 mm　1/32

印　　张：28

字　　数：550 千

版　　次：2023 年 1 月第 1 版第 1 次印刷

标准书号：ISBN 978-7-5122-1601-3

定　　价：198.00 元（全 8 册）

前言

"数学王国"，一个多么令人崇敬和痴迷的"领地"，你可曾想过现在它离你如此之近？数学究竟是什么？严格地说：数学是研究现实的空间形式和数量关系的学科，包括算数、代数、几何和微积分等。简单来说，数学是一门研究"存储空间"的学科。

尽管人类大脑的存储空间是有限的，但科学家已研究证明：目前人类大脑被开发利用的脑细胞不足 10%，其余都处于休眠状态，是一片有待开发的神奇空间。

想要开发休眠的大脑空间，让大脑释放出更大的潜能，数字游戏起着不可替代的作用。数学是一种"思维的体操"，其中所隐藏的数字规律、数学原理无不需要大脑经过一番周折才会豁然开朗；在这期间大脑被激活，思维得以扩展。

让大脑的存储空间得到充分的利用和发挥，更大程度地强化或激活脑细胞，让思维活跃起来，就是本套书的目的所在。

本套书有 8 个分册，按照数学题型类别结合趣味性，分为快

乐数学、天才计算、数字逻辑、数字谜题、巧算概率、分析推理、数字演绎、几何想象；选取 970 道趣味数学题，让你通过攻克一个个小游戏，体会数学的奥秘，培养灵活的数学思维，提高解决数学问题的能力。

本套书版面设计简单活泼，赏心悦目，让你愉快阅读；书中各类谜题不求数量繁多，但求精益求精，题目类型灵活新颖，题目讲解深入浅出，让你在快乐游戏中积累知识，开拓思路，扩展思维。

目录

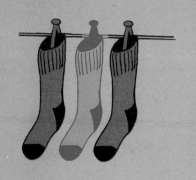

1. 花数相连

图中方框里的每一种花代表一定的数值，上方和右方标示出竖列和横排各数相加之和。请在问号处填上正确的数字。

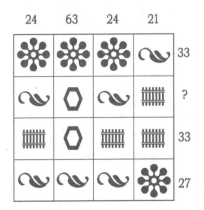

2. 妙在动1根

下面是用19根火柴摆出的算式，但这个算式是错误的。现在只需移动1根火柴，就能使算式成立，该怎么移？

$$1+7-13=44$$

3. 倒金字塔

找出问号所代表的数。

194837265

5627384

43765

564

?

4. 分割表格

将这个表格分成 4 个相同的形状，并保证每部分中的数字之和为 50。

8	8	3	6	5	5
8	4	4	7	7	4
5	5	5	8	3	5
9	8	3	4	7	3
7	5	9	3	5	8
6	4	4	8	3	4

5. 数字谜语

数字也可以做谜语，你能猜出下面各数字谜语的谜底吗？

八	（打一发型）	2.5	（打一成语）
十	（打一中药名）	99	（打一成语）
九	（打一节日）	2，4，6，8	（打一成语）
九	（打一中药名）	718	（打一成语）
千	（打一人体器官）	1/1	（打一成语）
二	（打一成语）	1000	（打一成语）
十	（打一成语）	x·3·0=？	（打一成语）
3−2=？	（打一成语）	3+3	（打一时人）
100−79	（打一成语）	50+50	（打一中药名）
3−2=5	（打一成语）	2+1=3+5	（打一数学名词）
15	（打一成语）	2+2=	（打一字）
15 分 = 1000 元	（打一成语）	8	（打一出版物名词）
1/100	（打一成语）	24	（打一体育术语）
6×6	（打一俗语）	100 − 1	（打一字）
1881−1981 鲁迅	（打一成语）	0+0	（打一京剧剧目）

6. 能上下颠倒的数

0，1，8，11 是四个能上下颠倒写还是一样的数，你能找出下一个有这种特性的数吗？

7. 步行比乘车快多少

周末，皮皮放学后，站在车站等汽车，等了很久，汽车也没有来。因为他想回家换衣服和同学去踢足球，心里非常着急，就步行往家里走去。如果他乘车 10 分钟就可以到达，他步行要 40 分钟到达。当他走到全路程的一半时，公共汽车来了，他又乘上汽车走完了全程到达目的地。他这样与一开始就乘汽车比较起来，能快多少分钟？

8. 李白买酒

李白街上走，提壶去买酒。

遇店酒加倍，见花喝一斗。

三遇店和花，喝光壶中酒。

问：壶中原有几多酒？

9. 爬楼梯

皮皮和琪琪两人同住一幢楼，皮皮住第8层，琪琪住第4层，每层楼的楼梯一样高。琪琪于是对皮皮说：每天我们同样上楼，你要比我多爬一倍的楼梯呢！

请问，琪琪说的话对吗？

10. 计划有变

阿哈下午 3 点去某公司办事，打算办完事赶回来接上幼儿园的女儿。没想到遇上堵车，去的时间用了预定的 2 倍。阿哈按原计划时间办完事，决定以原计划 4 倍的速度往回赶。请问，阿哈能按时赶到幼儿园接女儿吗？

11. 他能做到吗

皮皮对琪琪说："我能将 100 枚围棋子装在 15 只大小一样的塑料杯里，每只杯子里的棋子数目都不相同。"他能做到吗？

12. 魔幻方格

将 1 到 25，这 25 个自然数分别填入下图的方格中，使每行、每列和每条对角线上的数字之和为 65，而且涂了颜色的方格中的数字必须是奇数。

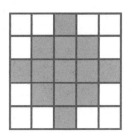

13. 黑色星期五

如果 4 月 13 号是星期五，那么距离下一个 13 号是星期五的那天，还有多少天？

14. 泳道有多长

在一个直径 100 米的圆形场地上，新建了一座长方形的游泳馆，它的长为 80 米。馆内修了一座菱形的游泳池，菱形游泳池的各顶点刚好在长方形游泳馆各边的中点上。你能快速算出游泳池的泳道有多长吗？

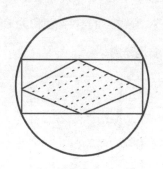

15. 蔬果密码

经过破译敌人密码，已经知道了"香蕉苹果大鸭梨"的意思是"星期三秘密进攻"，"苹果甘蔗水蜜桃"的意思是"执行秘密计划"，"广柑香蕉西红柿"的意思是"星期三的胜利属于我们"。那么，"大鸭梨"的意思是什么？

16. 按键密码

请找出问号处所代表的数字。

5 5 6 7 3 6 8 5 3 0 6 0
9 2 1 7 1 5 6 4 9 6 0
2 6 8 9 2 3 1 4 ? ? ?

17. 破译字母密码

以下的数字密码中，每个字母其实代表一个独一无二的数字，而且符合下列条件：

①任何一列中，最左边的数字不可为"0"；

②字母与数字为一一对应。即假设 M 代表"3"，则所有的 M 都为"3"，而且其他字母皆不可为"3"。

译码后，DESMOND 分别代表什么数字？

S E N D

M O R E
─────────
M O N E Y

18. 变算式

这是两个不成立的算式，请你分别移动1根火柴，使它们左右相等。

$$4 = 14 + 1 - 1 + 1$$

$$12 - 2 + 7 = 11$$

19. 最大的数

7和8组合在一起，能得到最大的数是87；2，0，8三个数组合在一起，能得到最大的数是820，那么用下面这五个数字组合在一起，能得到最大的数是多少呢？

$$6 \quad 4 \quad 7 \quad 9 \quad 2$$

20. 巧用 1988

用 1，9，8，8 这 4 个数，不改变顺序，只在中间加上四则运算符号和小数点，就可组成算术式。列出 4 个式子，使其得数分别是 1，9，8，8。

已知：$(1 \times 9) - (8 \div 8) = 8$。

1 9 8 8 = 1
1 9 8 8 = 9
1 9 8 8 = 8
$(1 \times 9) - (8 \div 8) = 8$

21. 数字填空

按照图中数字的排列规则，问号处应该填什么数字？

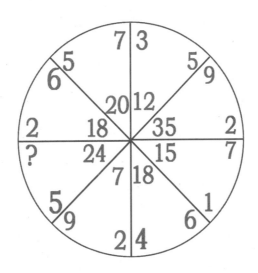

22. 牲口交易

在还不习惯使用货币的地方，大家是用以物易物的方法来满足双方的需求。集市上，三个人带着自己的牲口准备交换。甲对乙说："我用 6 头猪换你 1 匹马，那么你的牲口数量将是我所有牲口数量的 2 倍。"

丙对甲说："我用 14 只羊换你 1 匹马，那么你的牲口数量将是我的 3 倍。"

最后乙对丙说："如果我用 4 头牛换你 1 匹马，那么你的牲口数量将是我的 6 倍。"问题是：甲、乙、丙三个人各有多少牲口？

23. 缝隙有多大

假定地球是一个极大的标准圆球，现在有一根长绳子，它比地球的赤道周长还要长 10 米。若用此绳子将地球等距离（在赤道上）围住，那么在地面与绳子之间还有一道小小的缝隙。请问这个缝隙够不够一头猪（高 70 厘米）不用碰到绳子就能走过去（不许跨过去）？

24. 不变的值

图中的算式题结果是 100，怎样从中拿走 3 根，使它的结果仍为 100？

$$123-4-5-6-7+8-9=100$$

25. 如何找假金币

一次偶然的机会，蕾蒂从她的朋友那里得到 8 枚外表一模一样的金币。但其中有一枚是假的，重量较轻。于是她找来一架天平，想用它找出那枚假币。

想一想，蕾蒂最少需要用天平称几次，才能找出那枚假的金币？

26. 划分方格

你能将下图的方格分成 6 个完全相同的部分，并且每一部分中，所有数字之和都是 100 吗？

18	6	4	30	47	29
45	30	6	18	17	2
1	21	1	42	23	5
3	28	7	17	1	6
44	4	32	43	30	40

27. 神奇的三角形

三角的三边有 9 个圆圈，你能把 1~9 这 9 个数填在圆圈里，使每边的数字和相等，而且每边数字的平方和也相等吗？

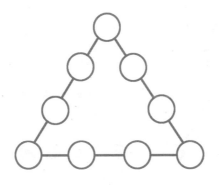

你要在这个迷宫中，走到标示着"F"的终点。并且你只能直线前进，图中每个格子里面的数字代表下一步你可以走几格。从左上方的"3"处开始，如下图所示，下一步你只有两种走法，应该选哪一种？

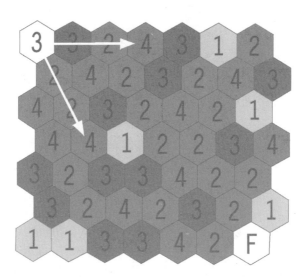

下列算式中，每个字母代表 0~9 的一个数字，而且不同的字母代表不同的数字。请问：0~9 这 10 个数字有哪一个数字不会出现在下面的算式中？

A B ＋ C D ＋ E F ＋ G H ＝QQQ

30. 经理女儿的年龄

一位经理有三个女儿，三个女儿的年龄相加等于 13，三个女儿的年龄相乘等于经理的年龄。有一个下属已知道经理的年龄是 36 岁，但仍不能确定经理三个女儿的年龄。经理说有两个女儿去学滑冰了，然后这个下属就知道了经理三个女儿的年龄。请问：经理三个女儿的年龄分别是多少？为什么？

31. 猜出新号码

凯特换了新号码。凯特发现，这个新号码很好记，它有三个特点：首先，原来的号码和新换的号码都是 4 个数字；其次，新号码正好是原来号码的 4 倍；最后，原来的号码从后面倒着写正好是新的号码。

所以，她不费劲就记住了新号码，那么，新号码究竟是多少呢？

32. 考试的成绩

在一个月的时间内，学校进行了 4 次数学考试。甲、乙、丙、丁 4 个学生每次考试的成绩各不相同。其中，甲比乙成绩高的有 3 次；乙比丙成绩高的有 3 次；丙比丁成绩高的有 3 次。那么，丁会不会也有 3 次比甲成绩高？

33. 超难的数字迷宫

这是一个超难的数字迷宫，要求每个大九宫格里每一行、每一列以及每一个小九宫格都必须包含1～9这9个数字。现在你需要的是时间和超级的推理思维能力。

34. 聪明的士兵

某班有1名班长和12名士兵，他们负责守卫一座古老的城堡，城堡外是一片山林。班长在城堡四面每面派出3名士兵，有 4 个瞭望口可以查看哨兵的情况。每天他都从各瞭望口查看一遍，都能看到有 3 个士兵在站岗，他非常满意自己的士兵能坚守岗位。可是，没过几天有人告发他的士兵天天在城堡外面的山林里打猎。为此，他特地到 4 个瞭望口查看，发现每面都有 3 名士兵。人怎么可能会少呢？他们全站在那儿呀！班长想。你知道为什么每面仍有 3 名士兵，而每天都有士兵去打猎吗？士兵们是怎么糊弄班长的？

35. 本领最高的神枪手

如下图，一张只有 3 条腿的桌子上有 4 个瓶子，三位神枪手聚在一起，欲比一比谁的本领高，他们打算用最少的子弹射倒 4 个瓶子。甲用了 3 枪就射倒 4 个瓶子。轮到了乙，他只用了 2 枪。神奇的是丙，他只用了一枪就将 4 个瓶子射倒了。你知道他是怎么射的吗？

36. 猜硬币

找 12 枚硬币，包括 1 分、2 分和 5 分，共 3 角 6 分。其中有 5 枚硬币是一样的，那么这 5 枚硬币是几分的？

37. 不合适的数字

想一想，哪一个数字不适合在这组数列中出现？

1. 2. 3. 6. 7. 8. 14. 15. 30

38. 兄弟姐妹

男孩米琪的姐妹与他拥有的兄弟一样多。他的姐姐米莉拥有的姐妹却只有她拥有的兄弟数量的一半。

请问他们家有几个男孩，几个女孩？

39. 叶丽亚的年龄

人们都知道叶丽亚小姐长得漂亮，可很少有人知道她的年龄。只听人说，她的岁数非常有特色：

①它的 3 次方是一个四位数，但 4 次方是一个六位数；

②四位数和六位数由 0~9 这 10 个数字组成，且不重复。例如：如果四位数是"1234"，那么六位数的数字只能由"5，6，7，8，9，0"组成。

你能推算出叶丽亚小姐的年龄吗？

40. 猜数字

你知道问号处代表的数字是什么吗？

1,1,2,3,5,8,13,21,?,

41. 下一个数是多少

从前面的几个数的排列规律中，你能推算出"？"代表什么数吗？

1 4 9 16 25 36
49 64 81 , ? , 121

42. 计算数字

每行数字都是相同的运算方式，请推导出问号所代表的数字。

0	2	3	2	4
5	0	3	7	8
2	4	3	9	9
2	2	2	1	?

43. 找数字

你能看出问号处应该填什么数字吗？

?	7	4	8	9	0
3	5	0	2	6	7
1	2	4	6	2	3

44. 奇妙的六边形

把 1～19 这 19 个自然数填入下图 19 个正六角形中，让每一列的数字（不管是 3 个数还是 4 个数，或者 5 个数）之和都等于 38。如果你填好了，你会得到一个独一无二的魔术六角形。

45. 问号处代表什么数

下图中是一些数字组成的表格，问号处代表什么数？

小提示：每一行中，第四列数与前面三列数有某种关系。

2	9	6	24
4	4	3	19
5	4	4	24
3	7	1	?

46. 有趣的日历

星期日一上班，罗伯特就接到一大堆事情，回到座位看着日历，他叹了一口气："原来今天 13 号，真是倒霉。"然后罗伯特拿出日程表对着日历安排起来，他发现了一件有趣的事情，这个月居然有 5 个星期二。这时安妮问罗伯特："这个月的最后一个星期五我们安排活动，那天是几号啊？"

罗伯特在看日历，当然知道。但是你知道这个月的最后一个星期五是几号吗？

47. 阶梯求数

请推导出问号代表的数。

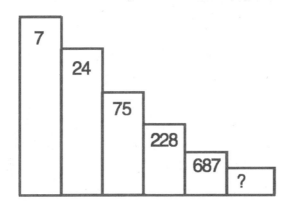

48. 表格求数

表格中问号代表什么数？

2	5	8
7	4	1
12	9	?

49. 旋转的数字

将图 A 的数字沿一个方向旋转以后成为图 B，但其中有几个数字被抹去了，你能找出来吗？

22	49	11
75		6
30	82	19

图 A

49		
		19
75		82

图 B

50. 缺少的数字

先分析一下表格中的数字排列有什么规律，然后依规律填出表格中问号处缺失的数字。

7	5	8	4	3
9	8	8	8	8
6	4	5	3	9
8	3	9	?	6

51. 用了多少次

一个油桶装了 126 升油，一个人用 2 升、3 升与 5 升的容器打油出售，全卖光了。他每次打油时，都把容器装满了。他统计了一下，使用 3 升容器的次数是 2 升的 5 倍。那么，你能推出每种容器各用了多少次吗?

52. 该填什么

下图表格中问号处应填什么数字?

16	10	20	14
8	140	134	28
14	70	268	22
7	?	38	44

53. 对应数

根据下图中扇形内的数字排列规律，推导出问号处对应的数。

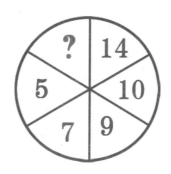

54. 还剩几只兔子

在一个菜园里，有 128 只兔子在埋头偷吃萝卜。农夫看见后非常生气，拿起猎枪"砰"的一枪打死了一只兔子。请问：菜园里还剩多少只兔子？

55. 喝汽水

一个人在喝汽水，从上午 11 点喝到下午 2 点，每 30 分钟喝完一瓶。问这段时间内，这个人共喝了多少瓶汽水？

56. 读书计划

一个中学生制订了一个读书计划：一天读 20 页。但第三天因病没读，其他日子都按计划完成了，问第六天他读了多少页？

57. 问号处该填什么

你能看出最后一个三角形的右下角问号处应该是什么数字吗？

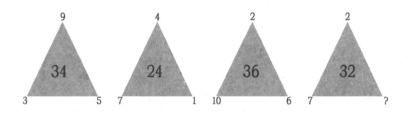

58. 后天是星期几

如果今天的前5天是星期六的前3天，那么后天是星期几？你能算出来吗？

59. 冰上过河

一个寒冷的冬天，一支部队来到了松花江边，准备到江对面去。但松花江面只结了一层薄薄的五六厘米厚的冰，冰上面覆盖着一层雪。很明显踩在这样的冰面上是很危险的，只有等到冰层达到七八厘米才会安全。大家正着急的时候，一位新来的士兵想出一条妙计。部队只等了一会儿，冰层的厚度就达到了8厘米以上。你知道他想出了一条什么妙计吗？

60. 考考你自己

如下图所示，你知道表格中的问号应填入什么数字吗？

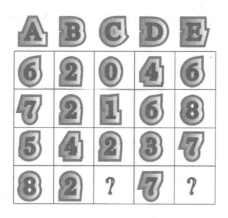

61. 该填什么数字

如下图所示，问号处该填入什么数字？

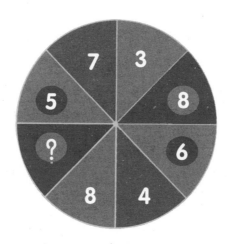

62. 缺少什么数字

仔细看下图，请填出缺少的数字。

2 5 7

4 7 5

3 6 ?

63. 复杂的表格

仔细看表格，说出表格中的问号处该填什么数。

2	9	6	24
6	7	5	47
5	6	3	33
3	7	5	?

64. 数字方块游戏

在下图中，每一行、每一列以及这个数字方块的两条对角线上，都包含了 1，2，3，4 几个数字。在这个数字方块里，已经标示了部分数字。你能根据这一规则把方框填写完整吗？

65. 数字哑谜

这是一个数字的哑谜。请在下面打问号的地方填入适当的数，且用数字解释图中的图形分别代表什么数字。

$$\square + \diamondsuit - \triangledown = 6$$

$$\triangledown - \triangle + \square = 3$$

$$\diamondsuit \times \square \times \triangledown = 140$$

$$\diamondsuit + \triangledown + \square = ?$$

根据范例，请在下图的问号处填入合适的数字。

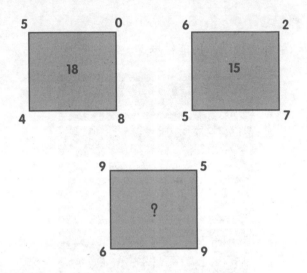

67. 台历日期

下边台历上斜着的三个日期的数字之和为 42，请问这三个日期为哪三天呢？

68. 糟糕的台历

上个月30号是小白的生日。当天晚上有一块吃剩的蛋糕被小白随手扔在书桌的台历上。第二天早上醒来，小白发现蛋糕被贪吃的老鼠啃得面目全非，就连台历也被老鼠咬得乱七八糟，只能从仅存的部分中依稀看到几个字（见下图）。根据这些仅存的数字，你能否推测出上个月的1号是星期几？

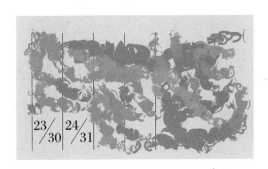

69. 数字模板

请看一看下图所示的数字模板，开动你的脑筋，算一算问号处应填入什么。

70. 三个数

有三个不是 0 的数的乘积与它们之和都是一样的。请问：这三个数是什么？

$$X \times Y \times Z = \square$$

$$X + Y + Z = \square$$

71. 添上数字

算一算，添上什么数字可以完成这道难题？

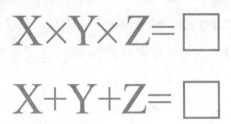

72. 井底之蛙

一只井底之蛙想出去见见世面，于是开始攀爬井壁。每爬一次，就上升 3 米，但每次再上升前会下落 2 米，已知井深 10 米。请问：这只青蛙要攀爬几次才能爬出井去？

73. 多少只羊

甲赶了一群羊在草地上往前走，乙牵了一只肥羊紧跟在甲的后面。乙问甲："你这群羊有 100 只吗？"甲说："如果再有这么一群，再加半群，又加 $\frac{1}{4}$ 群，再把你的一只凑进来，才满 100 只。"

请问：甲的那群羊原本有多少只？

74. 运动服上的号码

小小参加学校的运动会，他的运动服上的号码是个四位数。一次，同桌倒立着看小小的号码时，发现变成了另外的四位数，比原来的号码要多"7875"。你知道小小的运动服上的号码是多少吗？

75. 冷饮花了多少钱

一个人在饭店吃中午饭，再加冷饮，共付 6 元，饭钱比冷饮钱多 5 元。请问：冷饮花了多少钱？

76. 多少岁

一个人在公元前 10 年出生，在公元 10 年的生日前一天死去。

请问：这个人去世时是多少岁？

77. 找到隐藏的数

下列数字中隐藏着两个数，其中一个是另一个的两倍，两个数相加的和为 10743。这两个数是什么？

78. 牛奶有多重

大龙买了一大瓶牛奶，他不知道牛奶有多重，但知道连瓶子共有 3.5 千克。现在，他喝掉了一半牛奶，连瓶子还有 2 千克。你知道瓶子有多重？牛奶又有多重吗？

79. 镜子的游戏

有 4 个数字（两组），在镜子里面看顺序相反，它们两者之间的差都等于 63。

请问：这两组数字分别是什么？

80. 值多少

如果 7 只企鹅 =2 头猪，1 只企鹅 +1 只鸟 =1 匹马，1 头猪 +1 只鸟 =1 条狗，2 头猪 +5 只企鹅 =2 条狗，4 匹马 +3 条狗 =2 只鸟 +8 头猪 +3 只企鹅；已知企鹅的值为 2，那么狗、马、鸟和猪的值分别为多少？

81. 书还有多少页

豆豆有个坏习惯，总爱把书中喜欢的文字或者彩页剪下来。有一本 180 页的书，从 60 页到 95 页都被他剪下来了，这本书还剩多少页？

82. 失算的老师

10个同学来到教室，为座位问题争论不休。有的人说，按年龄大小就座；有的人说，按成绩高低就座；还有人要求按个子高矮就座。

老师对他们说："孩子们，你们最好停止争论，随意就座。"

这10个同学随便坐了下来，老师继续说道："请记下你们现在就座的次序，明天来上课时，再按新的次序就座；后天再按新的次序就座，反正每次来时都按新的次序，直到每个人把所有的位子都坐过为止。如果你们再坐在现在所安排的位子上，我将给你们放假一年。"

请你算算看，老师隔多长时间才给他们放假一年呢？

83. 烟鬼戒烟

史密斯先生的烟瘾很大，最近医生发出最后警告："如果你再不把烟戒掉，你的肺部就会穿孔。"史密斯先生思考了一分钟，说："我抽完剩下的7支烟就再也不抽了。"不过，史密斯先生的抽烟习惯是，每支香烟只抽 $\frac{1}{3}$，然后把3个烟蒂接成一支新的香烟。

请问：在史密斯先生戒烟之前，他还能抽多少支香烟？

84. 匪夷所思的数

有这样一个数，它乘以5后加6，得出的和再乘以4，之后加9，之后再乘以5，得出的结果减去165，把结果的最后两位数遮住就回到了最初的数。你知道这个数是多少吗？

$$[（?×5+6）×4+9]×5-165=?$$

85. 鸡兔各有几只

若干只鸡兔被关在同一个笼里，笼里有鸡头、兔头共36个，有鸡脚、兔脚共100只，问鸡、兔各有几只？

86. 数字条

　　你能不能把这个图案分成 85 条由 4 个不同数字组成的狭
条，使得每个狭条上的数字之和都等于 34？

　　用数字 1~16 组成和为 34 的四数组合共有 86 种。下边
的网格图中只出现了 85 条。你能把缺失的那条补上吗？

1	4	14	15	1	3	5	12	14	14	4	7	11	12	3	13	2
12	13	4	5	6	10	16	3	5	7	2	16	9	7	6	8	10
11	8	1	14	12	16	5	2	11	9	1	7	12	14	10	3	7
10	9	13	2	15	5	6	16	7	4	2	9	11	12	15	10	15
13	6	3	15	8	9	2	3	2	6	3	3	7	8	16	4	1
7	11	7	4	16	8	6	8	5	7	6	13	16	1	4	7	6
8	9	9	2	5	12	15	9	13	10	11	12	1	3	8	10	11
6	8	15	16	6	10	2	14	14	11	14	1	10	9	14	13	16
2	8	11	13	4	11	7	1	15	4	2	1	3	2	6	11	15
6	7	9	12	9	15	3	14	2	6	7	5	9	5	7	9	13
3	7	11	13	10	1	16	10	7	9	11	13	10	1	3	14	16
3	7	10	14	11	2	8	10	14	15	14	15	12	5	8	9	12
3	4	14	2	5	6	10	13	4	3	4	7	2	6	12	14	5
8	13	6	7	2	3	13	16	5	6	11	8	13	9	11	1	8
11	9	10	12	3	5	11	15	11	12	6	9	14	6	13	1	10
12	8	4	13	1	2	15	16	14	13	13	10	5	6	9	14	11
4	16	12	2	12	4	8	1	14	3	13	4	5	5	6	8	15
3	4	11	16	5	12	1	16	4	15	12	3	7	2	4	13	15
12	11	1	10	1	8	10	9	10	5	4	15	8	5	7	10	12
16	3	9	6	16	10	15	8	6	11	5	12	14	4	5	9	16

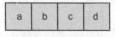

a	b	c	d

a + b + c + d = 34

87. 分糖果

三个小女孩一共有770颗糖果，她们打算如往常那样，根据她们年龄的大小按比例进行分配。以往，当二姐拿4颗糖果时，大姐拿3颗；当二姐得到6颗时，小妹可以拿7颗。你知道三个女孩各分到多少颗糖果吗？

88. 撕日历

连着撕9张日历，日期数相加是54。请问：撕的第一张是几日？最后一张是几日？

89. 几个酒徒比酒量

一群酒徒聚在一起要比酒量。先上一瓶，各人平分。这酒真厉害，一瓶喝下来，当场就倒了几个。于是再来一瓶，在余下的人中平分，结果又有人倒下。现在能坚持的人虽已很少，但总要决出个胜负来。于是又来一瓶，还是平分。这下总算有了结果，全喝倒了。只听见最后倒下的酒徒中有人咕哝道："嗨，我正好喝了一瓶。"

你知道一共有多少个酒徒在一起比酒量吗？

90. 钱币没收一半

在古代欧洲某个地方有这样一个规定：商人带钱每经过一个关口，就要被没收一半的钱币，再退还一枚。有一个商人，在经过 10 个关口之后，只剩下两枚钱币了，你知道这个商人最初共有多少枚钱币吗？

91. 两个农妇卖鸡蛋

　　两个农妇共带 100 个鸡蛋去卖。一个带得少，一个带得多，但卖了同样的钱。一个农妇对另一个说："如果我有你那么多的鸡蛋，我能卖 15 个铜板。"另一个说："如果我只有你那么多鸡蛋，只能卖 $6\frac{2}{3}$ 个铜板。"

　　你知道两人各带了多少个鸡蛋吗？

47

92. 多少架飞机

一家工厂 4 名工人每天工作 4 小时，每 4 天可以生产 4 架模型飞机，那么 8 名工人每天工作 8 小时，8 天能生产几架模型飞机呢？

93. 遗书分牛

一农场主在遗书中写道：妻子分全部牛半数加半头，长子分剩下牛半数加半头，次子分再剩下牛半数加半头，幼子分最后剩下牛半数加半头。结果一头牛没杀，一头牛没剩，正好分完。农场主共留下几头牛？

94. 母子的年龄

华华的妈妈今年比华华大26岁，4年后妈妈的年龄是华华的3倍。请问：华华和妈妈今年各多少岁？

95. 数学家的年龄

一位数学家的墓碑上刻着这样一段话："过路人，这是我一生的经历，有兴趣的可以算一算我的年龄。我的生命前 $\frac{1}{7}$ 是快乐的童年，过完童年，我花了 $\frac{1}{4}$ 的生命钻研学问。在这之后，我结了婚。婚后5年，我有了一个儿子，感到非常幸福。可惜我的孩子在世上的光阴只有我的一半。儿子死后，我在忧伤中度过了4年后结束了我的一生。"

根据墓碑上所刻的信息，你能计算出他的年龄吗？

96. 《静夜思》的数字游戏

被誉为"诗仙"的李白，有一首著名的诗《静夜思》，这首诗共有 20 个字，恰好组成了下列两组算式：

床前 ＝ 明月 ＋ 光，

疑是 ＝ 地上 × 霜。

举头 × 望 ＝ 明月，

低头 × 思 ＝ 故乡。

其中，每个汉字分别代表 0 ～ 9 中的一个数字；前两句中 10 个不同的汉字各代表一个不同的数字，后两句中的 9 个不同的汉字也各代表一个不同的数字；相同的汉字表示相同的数字。你能破解这个谜题，把每个字代表的数字写出来吗？

提示：可以以诗中的"头"字为解题点。

97. 分割数字

用三条直线将这个正方形分成五部分，使得每部分所包含的总值等于 60。

98. 表格中的奥妙

表格中的数字有一定的摆放规律。请你找出规律，并求出 A，B，C 的值。

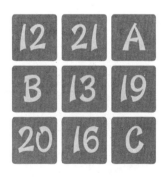

99. 半个柠檬

多多把柠檬总数的一半加半个放在屋子的东面，把剩下的一半加半个放在屋子的西面，另一个被藏在冰箱上面，不过柠檬的总数少于 9 个。请问：多多一共有多少个柠檬？

注意：柠檬不能切成半个。

100. 两位数密码

图中每个地面上的特工都需要 1 个数字密码才能与指挥中心联系。请问：图中所缺的两位数密码是多少？

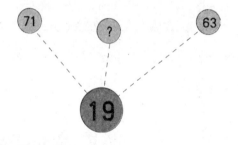

101. 趣味金字塔

观察金字塔中数字的摆放规律，求 A，B，C 的值。

102. 年龄的秘密

A，B，C 三个人的年龄一直是一个秘密。将 A 的年龄数字的位置对调一下，就是 B 的年龄；C 的年龄的两倍是 A 与 B 两个年龄的差数；而 B 的年龄是 C 的 10 倍。

请问：A，B，C 三人的年龄各是多少？

103. 珠宝公司的刁钻奖励

瑞芳在一家珠宝公司工作，由于她工作积极，所以公司决定奖励她一条金链。这条金链由 7 个环组成，但是公司规定，每周她只能领一环，而且切割费用由自己负责。

这让瑞芳感到为难，因为每切一个金环，就需要付一次昂贵的费用，再焊接起来还要一笔费用，想想真不划算。聪明的瑞芳想了一会儿之后，发现了一个不错的方法，她不必将金链分开成 7 个了，只需要从中取出一个金环，就可以每周都领一个金环，她是怎么做到的呢？

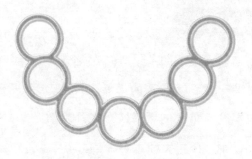

104. 小花猫搬鱼

　　小花猫有 4 个盘子，分别编号为甲、乙、丙、丁。其中一个盘子里有 3 条鱼，另外一个盘子里有 1 条鱼，还有两个盘子没有鱼。小花猫尽力克制住自己想吃的欲望，把鱼集中到一个盘子里一起吃，但是它每次都会从两个盘子里分别拿出一条鱼放到第三个盘子里。

　　请问：小花猫要搬运几次，才能把所有鱼都集中到一个盘子里面去呢？

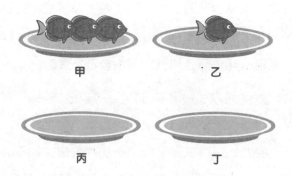

甲　　　　　　　　乙

丙　　　　　　　　丁

105. 期末考试的成绩

在一次期末考试中，婷婷、亮亮、佳佳、小美分别获得了前四名。成绩公布前，他们做了一次自我估计：

婷婷说："我不可能得到第四名。"

亮亮说："我能得到第二名。"

佳佳说："我比婷婷高一个名次。"

小美说："我比佳佳高两个名次。"

成绩公布之后，她们之中只有一个人估计错了。

请问：他们各自得了第几名？

106. 带魔法的饰物

有4个女孩子，其中1人有魔法，她经常撒谎。拉拉和另外两个人是好孩子，她们从不说谎。4个人都系绿色围巾，其中的2条围巾是有魔法的，系上这2条围巾即使是好孩子也会说谎；而且，4个人又都戴着黄色蝴蝶发带，其中的2条发带是有魔法的，它会使魔法围巾的魔法消失。但是，它对有魔法的女孩子是没有效果的。

蕾蕾说："思思系着有魔法的围巾。"

思思说："平平戴着有魔法的蝴蝶发带。"

平平说："拉拉系着魔法围巾。"

拉拉说："思思是有魔法的女子。"

请问：是哪两个人系着魔法围巾，哪两个人戴着魔法发带呢？另外，哪一个是有魔法的女孩子呢？

107. 太平洋里的鲸

太平洋里住着5头鲸。一天，它们在海面冲浪后聚到一起聊天。这5头鲸分别居住在不同的深度（800米、900米、1000米、1100米、1200米）。关于居住深度比自己浅的鲸的叙述都是真的，关于居住深度比自己深的鲸的叙述都是假的，而且，只有一头鲸说了真话。它们的对话如下：

甲："乙住在 900 米或者 1100 米的地方。"

乙："丙住在 800 米或者 1000 米的地方。"

丙："丁住在 1100 米或者 1200 米的地方。"

丁："戊是在 1100 米或者 1200 米的地方。"

戊："甲住在 800 米或者 1000 米的地方。"

那么，它们分别住在哪个深度？

108. 康乃馨

母亲节快到了，佳佳去花店买了 5 束康乃馨送给 5 位母亲。每束花有 8 朵，有黄的、粉红的、白的和红的，每种颜色都是 10 朵。为了让 5 束花看起来各有特点，每束花中不同颜色的花朵数量不全相同，不过每束花中每种颜色的花至少应该有一朵。

下面是 5 位母亲所收到的花的情况：

张妈妈：黄色的花比其余 3 种颜色的花加起来还要多；

王妈妈：粉色的花要比其他任何一种颜色的花都少；

李妈妈：黄色和白色的花之和等于粉色和红色的花之和；

赵妈妈：白色的花是红色的花的两倍；

董妈妈：红色的花和粉色的花一样多。

请问：5位母亲各自所收到的花中每种颜色的花各有几朵？

109. 孤独的小女孩

唐唐是一个非常可爱的女孩子。这个星期从周一到周四爸爸妈妈都出差了，剩下她一个人在家。幸好妈妈准备了足够的面包给她当作干粮。唐唐在周一到周四要吃4天面包。品种有椰蓉面包和豆沙面包。她每天吃的椰蓉面包的数量各不相同，在1至4个之间，而吃的豆沙面包的数量每天也不一样，在1至5个之间。

根据以下条件，猜猜唐唐每天吃了哪一种面包，分别吃了多少个？

① 一天中吃掉的面包总数随着日期的增加而每天增加

一个。

② 星期一吃了 3 个椰蓉面包；星期二吃了 1 个椰蓉面包；星期四吃了 5 个豆沙包。

③ 4 天中吃的每种面包的各自的数量也都不一样。

110. 三个骰子

桌子上放着三个骰子，根据显示的数字，请问骰子与骰子互相接触的面以及骰子与桌面接触的一个面数字之和是多少？

A.17　　　B.15　　　C.13　　　D.11

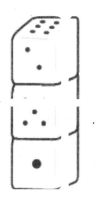

111. 枯燥的演讲

有一位讲师在做演讲，由于她讲的内容枯燥无味，所以开讲 15 分钟后，已有一半听众悄悄溜走；接下来的 15 分钟，又有余下三分之一的听众悄悄溜走；再 15 分钟后，剩下的听众中又有四分之一离开，最后，只剩下 9 位听众听完了演讲。请问：原先一共有多少人在听演讲？

112. 三个乞丐

一个很善良的妇人，在回家的路上遇到了三个乞丐。当她遇见第一个乞丐时，她把钱袋里的一半钱再加上 1 元给了他；遇上第二个乞丐时，她把剩下钱的一半再另外加上 2 元给了他；当碰到第三个乞丐时，她把剩下钱的一半外加 3 元给了他。这样一来，她现在身边只剩下 1 元了。

请问：妇人钱袋里原本有多少钱？

113. 开始的时候有多少

贝克与汤姆玩打弹子的游戏。游戏开始时，他们都有着同样数目的弹子。贝克在第一轮中赢到了 20 粒弹子，但后来却败下了阵，输掉了手中弹子的 $\frac{2}{3}$，此时汤姆所拥有的弹子数是贝克的 4 倍。

请问：开始玩游戏时，每个孩子手上有多少弹子？

114. 路线

从最顶端的数字开始，找出一条向下到达底部数字的路线，每次只能移一步。

① 你能找出一条路线，使路线上所有数字之和为 130 吗？

② 你能找出两条分开的路线，使路线上的数字之和为 131 吗？

③ 路线上数字之和最大值是多少，你走的是哪条（哪些）路线？

④ 路线上数字之和最小值是多少，你走的是哪条（哪些）路线？

⑤ 有多少种方式可以使数字之和为 136，你走的是哪条（哪些）路线？

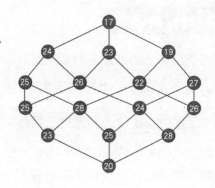

115. 完成等式

在空格中填入正确的数字，使所有上下、左右方向的运算等式均成立。

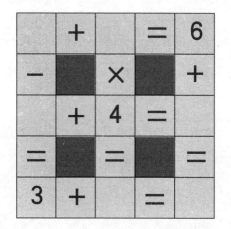

116. 幻方

插入一组数字组合使得下图组成一个幻方，所有横排、竖排和对角线的数字之和都为49。

请问该插入的是选项中的哪一个？

12	21	30	-17	-8	1	10
20	29	-11	-9	0	9	11
28	-12				17	19
-13	-4				18	27
-5	-3				26	-14
3	5	14	23	25	-15	-6
4	13	22	31	-16	-7	2

10	-1	8
-2	7	16
6	15	24

A

-10	-1	8
2	7	16
6	15	24

B

-10	8	-1
-2	7	16
6	15	24

C

-10	-1	8
-2	7	16
6	15	24

D

117. 多余的士兵

大街上迎面走来一支 4 人一排的不超过 35 人的队伍，可最后有一个士兵没有排进队伍里。指挥员把队排成 2 人一排或 3 人一排的队伍，却依然有一个人不能排进去。这时候，有人大喊一句："排成 5 人一排吧。"结果，刚好排满，请问：队伍一共有多少人？

118. 数字游戏板

如下图所示，把数字 1~4、1~9、1~16、1~25 分别放进 4 个游戏板中，使每个圆中的数字都大于其右侧与正下方相邻的数字，你能做到吗？

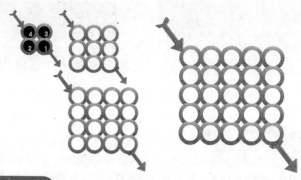

119. 敲钟

市政府楼上的时钟在每一个整点都会按整点数发出响声。一个时钟按 24 小时设置，这个时钟一天之内要敲多少下？

120. 国际公寓里的机器人

国际公寓里，住着共有80只绿眼睛的机器人，紫眼睛机器人的人数是绿眼睛机器人的一半。如果把绿眼睛机器人和紫眼睛机器人的数目加起来，再加上所有黄眼睛机器人的数目，一共是81。请问：国际公寓里住着多少个黄眼睛的机器人？

121. 巧填数字

下面这个算式中有9个方框，现在要把1~9的数字分别填入这9个方框，使等式成立。你能做到吗？

$$\square\square\square \times \square\square = \square\square \times \square\square = $$

5568

122. 慢了的老挂钟

墙上的这个挂钟有年头了；但由于主人喜欢，它还没有被废弃。这个挂钟每小时慢4分钟，四个半小时之前主人刚给这个挂钟对过时。现在电视里显示的标准时间是10点钟。请问：这个挂钟要走多少分钟才能到达10点？

123. 门牌号码

晶晶家住的武汉大街上，只有一侧建有房屋。每户人家的门牌号码都是按1号、2号……这样编排下去的，其中没有跳号，也没有重号。除了晶晶家外，其余每家的门牌号码数加起来正好等于10000。

请问：晶晶家的门牌是几号？这条武汉大街共有多少个门牌号码呢？

124. 7等于几

假设：1 = 7，2 = 47，3 = 247，4 = 327，5 = 367，6

= 457，那么请问 7 =？

1=7

2=47

3=247

4=327

5=367

6=457

7= ?

125. 观察数列

观察下面的数列，你能找到它背后的规律吗？

请把问号处的数字填出来。

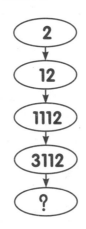

126. 填数字

请推算出问号处应该填什么数字。

2	1	3	4
3	2	0	5
1	2	7	0
4	5	0	?

127. 鸭子下蛋

养殖场里，平均 1.5 只母鸭 1 天生 1.5 个蛋。那么，1 只母鸭 6 天生多少个蛋呢？

128. 船主的年龄

你拥有一艘船，船上有 3 个领航员，19 个水手，440 个乘客，其中 60 岁以上的有 5 人，10 岁以下的有 7 人，20~30 岁的 188 人。请你在 8 秒钟内回答出船主的年龄是多少？

129. 足球的重量

如果这个足球的重量等于 50 克加上它重量的 $\frac{3}{4}$，那么这个足球的重量是多少？

答案

1. 花数相连

　　39。各符号代表的数值：❋ = 9，〰 = 6，▦ = 3，⬡ = 24。

2. 妙在动 1 根

$$117 - 73 = 44$$

3. 倒金字塔

　　5。将上一行数列去掉最大和最小数，然后反向排列得到下一排。无论第一行的数如何排列，因为要去掉最大和最小的数，最后肯定剩下中间数：5。

4. 分割表格

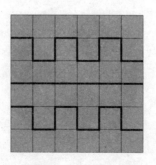

5. 数字谜语

分头，	接二连三，
三七，	百无一失，
八一建军节，	无独有偶，
补心丸，	七上八下，
舌头，	始终如一，
始终如一，	漏洞百出，
三三两两，	不可胜数，
一字之差，	陆定一，
一念之差，	百合，
以一当十，	不等式，
一五一十，	井，
一刻千金，	连环画，
百里挑一，	双打，
三十六计，	白，
百年树人，	《连环计》。

6. 能上下颠倒的数

88。

7. 步行比乘车快多少

皮皮白白辛苦地行走全程的一半，他步行加乘车与一开始就乘车所用的时间一样多。因为他步行了全程一半所用的时间跟他在车站上等车是一样的，他走与不走最终都要按那辆汽车到达目的地所用的时间计算。他除了在心理上得到一点安慰外，一分钟也不快。

李白先遇店，后遇花，即是"三遇店和花"第三次见到花前壶中正好有1斗酒。那么，在遇第三个店前有1斗酒。以此类推，第二次见花前壶中酒是$1\frac{1}{2}$斗，第二个店前$\frac{1}{2}$斗。那么第一次加倍之前，也就是原来有的酒应该是：$\frac{1}{2} \times (\frac{1}{2} \times \frac{3}{2} + 1) = \frac{7}{8}$斗。这个题也可以用方程解。

9. 爬楼梯

当然不对啦！皮皮上楼要走7层楼梯，琪琪要走3层楼梯，皮皮要多爬一倍多的楼梯。

10. 计划有变

不能！这是个巧答题，阿哈去时用了2倍的时间，也就是把原计划往返的时间全用了，这样，他即便飞着回来也来不及了。

11. 他能做到吗

不能。因为从第一只杯子里放1枚棋子算起，要想数目不同只能是把2，3，4……去放入相对应的杯子里，这样得出15只杯子全不相同，最少所需的棋子数是1 + 2 + 3 + 4……+ 15 = 120。现在只有100个棋子，当然是不够装的。

12. 魔幻方格

想必不少人都看过《射雕英雄传》，应该记得瑛姑曾给黄蓉出过这样一道题：用1到9这九位数排成三行三列，使每行、每列之和相等。这就是最简单的幻方。本题对一般的人来说是有些难度，起初有种茫然不知所措之感，但这种数学幻方很能培养人的推理力、分析力、逻辑力和观察力，使人享受到数学带来的乐趣与数学图形的美感。

14	10	1	22	18
20	11	7	3	24
21	17	13	9	5
2	23	19	15	6
8	4	25	16	12

13. 黑色星期五

下一个 13 号且是星期五的那天是 7 月 13 号，还有 91 天。

14. 泳道有多长

刚好等于圆形场地的半径，50 米。用图解析立即可知。

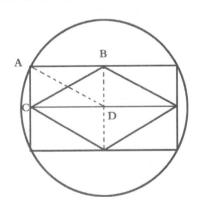

15. 蔬果密码

进攻。

16. 按键密码

322。规律是：每行的前 4 个数可看成 1 个四位数，接下来的两位数乘后面的两位数等于下一个数。如第一行 36×85=3060。

17. 破译字母密码

DESMOND=7591067

  SEND 9567

+ MORE 1085

 MONEY 10652

18. 变算式

19. 最大的数

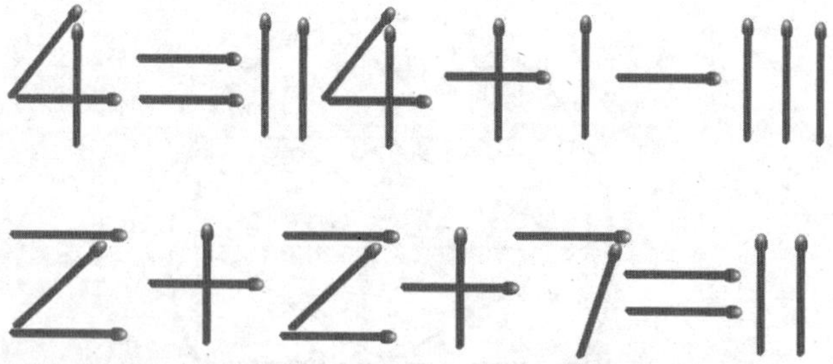

99742。你答对了吗？把 6 倒转过来变成 9 。

20. 巧用 1988

$0.1 + 0.9 + 8 - 8 = 1$

$(1 \times 9) + (8 - 8) = 9$

$-1 + 9 - 8 + 8 = 8$

21. 数字填空

4。图中数字排列的规律是：外圈每格两个数字相乘，其积等于顺时针方向的下下格内圈之数。

22. 牲口交易

甲有 11 头牲口，乙有 7 头牲口，丙有 21 头牲口。

设甲、乙、丙各有牲口数量为 x 只、y 只、z 只。据题可列出三个等式：

$2(x - 6 + 1) = y + 6 - 1$

$3(z - 14 + 1) = x - 1 + 14$

$6(y - 4 + 1) = z - 1 + 4$

组成三元一次方程组，解之。

23. 缝隙有多大

够。设地球的半径为 R，绳子与地球的间隙为 h，则是：

$2\pi(R+h) - 2\pi R = 10$，即 $h = \dfrac{5}{\pi}$ 所以，这条绳子与地面间的距离约有 1.6 米高。

24. 不变的值

$$123-45-67+89=100$$

25. 如何找假金币

她只需要用天平称两次就可以找出那枚假币了。

由于那枚假币比较轻，她可以先在天平的左右两个称盘里都放上 3 枚金币。如果天平保持平衡的话，她就只需要再称剩下的 2 枚金币就可以了。

如果天平没有保持平衡，就从较轻的 3 枚中拿 2 枚分别放进左右称盘，较轻的那一边就是假币；如果天平保持平衡，则手里的那一枚就是假的了。

26. 划分方格

18	6	4	30	47	29
45	30	6	18	17	2
1	21	1	42	23	5
3	28	7	17	1	6
44	4	32	43	30	40

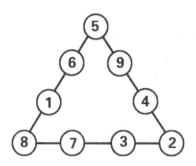

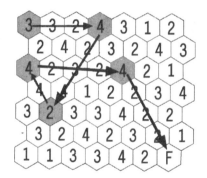

29. 奇怪的算式

数字 1 不会出现在算式中。

将横式转为竖式形式分析。由于每一列都是 4 个不同的数字相加，所以一列数字加起来得到的和最大为 9+8+7+6，即 30。由于 Q 不能等于 0，所以右列向左列的进位不会大于 2。由于向左列的进位不会大于 2，所以 Q（作为和的首位数）不能等于 3。于是 Q 必定等于 1 或 2。

如果 Q 等于 1，则右列数字之和必定是 11 或 21，而左列数字之和相应为 10 或 9。于是，

（B+D+F+H）+（A+C+E+G）+Q=11+10+1=22，

或者

（B+D+F+H）+（A+C+E+G）+Q=21+9+1=31。

但是，从 0 到 9 这 10 个数字之和是 45，而这 10 个数字之和与上述两个式子中 9 个数字之和的差都大于 9。这种情况是不可能的。因此 Q 必定等于 2。

既然 Q 等于 2，那么右列数字之和必定是 12 或 22，而左列数字之和相应为 21 或 20。于是，

（B+D+F+H）+（A+C+E+G）+Q=12+21+2=35，

或者

（B+D+F+H）+（A+C+E+G）+Q=22+20+2=45，

综上，第二种选择即 Q=2，等式可以成立；而第一种选择即 Q=1 等式不能成立，因为 0~9 这 10 个数字之和与式子中 9 个数字之和的差大于 9。因此缺失的数字必定是 1。

至少存在一种这样的加法式子，这可以证明如下：按惯例，两位数的首位数字不能是 0，所以 0 只能出现于右列。于是右列其他 3 个数字之和为 22。这样，右列的 4 个数字只有两种可能：0,5,8,9（左列数字相应为 3,4,6,7），或 0,6,7,9（左列数字相应为 3，4，5，8）。显然，这样的加法式子有很多。

3 个数加起来等于 13 的情况共有以下几种：

女儿一	女儿二	女儿三	和	积
1	1	11	13	11
1	2	10	13	20
1	3	9	13	27
1	4	8	13	32
1	5	7	13	35
1	6	6	13	36
2	2	9	13	36
女儿一	女儿二	女儿三	和	积
2	3	8	13	48
2	4	7	13	56
2	5	6	13	60
3	3	7	13	63
3	4	6	13	72
3	5	5	13	75
4	4	5	13	80

下属知道其经理女儿的年龄乘积之后，还不能确定她们的年龄，是因为从表中可以看到乘积为 36 时有两种可能。当经理说有两个女儿去学滑冰的时候，我们就很容易判断出只可能是有两个 6 岁的女儿去学滑冰了。答案应该是 1 岁、6 岁和 6 岁。

31. 猜出新号码

设旧号码是 ABCD，那么新号码是 DCBA。已知新号码是旧号码的 4 倍，所以 A 必须是个不大于 2 的偶数，即 A 等于 2；$4 \times D$ 的个位数若要为 2，D 只能是 3 或 8，所以只要满足：

$$4（1000 \times A + 100 \times B + 10 \times C + D）= 1000 \times D + 100 \times C + 10 \times B + A。$$

经计算可得 D 是 8，C 是 7，B 是 1，所以新号码是 8712。

32. 考试的成绩

会。如果第一次考试的成绩排名是：甲、乙、丙、丁；第二次是：乙、丙、丁、甲；第三次是：丙、丁、甲、乙；第四次是：丁、甲、乙、丙。那么，甲比乙成绩高的 3 次是第一、三、四次；乙比丙成绩高的 3 次是第一、二、四次；丙比丁成绩高的是第一、二、三次；丁比甲高的是第二、三、四次。

2	7	9	5	6	3	4	1	8
5	8	6	7	1	4	3	9	2
1	4	3	8	9	2	7	5	6
3	2	8	9	5	6	1	7	4
9	5	1	2	4	7	8	6	3
7	6	4	1	3	8	5	2	9

2	9	5	7	6	4	1	8	3
1	4	7	2	8	3	6	9	5
6	8	3	9	5	1	2	4	7
5	1	8	6	3	7	9	2	4
9	3	4	8	2	5	7	1	6
7	6	2	1	4	9	5	3	8

6	1	7	4	8	9	2	3	5	6	9	8	4	7	1	3	9	6	8	5	2
4	9	2	3	7	8	6	8	1	4	5	7	3	2	9	5	7	8	4	6	1
8	3	5	6	2	1	9	4	7	2	1	3	8	5	6	4	1	2	3	7	9

1	2	4	9	8	5	6	3	7
5	9	8	7	3	6	2	1	4
3	7	6	1	4	2	5	9	8

5	1	7	9	8	2	4	6	3	5	7	9	1	8	2	7	4	6	3	5	9
3	2	4	7	5	6	8	1	9	3	2	4	7	6	5	9	8	3	4	2	1
9	6	8	1	3	4	7	5	2	8	6	1	9	4	3	2	1	5	7	6	8
4	9	3	2	7	1	6	8	5				8	7	9	6	5	4	1	3	2
7	8	2	5	6	3	1	9	4				4	2	6	3	7	1	8	9	5
1	5	6	4	9	8	2	3	7				5	3	1	8	9	2	6	4	7
6	3	5	8	4	7	3	2	1				6	9	7	5	3	8	2	1	4
8	7	1	3	2	9	7	4	6				2	1	8	4	6	9	5	7	3
2	4	9	6	1	5	5	7	8				3	5	4	1	2	7	9	8	6

以〇为士兵，||为瞭望口，画成如下图形。可以看出，只要有8名士兵，就可以让班长从瞭望口查看到城堡四面都有3名士兵，另外4名士兵可悠闲地去山林打猎了。

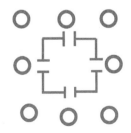

35. 本领最高的神枪手

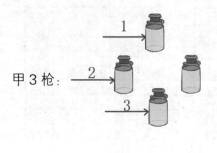

甲 3 枪：

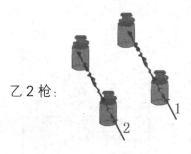

乙 2 枪：

丙：把桌子的一条腿射断了，桌子倒了，桌子上的瓶当然全部不能自保喽。

36. 猜硬币

这 5 枚是 5 分的。

37. 不适合的数字

8。这组数列遵循这样的公式：把偶数位前面的数字乘以 2，然后再加 1，就等于后面的数字。依此类推。

38. 兄弟姐妹

他们家有 3 个女孩，4 个男孩。

39. 叶丽亚的年龄

岁数的 3 次方是一个四位数，那么从最小四位数 1000 到最大四位数 9999 之间，只有 $10^3=1000$，$11^3=1331$……$21^3=9261$ 这 12 个数的立方数符合条件。而岁数的 4 次方是一个六位数，在这 12 个数中只有 $18^4=104976$，$19^4=130321$，$20^4=160000$，$21^4=194481$ 这 4 个数的 4 次方是六位数。由于这两个四位数和六位数都要有 0~9 这十个数字，且不重复。130321，160000，194481，都有重复的数字，不合题意，所以只剩下 $18^4=104976$。再验证 $18^3=5832$，刚好符合题意。

所以，叶丽亚的年龄是 18 岁。

40. 猜数字

34。这是一个著名的斐波纳契数列，它的规律是每一个数等于前面两个数之和。这个数列有很多有趣的数学性质，所以它非常有名。

41. 下一个数是多少

100。这是一个平方数列。

42. 计算数字

7。规律是（2 + 2）×2 = 1 + 7。

43. 找数字

4。这三行均为六位数，下两行之数相加，得第一行之数。

44. 奇妙的六边形

答案如下图所示:

45. 问号处代表什么数

是22。每一行中，第一列数乘以第二列数后，加上第三列数，等于第四列数。如: $2 \times 9 + 6 = 24$。

46. 有趣的日历

25号。

47. 阶梯求数

2064。这个数列的规律是第一个数加1乘以3得第二个数。

48. 表格求数

6。每一行的数字都是等差数列，然后从大到小，或从小到大排列。

49. 旋转的数字

50. 缺少的数字

2。第一列的数字乘以第二列的数字减去第三列的数字乘以第四列的数字的差等于第五列的数字。

51. 用了多少次

2升的用了3次，3升的用了15次，5升的用了15次。

52. 该填什么

76。自左下角起，从顺时针方向由外及里，数字的变化规律为乘以2再减去6。

53. 对应数

18。

54. 还剩几只兔子

当然只剩下一只死兔子了。其他兔子都跑了。

55. 喝汽水

一个"瓶子"也没有喝。

56. 读书计划

按照计划，第六天读了 20 页。

57. 问号处该填什么

是 7。每个三角形的数字排列规律是：三角的 3 个数相加，再乘以 2，即为中间的数。问号处的数应该是：$32 \div 2 - (2 + 7) = 7$。

58. 后天是星期几

星期三。首先你要弄清楚今天是星期一，才能判断后天是星期几。

59. 冰上过河

有两种办法：一是清除河面上的积雪，使寒冷传至冰层以下；二是在冰面上浇水。

60. 考考你自己

1 和 9。

B+D=E；E−A=C。

61. 该填什么数字

3。互为对角部分的数字之和等于 11。

6。最后一行是上两行之和的平均数。

63. 复杂的表格

26。第一列数乘以第二列数，再加上第三列数，等于第四列数。

64. 数字方块游戏

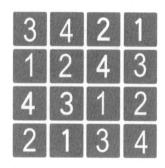

65. 数字哑谜

16。

□ =4， ◇ =7，

△ =6， ▽ =5。

66. 举一反三

34。用正方形的斜对角组成的数相减，所得出的数就是正方形中间的数。

99 – 65=34。

67. 台历日期

这 3 个日期分别是星期二、星期三、星期四，假设星期三的日期为 x，则（x–8）+x+（x+8）=42。这样可以得出x=14。所以这三天应该是 6 号、14 号、22 号。

68. 糟糕的台历

星期六。

69. 数字模板

空格中应填入 * 和 #。这个数字模板实际上是电话机上的号码键。

70. 三个数

$1 \times 2 \times 3 = 6$，

$1 + 2 + 3 = 6$。

71. 添上数字

11。分别求出上面两个数字的平均值，第一个平均值加1，就是第一个图形下面的数字；以此类推，第二个图形加2，得 5；第三个图形加 3，得 9；第四个图形加 4，（8+6）÷2+4=11。

72. 井底之蛙

8 次。不要被题目所蒙蔽，每次爬上 3 米滑下 2 米实际上就是每次爬 1 米，因此 10 米花 10 次就可全部爬出，这样想就错了。因为爬到一定时候，就出了井口，不再下滑了。

73. 多少只羊

本题出自我国明代著名数学家程大位的《算法统宗》一书。

$$(100 - 1) \div (1 + 1 + \frac{1}{2} + \frac{1}{4}) = 36。$$

74. 运动服上的号码

他运动服上的号码是 1986。

75. 冷饮花了多少钱

冷饮花了 5 角。

76. 多少岁

这个人去世时 18 岁。因为公元纪年里没有公元 0 年，而生日前一天或者后一天之差，在年龄上就差一岁。

77. 找到隐藏的数

3581，7162。

78. 牛奶有多重

牛奶的一半重 3.5-2=1.5 千克，牛奶重 1.5×2=3 千克，瓶子重 3.5-3=0.5 千克。

79. 镜子的游戏

18 和 81，29 和 92。

80. 值多少

狗 =12，马 =9，鸟 =5，猪 =7。

81. 书还有多少页

还剩 142 页。因为剪 60 页的同时也带着另一面的 59 页，同理，剪 95 页也带着第 96 页。一般书的正面是单号，背面是双号。

82. 失算的老师

实际上是办不到的。因为安排座位的数字太大了。它需要 $10 \times 9 \times 8 \times 7 \times 6 \times 5 \times 4 \times 3 \times 2 \times 1 = 3628800$ 天，将近 1 万年。

83. 烟鬼戒烟

40 支。

84. 匪夷所思的数

任何数。这个奇妙的组合算出来的数遮住后面的"00"，得到的永远都是最初的数。

85. 鸡兔各有几只

设鸡有 x 只，则兔有（36 – x）只，由题意，得

$2x + 4（36-x）=100$。

得 x=22，鸡有 22 只；兔有 36-22=14 只。

86. 数字条

缺失的是： | 4 | 7 | 8 | 15 |

1	4	14	15	1	3	5	12	14	14	4	7	11	12	3	13	2
12	13	4	5	6	10	16	3	5	7	2	16	9	7	6	8	10
11	8	1	14	12	16	5	2	11	9	1	7	12	14	10	3	7
10	9	13	2	15	5	6	16	7	4	2	9	11	12	15	10	15
13	6	3	15	8	9	2	3	2	6	3	3	7	8	16	4	1
7	11	7	4	16	8	6	8	5	7	6	13	16	1	4	7	6
8	9	9	2	5	12	15	9	13	10	11	12	1	13	8	10	11
6	8	15	16	6	10	2	14	14	11	14	1	10	9	14	13	16
2	8	11	13	4	11	7	1	15	4	2	1	3	2	6	11	15
6	7	9	12	9	15	3	14	2	6	7	5	9	5	7	9	13
3	7	11	13	10	1	16	10	7	9	11	13	10	1	3	14	16
3	7	10	14	11	2	8	10	14	15	14	15	12	5	8	9	12
3	4	14	2	5	6	10	13	4	3	4	7	2	6	12	14	5
8	13	6	7	2	3	13	16	5	6	11	8	13	9	11	1	8
11	9	10	12	3	5	11	5	11	12	6	9	14	6	13	1	10
12	8	4	13	1	2	15	16	14	13	13	10	5	6	9	14	11
4	16	12	2	12	4	8	1	14	3	13	4	5	5	6	8	15
3	4	11	16	5	12	1	16	4	15	12	3	7	2	4	13	15
12	11	1	10	1	8	10	9	10	5	4	15	8	5	7	10	12
16	3	9	6	16	10	15	8	6	11	5	12	14	4	5	9	16

87. 分糖果

从题面的数据可以知道，女孩的分配比例应为 9 : 12 : 14。因此，770 颗糖果的分法如下：大姐分到 198 颗，二姐分到 264 颗，小妹分到 308 颗。

88. 撕日历

第一张是 2 日，最后一张是 10 日。

89. 几个酒徒比酒量

一共有 6 个酒徒。

第三瓶至少有两个人平分，即每个人喝了 $\frac{1}{2}$ 瓶。第二瓶至少有三个人平分，即每个人喝了 $\frac{1}{3}$ 瓶。这两次比拼中，一个酒徒至少喝了 $\frac{5}{6}$ 瓶。所以，第一瓶时他平分了 $\frac{1}{6}$，即一共有 6 个酒徒。

90. 钱币没收一半

商人最初就只有两枚钱币。

91. 两个农妇卖鸡蛋

一个农妇带了 40 个鸡蛋，另一个农妇带了 60 个鸡蛋。

假设第二个农妇的鸡蛋数目是第一个农妇的 m 倍，因为她们所得的钱数相等，所以第一个农妇鸡蛋的价格是第二个农妇鸡蛋价格的 m 倍。如果在卖蛋前把两人的鸡蛋数目交换，那么第一个农妇的鸡蛋数与卖价都是第二个农妇的 m 倍，也就是第一个农妇所得钱数应该是第二个农妇的 m^2 倍。由此可得

$$m^2 = 15 \div \left(6\frac{2}{3} \right) = \frac{9}{4}$$

所以总数 100 个鸡蛋，两人手里的鸡蛋数目比为 2：3，即分别为 40 个和 60 个。

92. 多少架飞机

是 32 架。可以这样计算：四人工作 4×4 小时生产 4 架模型飞机，所以，一人工作 4×4 小时生产 1 架模型飞机，这样每人工作 1 小时就生产 $\frac{1}{16}$ 架模型飞机。

因此，八人每天工作 8 小时，一共工作 8 天，生产的模型飞机数目就是 $8×8×8×\frac{1}{16}$ =32 架。

93. 遗书分牛

农夫留下 15 头牛。

妻子 8 头；

长子 4 头；

次子 2 头；

幼子 1 头。

94. 母子的年龄

今年妈妈比华华大 26 岁，即两人年龄差为 26 岁，4 年后，妈妈的年龄是华华的 3 倍，即：3 倍（华华年龄 + 4）=（华华年龄 + 4）+ 26 岁。26 岁是 4 年后华华的年龄的 2 倍，所以，华华今年年龄是 26÷2 - 4=9 岁，妈妈今年是 9 + 26=35 岁。

95. 数学家的年龄

84 岁。假设数学家的年龄为 x 岁。根据碑文很容易列出方程：$x=\frac{x}{7}+\frac{x}{4}+5+\frac{x}{2}+4$，即可解得 x=84。

$$71 = 68 + 3$$
$$90 = 45 × 2$$
$$34 × 2 = 68$$
$$14 × 5 = 70$$

① 因为十位数不能为 0，可知"床""明""疑""地""举""低"不为 0；因数"霜""望""思"同样不能为 0；"月""光""上"也不能为 0，否则就重复了。所以，只有"前"和"是"可能为 0，假设"是"=0，那么，"霜"只可能是 2，4，5，6。

② 假设"霜"=2，"地上"就只能是 15，35，45。

③ 假设"地上"=15，那么"疑"=3，剩下的数字有 4，6，7，8，9。因为加法运算中，"床"比"明"大 1，因为"月"和"光"相加要进位，和的个位数必须是剩下的那个数字。但是，"床"=9，"明"=8，或者"床"=8，"明"=7，或者"床"=7，"明"=6，剩余的数字关系不能成立。

④ 假设"地上"=35，则"疑"=7，剩下的数字有 1,4,6,8,9。此时只能"床"=9，"明"=8，此时，其余数字同样不符合前述条件。

⑤ 假设"地上"=45，则"疑"=9，剩下的数字有 1，3，6，7，8。如果"床"=8，"明"=7，剩下的 1，3，6 也

同样不符合前述条件。如果"床"=7，"明"=6，剩下的1，3，8，则8+3=11，可以成立。此时，首句为71=68+3或者为71=63+8，第二句为90=45×2。因为"明月"=63在后两句中不成立，所以"明月"只能等于68，所以第三句是34×2=68，第四句是14×5=70。

97. 分割数字

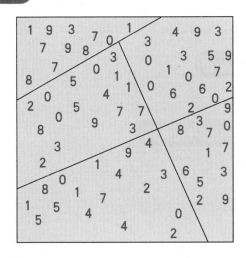

98. 表格中的奥妙

A=17，B=18，C=14。在任一横线或竖线条里的数字总和都等于50。

99. 半个柠檬

单数的一半再加上半个，正好是整数，可取3，5，7；但3，5不符合条件，所以推断出柠檬的总数一共有7个，其中4个被藏在屋子的东面，2个被藏在屋子的西面。

100. 两位数密码

11 或 20。将 3 个圆圈内各数十位、个位上的数字相加，总和是 19。已知 7+1+6+3=17，可得问号处的数字个位与十位相加应为 2。

101. 趣味金字塔

A=5，B=4，C=15。每一条格子里数字的乘积等于比它略长一点的格子里数字的乘积的一半。

102. 年龄的秘密

A 是 54 岁，B 是 45 岁，C 是 4 岁半。

103. 珠宝公司的刁钻奖励

取出第三个金环，形成 1 个、2 个、4 个三组。第一周：领 1 个；第二周：领 2 个，还回 1 个；第三周：再领 1 个；第四周：领 4 个，还回 1 个和 2 个；第五周：再领 1 个；第六周：领 2 个，还回 1 个；第七周：领 1 个。

104. 小花猫搬鱼

搬运 5 次。

① 先取出甲、乙盘中的各一条鱼放在丙盘里。

② 再把甲、丙盘中的各一条鱼放到乙盘中。

③ 再把甲、丙盘中的各一条鱼放到丁盘中。

④ 把乙、丁盘中的各一条鱼放到甲盘中。

⑤ 把乙、丁盘中各剩下的一条鱼都放到甲盘中。

105. 期末考试的成绩

婷婷得了第四名，亮亮得了第二名，佳佳得了第三名，小美得了第一名。只有婷婷估错了。

106. 带魔法的饰物

有魔法的女孩子是思思。

系着魔法围巾的是思思和平平。

戴着魔法蝴蝶发带的是蕾蕾和思思。

107. 太平洋里的鲸

甲：1100 米。

乙：1200 米。

丙：800 米。

丁：900 米。

戊：1000 米。

108. 康乃馨

张妈妈的花由 5 朵黄色、1 朵白色、1 朵红色、1 朵粉色组成。

王妈妈的花由 2 朵黄色、3 朵白色、2 朵红色、1 朵粉色组成。

李妈妈的花由 1 朵黄色、3 朵白色、3 朵红色、1 朵粉色组成。

赵妈妈的花由 1 朵黄色、2 朵白色、1 朵红色、4 朵粉色组成。

董妈妈的花由 1 朵黄色、1 朵白色、3 朵红色、3 朵粉色组成。

109. 孤独的小女孩

唐唐周一吃了 3 个椰蓉面包，1 个豆沙面包；周二吃了 1 个椰蓉面包，4 个豆沙面包；周三吃了 4 个椰蓉面包，2 个豆沙面包；周四吃了 2 个椰蓉面包，5 个豆沙面包。

110. 三个骰子

B。骰子的正面与背面加起来是 7，由此推出顶端骰子上方 6 点的背面应该是 1 点；而中间骰子与其他骰子接触面是正背面关系，所以它们之和应该是 7；而最下面那个骰子跟中间骰子一样，与桌子接触面和与中间骰子接触面也是正背关系，所以之和也应该是 7；所以得出 1+7+7=15。

111. 枯燥的演讲

36 位听众。假设原先有 x 位听众，则有

$$\frac{x}{2} + (\frac{x}{2} \times \frac{1}{3} + \frac{1}{4} [\frac{x}{2} - (\frac{x}{2} \times \frac{1}{3})] + 9 = x$$
$$x=36$$

112. 三个乞丐

这位大发善心的妇人开始时钱袋里有 42 元。

113. 开始的时候有多少

每个孩子手中有 100 粒弹子。

114. 路线

① 路线为：17-19-22-24-28-20，总和为 130。

② 路线为：17-19-22-28-25-20，总和为 131；17-23-22-24-25-20，总和为 131。

③ 路线为：17-24-26-28-25-20，最大值是 140。

④ 路线为：17-19-22-24-25-20，最小值是 127。

⑤ 一共有 2 种方式：17-24-26-24-25-20；17-23-22-26-28-20。

115. 完成等式

4	+	2	=	6

4	+	2	=	6
−		×		+
1	+	4	=	5
=		=		=
3	+	8	=	11

116. 幻方

D。

117. 多余的士兵

一共有 25 个人。

军队总人数分别除以 2，3 和 4 以后，都有一个余数。符合这一条件的最小数字，一定比 2,3,4 的最小公倍数大 1。2，3，4 的最小公倍数为 12，任何一个比 12 的整数倍大 1 的数，被 2，3 和 4 整除以后，都有余数 1。

当军队以五人一排行进时没有余数了，可见，总人数还必须恰好能被 5 整除。我们可从下列数列中寻找能被 5 整除的数：13，25，37，49，61，73，85……由于知道军队总人数在 30 个人左右，所以可以断定确切的人数是 25 个人。

118. 数字游戏板

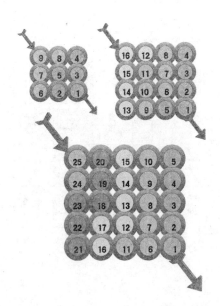

119. 敲钟

300。1 + 2 + 3 + 4 + 5……+ 24=300。

120. 国际公寓里的机器人

80 只绿眼睛代表着 40 个机器人，紫眼睛机器人的人数是绿眼睛机器人的一半，有 20 个机器人。81 减 60 就是 21。因此，在国际公寓里住着 21 个黄眼睛的机器人。

121. 巧填数字

对 5568 进行分解，得到 $5568=2^6 \times 3 \times 29$。用排除法进行分解组合得到唯一答案：$174 \times 32 = 96 \times 58 = 5568$。

122. 慢了的老挂钟

19 分钟。

挂钟在四个半小时内一共慢 18 分钟。在 10 点的时候，挂钟显示的是 9 点 42 分，离 10 点还差 18 分钟，而在 18 分钟内它还会慢 1 分钟。所以要走 19 分钟，挂钟的时针才会指向 10 点。

123. 门牌号码

武汉大街上共有 141 个门牌，晶晶家住在 11 号。

因为 1 + 2 + 3 + 4 + … + 138 + 139 + 140=70×141=9870（共 70 对，每对之和是 141）。

又 9870 + 141=10011，除了晶晶家外，其余住户的门牌号码加起来正好等于 10000。

所以，10011 － 10000=11。

124. 7 等于几

7 = 1。因为 1 = 7，7 自然就等于 1 了。

125. 观察数列

每一项都是描述它上面那个数字："12"表示着一个 2；"1112"表示着一个 1 和一个 2；"3112"表示着三个 1 和一个 2，那么，最后要填写的就是 132112。

126. 填数字

问号处应填 1。

每一横排和每一竖列的所有数字相加，和为 10。

127. 鸭子下蛋

4 个蛋。

3 只母鸭 1.5 天正好生 3 个蛋，那么 1 只母鸭 1.5 天生 1 个蛋，3 天生 2 个，6 天生 4 个蛋。

128. 船主的年龄

你是船主，你多大，船主就多大。因为开头就告诉你了：你有一艘船。

129. 足球的重量

这个足球的 $\frac{1}{4}$ 重 50 克，那么这个足球的总重量就是

200 克。

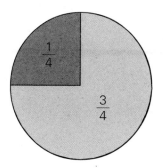

，数学原来这么好玩

天才计算

金铁　主编

中国民族文化出版社

北　京

图书在版编目 (CIP) 数据

哇，数学原来这么好玩 / 金铁主编 . —北京 : 中国民族文化出版社有限公司 , 2022.8

ISBN 978-7-5122-1601-3

Ⅰ.①哇… Ⅱ.①金… Ⅲ.①数学－少儿读物 Ⅳ.①O1-49

中国版本图书馆 CIP 数据核字（2022）第 124135 号

哇，数学原来这么好玩

Wa, Shuxue Yuanlai Zheme Haowan

主　　编：金　铁

责任编辑：赵卫平

责任校对：李文学

封面设计：冬　凡

出 版 者：中国民族文化出版社　地址：北京市东城区和平里北街 14 号
　　　　　　邮编：100013　联系电话：010-84250639 64211754（传真）

印　　装：三河市华成印务有限公司

开　　本：880 mm×1230 mm　1/32

印　　张：28

字　　数：550 千

版　　次：2023 年 1 月第 1 版第 1 次印刷

标准书号：ISBN 978-7-5122-1601-3

定　　价：198.00 元（全 8 册）

前言

　　"数学王国"，一个多么令人崇敬和痴迷的"领地"，你可曾想过现在它离你如此之近？数学究竟是什么？严格地说：数学是研究现实的空间形式和数量关系的学科，包括算数、代数、几何和微积分等。简单来说，数学是一门研究"存储空间"的学科。

　　尽管人类大脑的存储空间是有限的，但科学家已研究证明：目前人类大脑被开发利用的脑细胞不足 10%，其余都处于休眠状态，是一片有待开发的神奇空间。

　　想要开发休眠的大脑空间，让大脑释放出更大的潜能，数字游戏起着不可替代的作用。数学是一种"思维的体操"，其中所隐藏的数字规律、数学原理无不需要大脑经过一番周折才会豁然开朗；在这期间大脑被激活，思维得以扩展。

　　让大脑的存储空间得到充分的利用和发挥，更大程度地强化或激活脑细胞，让思维活跃起来，就是本套书的目的所在。

　　本套书有 8 个分册，按照数学题型类别结合趣味性，分为快

乐数学、天才计算、数字逻辑、数字谜题、巧算概率、分析推理、数字演绎、几何想象；选取970道趣味数学题，让你通过攻克一个个小游戏，体会数学的奥秘，培养灵活的数学思维，提高解决数学问题的能力。

本套书版面设计简单活泼，赏心悦目，让你愉快阅读；书中各类谜题不求数量繁多，但求精益求精，题目类型灵活新颖，题目讲解深入浅出，让你在快乐游戏中积累知识，开拓思路，扩展思维。

目 录

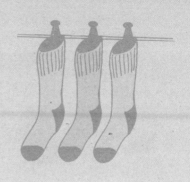

1. 扑克牌的暗示

数学家葛教授出差，住在一家星级酒店里。

这一天，他被人发现昏迷在酒店房间内，而随身带的钱包不见了踪影。罪犯没有留下任何痕迹，只是教授的手里握着一张扑克牌"K"。然而，这间酒店的房门号都是三位数，如果说这张牌代表"013"号房门，酒店又恰好没有这个房间号。聪明的探长很快就明白了，迅速抓到了罪犯。

你能想出来吗？

2. 平分红酒

最开始的时候，9升罐是满的，7升、4升和2升罐都是空的。

游戏的目的是将红酒平均分成3份（这将使最小的罐留空）。

因为这些罐都没有标明计量刻度，倒酒只能以如下方式进行：使 1 个罐完全留空或者完全注满。如果我们将红酒从 1 个罐倒入 2 个较小的罐中，或者从 2 个罐倒入第 3 个罐，这两种方式的每一种都算作 2 次倒酒。

达到目的的最少倒酒次数是多少？

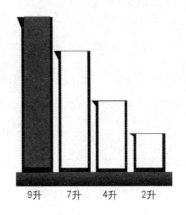

3. 火眼金睛

图中一共有多少个正方形？

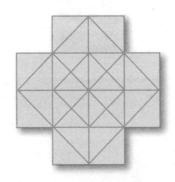

4. 破绽在此

海边的 H 市某天晚上受到了台风和暴雨的袭击。

第二天早晨，在公园发现一具男尸，浑身湿淋淋地趴在地上，旁边还有一顶死者的帽子。现场没有留下任何痕迹，更找不到目击证人。

经验尸，死亡时间已经超过 20 个小时。警员断定，这不是凶杀现场，死者是被人由别处搬运来的。

警员是根据什么下此结论的呢？

5. 连动齿轮

5 个组合的联动齿轮，每个齿轮的齿数都标在旁边。如果你转动 1 号齿轮两圈，5 号齿轮会转动几圈？

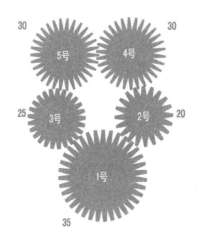

6. 只准剪一刀

你能在这两个图形上只剪一刀，然后将它们拼成一个正方形吗？

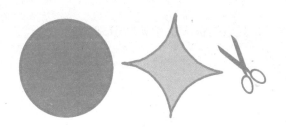

7. 涨潮

"五一"期间，皮皮一家去海边游玩，他第一次看到海，好奇极了，特别是看到涨潮落潮时，他简直看得入了迷。他很想知道，涨潮时每小时海水上涨了多少。于是，他想了一个办法，在大游轮的船舷边上放下一条绳子，绳子上系有 10 个红色的手帕，每两个相邻的手帕相隔 20 厘米，绳子的下端还特地系了一根铁棒。放下时，正好最下面的一个手帕接触到水面。

涨潮了，皮皮赶紧跑去看绳子上的手帕，并带上表计时。他能测出潮水每小时涨多少厘米吗？

8. 大挂钟

皮皮家的大挂钟报时的时候，相邻两次的钟声间隔时间为 5 秒钟。如果大挂钟连续敲 12 下，要花多少时间？

9. 巧摆木棍

有 4 根 10 厘米长的木棍和 4 根 5 厘米长的木棍，你能用它们摆成 3 个面积相等的正方形吗？

10. 硬币金字塔

用硬币排出金字塔图形。

以移动最少的硬币为原则，将金字塔图形上下颠倒。以2～5层的金字塔图形为例，只要移动图中有颜色的硬币，就可以将图形上下颠倒。

请问，要将6层金字塔图形上下颠倒，最少需要移动几枚硬币？

11. 圆的直径

如图，A 点是圆心，长方形的一顶点 C 在圆上。AB 的延长线与圆交于 E 点。已知 BE 为 3 厘米，BD 为 6.5 厘米，求圆的直径。

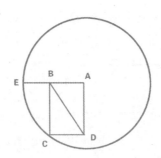

12. 一个比四个

有两个一样大的正方形，一个正方形内有一个内切圆，另一个正方形分成了 4 个完全相同的小正方形，每个小正方形内有一个内切小圆。请问：4 个小圆的面积之和与大圆的面积哪个大？

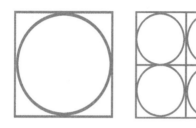

13. 算式连等

在下图中，是火柴拼出的 1，2，3，4，5，6，7，8，9，并在这些数字中间加上了运算符号，但这些算式是不成立的。请移动其中的 3 根火柴，使这些等式成立。

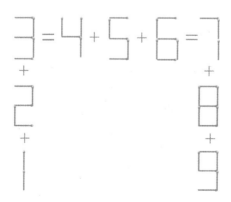

4个人共同开垦出一片菜地，每人要分得同样多，还要形状相同。给你13根火柴，无论如何都要帮他们解决这个难题。

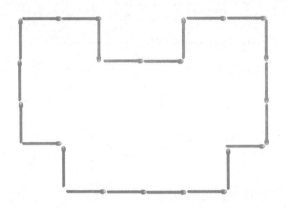

有2个两位数，它们的数字位置相反，两者的差为63。你能找出这2个数吗？

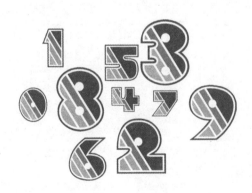

16. 猜斜边

一个直径为 60 厘米的圆上，放着大小不同的 4 块直角三角板。你能在一分钟内算出这些三角板的斜边是多少厘米吗？

17. 围果园

有一片正方形的果园，每边长 100 米。水果快成熟了，农夫怕人偷水果，想用铁丝网将果园围起来。农夫在果园的边界上每 10 米插一根大柱子，你帮他算一算，要用多少根柱子？

18. 怎样架桥

A，B 两地隔了一条宽 10 米的河，两地的水平距离为200 米。如何在河上架一座桥，使从 A 地到 B 地的距离最短，并且桥不能是从 A 到 B 的斜桥。希望你能尽情发挥想象力，你想象得到的都有可能。

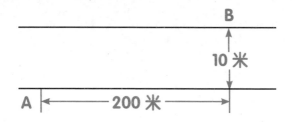

19. 小天才汤姆

汤姆虽然才 12 岁，但对数学有极高的悟性。有一天，他向我夸口说："随便你用 0~9 这 10 个数字组成两个数，只要你把每个数字都用到而且不重复就可以，然后把两个数加起来，再把你写的两个数字擦掉，最后，你把两数相加的和里的任何一位也擦掉。整个过程我都不知道你写的是什么数，结果是多少。但是我只要瞅一眼你最后的结果，我就知道你最后擦掉的那位数是几。"

我当然不相信，于是用这 10 个数字写了一个 6 位数和一个 4 位数，加起来后得出结果，把万位上的数和两个加数都擦掉，得到这样一个数：398□27（□是我擦去的那个数）。汤姆真的只看了一眼，就说出了我擦掉的数。

真的很神奇！你能告诉我，汤姆是怎么知道那个数的吗？

20.75 层高的扑克房子

用 15 张扑克牌可搭成一座 3 层高的扑克房子，要搭一座 10 层高的扑克房子，就要用 154 张扑克牌。如果搭一座 75 层高的房子，一共要用多少张扑克牌？

21. 池塘里共有几桶水

有一个大名鼎鼎的老学者，他居住的小屋旁边有一个池塘。有一天，他突然想到一个奇怪的问题：这池塘里共有几桶水？这个问题就像问一座山有多重一样，谁答得上来？学者的弟子都是出了名的年轻学者，但没有一个能答上来。老学者很不高兴，便说："你们回去考虑三天。"

三天过去了，弟子中仍无人能解答这个问题。老学者觉得很扫兴，干脆写了一张布告，声明谁能回答这个问题，就收谁做弟子——免得有人说他的弟子都是一帮庸才。

布告贴出后，一个女孩子大大咧咧地走进老学者的教室，说她知道这池水有几桶水。弟子们一听，觉得好笑。老学者将那问题讲了一遍后，便示意一名弟子领女孩到池塘边去看。不料，女孩子笑道："不用去看了，这个问题太容易了。"她眨了几下眼睛，凑到老学者耳边说了几句话。

老学者听得连连点头，露出了赞许的笑容。

你能答出有几桶水吗？

22. 奇怪的时钟

琳达买了一台奇怪的时钟，它的时针行走正常，可是它的分针不仅倒着走，而且每小时会走80分钟。现在是6点30分，时钟的显示是正确的（如下图），请问下一次这时钟正确显示时间会是在什么时候？

23. 要多少块地板砖

如下图所示，用41块深色和白色相间的地板砖可摆成对角线各为9块地板砖的图形。如果要摆成一个类似的图形，使对角线各有19块地板砖，总共需要多少块地板砖？

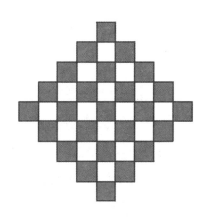

3 = 1 + 2，6 = 1 + 2 + 3，10 = 1 + 2 + 3 + 4，15 = 1 + 2 + 3 + 4 + 5，21 = 1 + 2 + 3 + 4 + 5 + 6……其中 3，6，15，21……叫星形数。如下图，这类数的表示方法是一个正方形的每一面都接着一个三角形。你能推算出第一个超过 100 的星形数是多少吗？

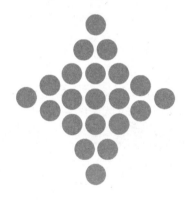

25. 48 变 50

清泉矿泉水公司生意很不错，不过最近有一件麻烦的事：公司最初设计的纸箱可以每排放 8 瓶，共 6 排，一箱可放 48 瓶，但是现在客户都反映放 48 瓶不好计算，必须改成每箱 50 瓶。如果要满足客户的需要，公司只能把做好的几千个箱子作废，再重新做箱子。这会造成很大浪费。一个负责洗瓶子的工人却说其实原来的箱子也可以放 50 瓶，但没有人相信。如下图，你觉得这个箱子能放 50 个瓶子吗？

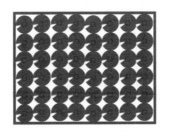

26. 将军共有多少个兵

罗杰将军非常迷信。有一次，他要领兵出征，攻打另外一个将军。出发前要来一次检阅，他命令士兵每 10 人一排排好，谁知排到最后缺 1 人。他认为这样不吉利，就改为每排 9 人，可最后一排又缺了 1 人，改成 8 人一排，仍缺 1 人，7 人一排缺 1 人，6 人一排缺 1 人……直到两人一排还是凑不齐。罗杰将军非常沮丧，认为这都是自己时运不济，不宜出兵，于是收兵不再出战。

这当然不是他的时运不济，也没有人恶作剧，只怪将军数学差，他的兵数正好排不成整排。你能猜出将军共有多少兵吗？

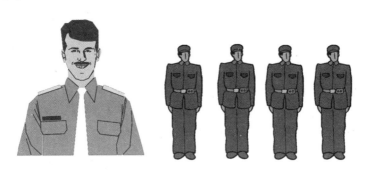

27. 列车到站时间

张教授乘坐高速列车去北京参加一个学术会议。他怕耽误了开会时间，就问列车上的乘务员："火车什么时候到达北京站？"

"明天早晨。"乘务员答道。

"早晨几点呢？"

乘务员看张教授一副学者气派，有意试试："我们准时到达北京时，车站的时钟显示的时间将很特别：时针和分针都指在分针刻度线上，两针的距离是 13 分或者 26 分。现在你能算出我们几点到吗？"

张教授想了一会儿，又问道："我们是北京时间 4 点前还是 4 点后到呢？"

乘务员笑了一下："我如果告诉你这个，你当然就知道了。"

张教授回之一笑："你不说我也知道了，这下我就可以放心了。"

请问，这列火车到底是几点几分准时到达北京站？

28. 无限接近 10

用 6 个 "3" 和 6 个 ".", 你能组成几个数, 使它们的和能无限接近 10?

29. 数学迷的游戏

亨利和杰克是一对数学迷。有一天, 两人相伴出行碰上亨利的三个熟人 A, B, C。杰克问起那三个人的年龄, 亨利说: "你很喜欢数学, 我告诉你几个条件: ①他们三个人的年龄之积等于 2450; ②他们三人的年龄之和等于我们两人的年龄之和 (杰克当然知道亨利的年龄)。现在, 你能算出他们的年龄来吗?" 杰克根据这两个条件算了好一阵, 摇摇头对亨利说: "我算不出来。" 亨利笑了笑说: "我知道你算不出来, 我再给你补充一个条件, 他们三人都比我俩的熟人露斯年轻。" 杰克当然知道露斯的年龄, 他马上回答说: "现在我知道他们的年龄了！"

说了这么多，下面才是本题的真正问题：露斯的年龄是多少？

30. 漂洗海绵

皮皮将一块海绵放进墨水瓶内，蘸墨水画水墨画。画完后，他想将海绵中吸入的墨水挤出来。可是不论他怎么挤，海绵中总要残留一些墨水。假定这块海绵对于密度在 1 左右的溶液（即墨水、清水、墨水溶液）的存留量为 10 克。如用 100 克的清水将这块吸有 10 克墨水的海绵漂洗干净，即将海绵放入 100 克清水中，经充分搅拌，取出挤压后，海绵中留存的墨水溶液的浓度是多少？容易算出，是 $10 \div (100 + 10) \approx 9.1\%$。皮皮想，能不能只用 100 克清水，使漂洗后的海绵中墨水的浓度在 0.3% 以内呢？

31. 恢复等式

下面的数字是一个等式，但是这个等式中的所有加号和减号都被擦去，并且其中两个数字实际上是一个两位数的个位和十位。你能让这个等式恢复到正确的形式吗？

1 2 3 4 5 6 7 8 9=100

32. 皮皮的彩笔

皮皮有 15 支颜色不同的彩笔，如果他每天拿 2 支不同的彩笔去学校，总共可以用 105 天。昨天他又买了 1 支不同颜色的彩笔，问他总共可以用多少天？

33. 多少岁

一个人自从他出生以来，每年生日的时候都会有一个蛋糕，上面插着等于他年龄数的蜡烛。迄今为止，他已经吹灭了 231 根蜡烛。你知道他现在多少岁了吗？

34. 卖掉多少件商品

大刚在农贸市场摆摊卖炊具，他只卖三种东西：炒锅每个 30 元，盘子每个 2 元，小勺每个 0.5 元。一小时后他共卖掉 100 个炊具，获得 200 元。已知每种炊具至少卖掉两个，请问每种炊具各卖掉多少个？

35. 一共花了多少钱

尼吉太太从超市回来，路过邻居摩尔太太的门口，两人闲聊起来。尼吉太太说："我用每串 30 美分的价格买了几串黄香蕉，又用每串 40 美分的价格买了同样数量的绿香蕉。后来我想了想，就把钱平均分配，分别购买香蕉，却发现所买的香蕉多了两串。"

"你一共花了多少钱啊？"摩尔太太问。

"就是啊，我一共花了多少钱呢？"

尼吉太太有点糊涂，想不起花了多少钱，你能帮她想出来吗？

36. 歪打正着

皮皮陪琪琪去一家商店买东西，琪琪挑选了 4 件小饰品，皮皮心里算了一下，总共 6.75 元，其中有一件只有 1 元钱。琪琪准备付钱时，皮皮发现店主用计算器算价时按的不是加号键，而是乘号键！他正准备提醒店主时，奇怪地发现，计算器算出的数字也是 6.75 元。店主没按错数字。那么，你知道这 4 件小饰品的单价各是多少吗？

37. 能换多少包薯片

薯片正在进行促销活动，商店免费以 1 包薯片与顾客交换 8 个薯片包装袋。玛丽立刻行动起来，找到了 71 个薯片包装袋。那么她最多可以换到多少包薯片呢？

38. "1" 的趣味算式

$1 \times 1 = ?$

$11 \times 11 = ?$

$111 \times 111 = ?$

$1111 \times 1111 = ?$

$11111 \times 11111 = ?$

39. 时钟算式

你想知道如何破译密码吗？来做一道题，测一测你的破译能力。先看一看 A 和 B 两个时钟所组成的算式，然后破译出 C 算式的结果是多少。考验你的时候到了！

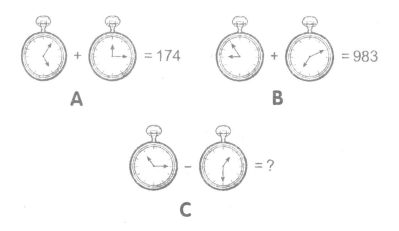

40. 哪一年出生

在一个名人的葬礼上，莫尔森问起死者的出生年份。麦吉答道："你不是很喜欢数学吗？现在告诉你几个信息：

① 死者没有活到 100 岁；

② 当死者 N 岁时，那一年正好是 N 的平方；今年是 1990 年，现在你该能算出他的出生年份来了吧？"

那么，死者到底是哪一年出生的呢？

41. 服装促销

某百货商城新进了一批最新款式的服装，很受欢迎，销量日涨。于是，该商城的总经理决定提价 10%。之后，服装开始滞销，他们又打出了降价 10% 的广告。有人说百货商城实际上瞎折腾，不过是又回到原价位。你说呢？

42. 换硬币

美元的基本换算单位和币值：1 美元等于 100 美分，小币值的硬币有 50 美分、25 美分、10 美分、5 美分和 1 美分。玛丽的硬币总共有 1.15 美元，可是她却换不开 1 美元，也换不开 50 美分，甚至连 25 美分、10 美分、5 美分都换不开。她的 1.15 美元到底是由哪些硬币组成的？

43. 吃自助餐

一群学生去吃自助餐。每两人吃一碗米饭，每三人喝一碗汤，每四人分享一碗鸡肉，共吃了 65 碗。请问这群学生共有多少人？

44. 孤儿院的孩子们

亨利送了 24 个苹果给孤儿院。院长按 3 年前的岁数把苹果分给库克、凯特和鲍勃三个孩子，正好分完了所有的苹果。其中库克最大，鲍勃最小。

最小的孩子鲍勃最伶俐，他提出这样分不公平："我只留一半，另一半送他们两个平分。然后凯特也拿出一半让我和库克平分，最后库克也拿出一半让我和凯特平分。"院长同意了，结果三人的苹果就一样多了。

算一算他们三人现在各是几岁。

45. 秋游

学校组织了一次秋游，连带队和所有的任课老师及学生在内一共 100 人。中午野餐，带队老师从带来的 100 份快餐中拿出 1 份给自己，然后按老师每人 2 份，学生 2 人 1 份分下去，正好合适。你能算出这次秋游去了多少老师多少学生吗？

46. 不工作的理由

　　萨姆是个懒汉，因为他一点儿也不愿意工作，如果你问他为什么，他会告诉你一个故事。萨姆曾经也有过一份工作，雇主给他的条件也还可以，一个月30天，每天工资20美元，但是如果旷工要扣25美元。萨姆当然不会每天都去工作，所以到了月底，他一分钱都没有拿到，也没有因为扣工资使萨姆欠雇主的钱。从这以后，萨姆就笃信工作真是一件蠢事，反正干了也没有钱。

　　萨姆在那个月中到底工作了几天，又旷工了几天？

47. 英语考试

一次英语考试只有 20 道题，做对一题加 5 分，做错一题扣 3 分。皮皮这次没考及格，不过他发现，只要他少错一道题就能及格。你知道他做对了多少道题吗？

48. 上升还是下降

在一个装了很多水的大水缸里浮着一个小塑料盆，小塑料盆里装着一个铁球。请问：如果将这个铁球从小塑料盆里取出来直接放进水缸里，水缸的水面比刚才上升了还是下降了？

49. 燃香计时

有两根粗细不一样的香，香烧完的时间都是一个小时。用什么方法能确定一段长 45 分钟的时间？

50. 邮票有几枚

6 角的邮票每打有 12 枚，那么 1.2 元的邮票每打应有几枚？

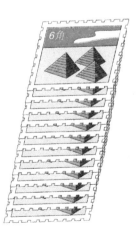

51. 糊涂岛上的孩子

糊涂岛上有两个糊涂的孩子，因为没有日历，日子总是过得糊里糊涂的，常常弄不清楚时间。在上学的路上，他们想把这个问题弄清楚。

其中一个孩子说："当后天变成昨天的时候，那么'今天'距离星期天的日子，将和当前变成明天时的那个'今天'距离星期天的日子相同。"

根据这个糊涂孩子说的糊涂话，你能猜出今天是星期几吗？

52. 餐厅的老板多少岁

有一个富足的法国人，8 年前在香榭丽舍大道上接近戴高乐广场的地段开了一间餐厅，生意一直很红火。担任主厨的安德里的厨艺越来越好。他最拿手的是鸡肉料理，仔鸡和鹅肝是绝妙的搭配。餐厅里一共有 128 个位子，每到周末都座无虚席。

最近，餐厅老板还跟年轻歌手蜜雪儿签了约，歌手经常在餐厅现场演唱，老板的银行存款逐渐增加。

请问：餐厅的老板多少岁？

53. 几堆水果

有 4 元 1 千克的香蕉一堆，2 元 1 千克的苹果一堆，4 元 1 千克的橘子一堆，合在一起，你猜共有几堆？

54. 极速飞车

有一辆轿车，在全程的最初 30 秒内以时速 150 千米行驶。为了让全程的平均时速能保持 60 千米，接下来的 30 秒，行驶时速应该是多少呢？

55. 世纪的问题

请问：2000 年 6 月 1 日是多少世纪？

56. 五行打油诗

有种思维游戏叫作"五行打油诗"。人们总是对这种类型的思维游戏充满期待。下面我们就来看看其中的一个，这个题要求读者把一个只包括 1 和 3 的 8 个数重新排列，使它们最后组成的数学表达式的结果等于 100 万。那么，你准备好笔和纸了吗？

> "以前有一个卡斯蒂利亚人，
> "他虽然十分鲁莽，
> "但他却能把一个十分富有的西西里岛人赌赢了。
> "他可以把包含 1 和 3 的 8 个数轻而易举地排列，
> "并使它们的结果等于 100 万！"

57. 哪个冷得快

在同样的条件下，把两杯不同温度的牛奶放到同一个冰箱里，温度高的一杯与温度低的一杯哪个冷得快？

58. 古书的厚度

书架上并排放着两本线装古书，分别为上册、下册（如下图）。这两本书的厚度都是 2.5 厘米，封面和封底的厚度也都是 1.5 毫米。有一只书虫钻进了书中，它从上册的封面开始啃书，一直啃到下册的封底。你能计算出这只书虫啃了多厚的书吗？

59. 互相牵制的局面

一块由 36 个形状大小一样的白方格组成的正方形白布上，不知被哪个淘气鬼洒上了墨水。墨水正好洒在正方形白布的两条对角线处。有位老先生说只要在干净处滴上 8 滴他特制的药水就可以让墨迹自动消除，但是这 8 滴药水不能处在同一横行或者竖行线上，也不准在同一条对角线上，如果违反了，整块布都会渗透成黑色。现在，老先生自己滴了一滴，剩下的 7 滴由你想办法解决，你该怎么做？

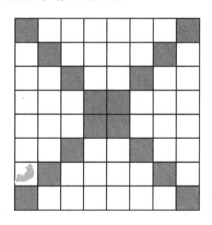

60. 园丁的妙招

公园里新运来一些漂亮的花岗岩，其中一块重达 15 吨，另外一些小的花岗岩也有 150 千克重。现在园丁师傅为了让景致更加美观，想把这块大岩石放到小岩石上，但想要搬动这块 15 吨重的庞然大物似乎不太可能。刚巧有一位新来的园丁得知此事，两三下就搞定了。你猜新来的园丁想了一个什么妙招？

61. 巧切西瓜

夏天，爸爸买来一个大西瓜，明明立即拿着刀要来切。爸爸则要求如果明明能切4刀把西瓜切成15块，就让他切。明明想了很久也没有想出来怎么切，看来这个西瓜只能由爸爸来切了。

亲爱的朋友，你能帮帮明明吗？

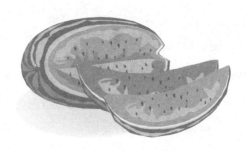

62. 烤饼

有一种平底锅一次只能烙两张饼，烙一面所需要的时间是 1 分钟。你能在 3 分钟的时间里好烙三张饼吗？

注意：饼的两面都需要烙。

63. 有多少水

有一个圆柱形的水桶，里面盛了一些水。林林看了说，桶里的水不到半桶；可可则说桶里的水多于半桶。现在要求不使用其他工具，你能想出办法判断他们俩谁对谁错吗？

64. 数字塔

要完成这道题，你觉得问号部分应该换成什么数字？

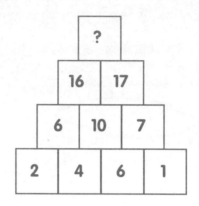

65. 顽皮的猫

有一只猫非常顽皮，爬到桌子上把闹钟摔成了两半，两个半块钟表面上的数字之和恰巧相等。请问：钟到底是从哪里裂开的呢？

66. 开环接金链

有四段 3 个环连着的金链，要设法将它们连成一个金链圈，至少要打开几个环？

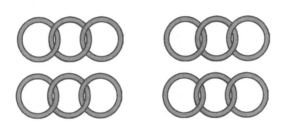

67. 转动的距离

两个圆环，半径分别是 1 和 2，小圆在大圆内绕圆周一周，问小圆自身转了几圈？如果在大圆的外部，小圆自身转几圈呢？

68. 魔方的颜色

有一个魔方（见下图），所有的面都是绿色。请问：有几个小立方体一面是绿色？有几个小立方体两面是绿色？有几个小立方体三面是绿色？有几个小立方体四面是绿色？有几个立方体所有的面都没有绿色。

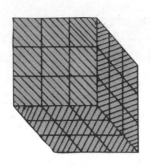

69. 三只桶的交易

有一个农夫用一个大桶装了 12 千克油到市场上去卖，恰巧市场上两个家庭主妇分别只带了 5 千克和 9 千克的两个小桶，但她们买走了 6 千克的油，其中一个矮个子家庭主妇买了 1 千克，一个高个子家庭主妇买了 5 千克，更为惊奇的是她们之间的交易没有用任何计量的工具。你知道她们是怎么分的吗？

一只蜜蜂外出采花粉，发现一处蜜源，它立刻回巢招来 10 个同伴，可还是弄不完。于是每只蜜蜂回去各找来 10 只蜜蜂，大家再采，还是剩下很多。于是蜜蜂们又回去叫同伴，每只蜜蜂又叫来 10 个同伴，但仍然采不完。蜜蜂们再回去，每只蜜蜂又叫来 10 个同伴。这一次，终于把这一片蜜源采完了。

你知道采这处蜜源的蜜蜂一共有多少只吗？

71. 如何称糖

有一个两臂不一样长却处于平衡状态的天平，给你 2 个 500 克的砝码，如何称出 1 千克的糖？

72. 守财奴的遗嘱

一个守财奴积累了很多的金条，可他临死也舍不得分给儿子们。为此，他写了一份难解的遗嘱，要是解开了这个遗嘱，就把金条分给他们，要是没有解开，金条就永远被藏在无人知晓的地方。他的遗嘱是这样写的：我所有的金条，分给长子 1 根又余数的 $\frac{1}{7}$，分给次子 2 根又余数的 $\frac{1}{7}$，分给第三个儿子 3 根又余数的 $\frac{1}{7}$……以此类推，一直到不需要切割地分完。聪明的读者，你能算出守财奴一共有多少根金条，多少个儿子吗？

我所有的金条，分给长子1根又余数的 $\frac{1}{7}$，分给次子2根又余数的 $\frac{1}{7}$，分给第三个儿子3根又余数的 $\frac{1}{7}$……以此类推，一直到不需要切割地分完。

73. 惨厉的叫声

一天夜里，邻居听到一声惨厉的叫声。早上醒来发现原来昨晚的尖叫是受害者的最后一声。负责调查的警察向邻居们了解案件发生的确切时间。一位邻居说是 12：08，另一位老太太说是 11：40，对面杂货店的老板说他清楚地记得是 12：15，还有一位绅士说是 11：53。但这 4 个人的表都不准确，在这些人的手表里，一个慢 25 分钟，一个快 10 分钟，还有一个快 3 分钟，最后一个慢 12 分钟。聪明的你能帮警察确定作案时间吗？

74. 聪明律师的难题

古希腊时期，一位寡妇要把她丈夫遗留下来的 3500 元遗产同她即将出生的孩子一起分配。如果生的是儿子，那么按照古希腊的法律：母亲应分得儿子份额的一半，如果生的是女儿，母亲就应分得女儿份额的两倍。可是如果生的是一对双胞胎——一男一女呢？遗产又该怎么分呢？这个问题把聪明的律师给难倒了。聪明的你知道遗产该怎么分吗？

75. 小猫跑了多远

童童和苏苏一起出去玩，苏苏带了一只小猫先出发，10分钟后童童才出发。童童刚一出门，小猫就向他跑过来，到了童童身边后马上又返回到苏苏那里，就这么往返地跑着。如果小猫每分钟跑500米，童童每分钟跑200米，苏苏每分钟跑100米的话，那么从童童出门一直到追上苏苏的这段时间里，小猫一共跑了多少米？

76. 著名作家的生卒年

19世纪时，有一位著名的作家出生在英国，他也逝于19世纪。他诞生的年份和逝世的年份都是由4个相同的数字组成，但排列的位置不同。他诞生的那一年，4个数字之和是14；他逝世那一年的数字的十位数是个位数的4倍。

请问：该作家生于何年，逝于何年？

77. 马戏团的座位安排

有个马戏团在上演精彩节目，120个座位全坐满了观众，而全部入场费刚好为120元。入场费的收取标准是：男子每人5元，女子每人2元，小孩子每人1角。那么，你可以据此算出男子、女子、小孩各有多少人吗？

78. 天平称重

现有1克、2克、4克、8克、16克的砝码各一个。称重时，砝码只能放在天平的一端，用这5个砝码组合可以称出几种不同的重量？

79. 只收半价

有一位姑娘到一家新开张的布店里买布，她精心挑了两匹布后问多少钱。店铺的伙计说："姑娘真是好眼光，今天是本店的开张吉日，只收半价。"姑娘一听就说："既然是半价，那我买你两匹布再把一匹布折合成一半的价钱还给你。这样咱们就两清了。"

如果你是这位伙计，你会答应这笔买卖吗？

80. 用多少时间

如果挖 1 米长、1 米宽、1 米深的池子需要 12 个人干 2 小时。那么 6 个人挖一个长、宽、深是它两倍的池子需要多少时间？

81. 胡夫金字塔有多高

埃及胡夫金字塔是世界七大奇迹之一，也是埃及金字塔中最高的，它的神秘和壮观让无数人为之倾倒。它的底边长230.6米，由230万块重达2.5吨的巨石堆砌而成。金字塔的塔身是斜的，即使有人爬到塔顶，也无法测量其高度。后来有一个数学家解决了这个难题，你知道他是怎么做到的吗？

82. 山涧

有一条山涧4米宽，下面是万丈深渊。山涧上没有桥，来往的人都是带着木板搭桥过涧。一次，大人带着3.9米长的木板要过那边去，小孩带着4.1米长的木板要到这边来。大人的木板太短了，不够搭桥；小孩力气小，搭不了桥。两个人各自站在两边干着急。他们应该用什么方法才能够过山涧呢？

83. 损失了多少财物

顾客拿了一张百元钞票到商店买了 25 元的商品，老板由于手头没有零钱，便拿这张百元钞票到朋友那里换了 100 元零钱，并找了顾客 75 元零钱。

顾客拿着 25 元的商品和 75 元零钱走了。过了一会儿，朋友找到商店老板，说他刚才拿来换零钱的百元钞票是假钞。商店老板仔细一看，果然是假钞，只好又拿了一张真的百元钞票给朋友。

你知道，在整个过程中，商店老板一共损失了多少财物吗？

注：商品以出售价格计算。

84.5 个鸭梨 6 个人吃

蕾蕾家里来了 5 位同学。蕾蕾想用鸭梨来招待他们，可是家里只有 5 个鸭梨，怎么办呢？谁少分一份都不好，应该每个人都有份（蕾蕾也想尝尝鸭梨的味道）。那就只好把鸭梨切开了，可是又不好切成碎块，蕾蕾希望每个鸭梨最多切成 3 块。于是，这就又面临一个难题：给 6 个人平均分配 5 个鸭梨，任何一个鸭梨都不能切成 3 块以上。蕾蕾想了一会儿就把问题给解决了。你知道她是怎么分的吗？

85. 台阶有多少个

水水和果果在玩跳台阶的游戏，水水每一步跳 2 个台阶，最后剩下 1 个台阶；果果每一步跳 3 个台阶，最后会剩下 2 个台阶。水水计算了一下，如果每步跳 6 个台阶，最后剩 5 个台阶；如果每步跳 7 个台阶，正好一个不剩。

你知道台阶到底有多少个吗？

86. 无价之宝

　　一位淘金的老财主不仅淘到了大量的金子，而且淘到了许多钻石。为了向别人炫耀自己的富有，他决定用自己淘到的钻石镶一个世界上绝无仅有的无价之宝。他第一天从保险柜里取出 1 颗钻石；第二天，取出 6 颗钻石，镶在第一天那一颗钻石的周围（见下图）；第三天，在其外围再镶一圈钻石，变成了两圈。每过一天，就多了一圈。这样做 7 天以后，镶成了一个巨大的钻石群。请问：这块无价之宝一共有多少颗钻石？

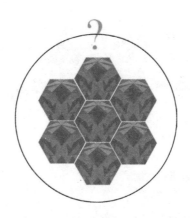

87. 天平不平

　　这里有一个天平和 14 根重量相同的金条。现在在左边离轴心 3 格的那个秤盘里放了 9 根金条，在右边离轴心 4 格的秤盘里放了 5 根金条，天平不平。已知每个秤盘和金条的重量相同，请你移动 1 根金条，使天平恢复平衡。想想该怎么移动？

88. 轮胎如何换

有一个跑长途运输的司机要出发了。他用作运输的车是三轮车，轮胎的寿命是 10000 千米，现在他要进行 25000 千米的长途运输，计划用 8 个轮胎就完成运输任务，怎样才能做到呢？

89. 餐厅聚会

有 7 个年轻人，他们是好朋友，每周都要到同一个餐厅吃饭。但是他们去餐厅的次数不同。大力士每天必去，沙沙隔一天去一次，米米每隔两天去一次，玛瑞每隔三天去一次，好好每隔四天才去一次，科特每隔五天才去一次，次数最少的是玛奇，每隔六天才去一次。

昨天是 2 月 29 日，他们愉快地在餐厅碰面了，他们有说有笑，憧憬着下一次碰面时的情景。请问：他们下一次相聚餐厅会是在什么时候？

90. 海盗分宝石

5 个海盗抢到了 100 颗同样大小且价值连城的宝石。他们决定这么分：用抽签的办法决定自己的号码（1，2，3，4，5）。

首先，由 1 号提出分配方案，然后 5 人表决，只有超过半数的人同意时，才能按照他的提案分配，否则将被扔入大海喂鲨鱼。

1 号死后，再由 2 号提出分配方案，然后 4 人进行表决，只有超过半数的人同意时，按照他的提案分配，否则像 1 号一样，他将被扔入大海喂鲨鱼。其他人的分配方法以此类推。

因为每个海盗都是很聪明的人，所以都能很理智地判断得失，做出选择。他们的判断原则是：保命，尽量多得宝石，尽量多杀人。

请问：第一个海盗提出怎样的分配方案才能够使自己的收益最大化？

91. 环球飞行

某航空公司有一个环球飞行计划，但有下列条件：每个飞机只有一个油箱，飞机之间可以相互加油（没有加油机）；一箱油可供一架飞机绕地球飞半圈。为使至少一架飞机绕地球一圈，至少需要出动几架次飞机（包括绕地球一周的那架在内）？

注意：所有飞机从同一机场起飞，而且必须安全返回机场，不允许中途降落，加油时间忽略不计。

92. 要经过几次12点位置

请问：从8点整到9点整，手表的秒针要经过12点多少次？

93. 篮球比赛

某县的五所中学联合开展篮球比赛，采取每所中学互赛一场的循环赛模式。最终比赛的结果如下：

一中：2 胜 2 败

二中：0 胜 4 败

三中：1 胜 3 败

四中：4 胜 0 败

请问：五中的成绩如何？

94. 男生和女生

周末，老师带领一些学生去郊外游玩。男生戴的是蓝色的帽子，女生戴的是黄色的帽子。但每个男生都说，蓝色的帽子和黄色的帽子一样多；而每个女生都说，蓝色的帽子比黄色的帽子多一倍。

请问：男生和女生各有几人？

95. 鸵鸟蛋

甲、乙、丙、丁四人暑假里到 4 个不同的岛屿去旅行，每个人都在岛上发现了鸵鸟蛋（1 个到 3 个）。四人的年龄各不相同，从 18 岁到 21 岁。

目前只知道下列情况：

①丙是 18 岁。

②乙去了 A 岛。

③21 岁的男孩发现的蛋的数量比去 A 岛男孩的少 1 个。

④19 岁的男孩发现的蛋的数量比去 B 岛男孩的少 1 个。

⑤甲发现的蛋和去 C 岛的男孩发现的蛋，两者之一是 2 个。

⑥去 D 岛的男孩发现的蛋比丁发现的蛋要少 2 个。

请问：他们分别是多少岁？分别在哪个岛上发现了多少个鸵鸟蛋？

96. 4个兄弟一半说真话

劳斯生有4个儿子，3个哥哥都生性顽劣，只有最小的弟弟善良淳朴。不过二哥也还算善良，也会说真话。

下面是他们关于年龄的对话。

劳拉："劳莎比劳特年龄小。"

劳莎："我比劳拉小。"

劳特："劳莎不是三哥。"

劳茵："我是长兄。"

你能判断他们的年龄顺序吗？

97. 避暑山庄

甲、乙、丙、丁四人分别在上个月不同时间入住避暑山庄，又分别在不同的时间退了房。现在只知道：

① 滞留时间（比如从7日入住，8日离开，滞留时间为2

天）最短的是甲，最长的是丁。乙和丙滞留的时间相同。

②丁不是8日离开的。

③丁入住的那天，丙已经住在那里了。

入住时间是：1日、2日、3日、4日。

离开时间是：5日、6日、7日、8日。

根据以上条件，你知道他们四人分别的入住时间和离开时间吗？

98. 收藏画

小花、小娟、小叶、小美四人是很好的朋友，她们每个人都有一些《灌篮高手》的收藏画（数量不同，5~8幅）。有一天，小花送给另外三人中的一人一些收藏画，小娟、小叶、小美也做了同样的事情。结果每人都分别从别人那里得到了收藏画。互相赠送的收藏画数量各不相同，在1~4幅之间。交换后，四人手里的收藏画数量依然不相等。

根据以下条件，请推断最初这四人各有几幅收藏画？每人又给谁多少幅？交换后每人还有多少幅呢？

① 小花最初拿着 7 幅，送给了小娟几幅。

② 小娟向某人赠送了 3 幅。

③ 小叶从别人那里得到 1 幅。

99. 闹钟罢工后的闹剧

一天，同住一个院子里的小朋友们的闹钟同时罢工，所有人都起得很晚。由于大人都出去了，家里又没有日历，他们就围在一起讨论今天星期几？

小红：后天星期三。

小华：不对，今天是星期三。

小江：你们都错了，明天是星期三。

小波：今天既不是星期一也不是星期二，更不是星期三。

小明：我确信昨天是星期四。

小芳：不对，明天是星期四。

小美：不管怎样，昨天不是星期六。

他们之中只有一个人讲对了，是哪一个呢？今天到底是星期几？

100. 玩牌

三个探险家结伴去原始森林探险，他们在路上觉得十分乏味就聚在一起玩牌。

第一局，甲输给了乙和丙，使他们每人的钱数都翻了一倍。第二局，甲和乙一起赢了，这样他们俩钱袋里面的钱也都翻了倍。第三局，甲和丙又赢了，这样他们俩钱袋里的钱都翻了一倍。结果，这三位探险家每人都赢了两局而输掉了一局，最后三个人手中的钱是完全一样的。细心的甲数了数他钱袋里的钱发现自己输掉了 100 元。你能推算出来甲、乙、丙三人刚开始各有多少钱吗？

101. 梯子共有几格横档

一座房子发生了火灾，一位消防员站在梯子中间的横档上用水枪往房子上喷水。1分钟后，他往上爬了3格，继续往房子上喷水。几分钟后，他又往下移动了5格，在新的位置上继续喷水。半小时后他又往上升了7格，继续喷水直到大火熄灭。他又往上爬了7格，从梯子的顶部站上房顶，往下查看现场。那么，梯子总共有几格横档呢？

102. 距离

有一位女士，她的花园小道有2米宽，道路一边有篱笆。小路呈回形，直至花园中心。有一天，这位女士步行丈量小路到花园中心的长度，并忽略篱笆的宽度，假设她一直走在小路的中间，请问她走了多远的路？

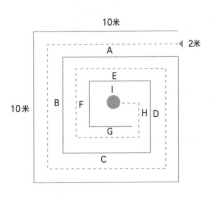

103. 六人吃桃子

6 个人用 6 分钟吃了 6 个桃子，那么 100 个人吃 100 个桃子用多少分钟？

104. 要多长时间

如果有一台挂钟用 6 秒钟敲响 7 点，那么它敲响 11 点要多长时间？

105. 巧算数字

警长开勒正在追查失窃的珍宝，他和助手威尔来到贫民区。突然，一个瘦弱的年轻人闪了出来，低声问："先生，要古董吗？非常便宜的价格。"

"带我去看看。"威尔说，"我是一个收藏家，如果喜欢的话，我会全部买下来。"听到这个话，年轻人非常高兴，他带着他们走进一个狭小的密室，另一个年轻人等在那里，在他面前有满满一墙从 1 到 10000 编上数字的百宝箱。

等在那里的青年对带路人交谈了几句，就取出笔算了起来。他写道：×××＋396=824。显然，第一个数字应该是428。他打开 428 号百宝箱，取出一只中世纪的精美怀表。

忽然，他瞥见了开勒腰间的短枪，转身飞奔而去，开勒只抓住了带路的年轻人。

"我只知道东西放在 10 个百宝箱里，这些箱子都有联系，好像都是 400 多号的……"年轻人在开勒的逼问下说。

开勒想了想：如果把数字 428 反着念，就是 824，就是说，其他的数字也有同样的规律！威尔花了不到 1 分钟就找到了答案。

聪明的读者，你要花几分钟才能解决这个问题呢？

106. 细长玻璃杯

下图中有两个细长玻璃杯。大玻璃杯的杯口直径和杯身高度正好都是小玻璃杯的 2 倍。现在要做的就是把小玻璃杯当作度量器将大玻璃杯装满水。先把小玻璃杯装满水，然后把水倒进大玻璃杯。那么，我们需要多少次才能把大玻璃杯装满水？

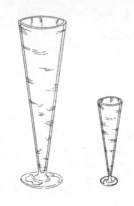

107. 自行车

自行车刚刚发明的时候。一天，有 2 名年轻的骑车人，贝蒂和纳丁准备骑车到 20 千米外的乡村看望姑妈。当走过 4 千米的时候，贝蒂的自行车出了问题，她不得不把车子用链子拴在树上。由于很着急，她们决定继续尽快向前走。她们有 2 种选择：要么两人都步行；要么一个人步行，一个人骑车。她们都能以每小时 4 千米的速度步行或者以每小时 8 千米的速度骑车前进。她们决定制订一个计划，即在把步行保持在最短的距离的情况下，利用最快的时间同时到达姑妈家。那么，她们是如何安排步行和骑车的呢?

108. 钱包

有一天，威拉德·古特罗克斯先生急匆匆地跑进警察局，大喊自己的钱包被盗了。

"现在要镇静，古特罗克斯先生，"警察安德森说，"有人刚刚交还了一个钱包，也许是你丢的，你能把里面的东西描述一下吗？"

"好的，"威拉德回答说，"里面有一张菲尔兹的照片以及电话卡。哦，对了，还有320美元，共8张钞票，而且没有10美元的钞票。"

"完全吻合，古特罗克斯先生。给，这是你的钱包。"

那么，你知道他钱包里有哪8张钞票相加之后正好是320美元吗？

109. 卖车

"啊，达芙妮，今天我终于把那辆破车卖掉了。原来我标价 1100 美元，可没有人感兴趣，于是我把价钱降到 880 美元，还是没有人感兴趣，我又把价钱下调到 704 美元。最后，出于绝望，我再一次降价。今天一早，奥维尔·威尼萨普把它买走了。"罗根说道。那么，你能猜出这辆车卖了多少钱吗？

110. 加法

熊爸爸好像被他在《佩尔特维利报》上看到的一个思维游戏难住了。趁他还没有被烦透，我们来看看这个思维游戏吧：下面所示的一行数字相加之后正好等于 45。那么，你能否将其中一个加号改为乘号，使这行数字相加的值变成 100 呢？

111. 机器人

世界上的许多超现实的梦想都源自这个机器人思维游戏。下图中的机器人的不同部位已经用 1 到 12 这些数字做了标注。由于某种奇怪的原因，它无法离开这个超自然的行星，除非它身上的数字以 7 种不同的方式重新排列，并使各行各列相加的结果都是 26。其中包括水平的两行数字、垂直的两行数字、4 个中间的数字、胳膊上的 4 个数字以及脖子和腿上的 4 个数字。你能让它离开吗？

你能找出房顶处所缺的数值为多少吗? 门窗上的那些数字只能使用 1 次，并且不能颠倒。

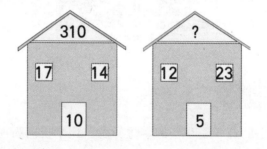

孙珊女士是位出色的代课教师，她来检测你们的数学才能了。

"同学们，现在注意了! 黑板上的这个题是错的。但是，如果你在等式左边的某些数字中间添加两个减号和一个加号，就可以得出一个正确的数学表达式，并且结果等于100。你们要在这堂课结束之前把符号放在正确的位置。

1 2 3 4 5 6 7 8 9 ＝ 100
添加两个减号（－）
添加一个加号（＋）

114. 护身符

下图是有名的赌徒曼斯的护身符。但不幸的是印刷工把数字排在错误的位置，让它失灵了。如果要恢复它的威力，必须把1~9这九个数字重新排列，使每个边上的四个数字相加的结果等于17（三角形角上的数字同时算在相邻的两个边上）。你知道该怎样排列吗？

答案

1. 扑克牌的暗示

"牌"与"π"谐音，π即圆周率3.1415926……一般取3.14计算。数学家用π提示：罪犯是住在这间酒店314号房间的人。

2. 平分红酒

只需倒8次即可解决问题。

有三种解决方法，下面是其中一种：

①用9升罐里的红酒倒满4升罐，9升罐中还剩余5升红酒。

②将4升罐中的红酒倒入7升罐。

③用9升罐里剩余的红酒倒满4升罐，9升罐里还剩1升红酒。

④用4升罐里的红酒倒满7升罐，4升罐里还剩1升红酒。

⑤用7升罐里的红酒倒满2升罐，7升罐里还剩5升红酒。

⑥将2升罐里的红酒倒入9升罐，9升罐里有3升红酒。

⑦用7升罐里的红酒倒满2升罐，7升罐里还剩3升红酒。

⑧将2升罐里的红酒倒入4升罐，4升罐里有3升红酒。

3. 火眼金睛

27个。

4. 破绽在此

案件的破绽就是那顶帽子。由于昨晚有台风刮过，因此，死者的帽子不可能遗留在现场。

5. 连动齿轮

如果你找到了答案，你应该知道我在骗你，因为按照这样的组合，没有一个齿轮可以转动。每个轮子要有相同的齿距，整个齿轮组才能转动。这组齿轮，无论你向哪个方向转动，最后传递回来的都是相反的力，所以答案是一圈也转不了。

6. 只准剪一刀

把两个图形叠起来剪（如图1、图2）一刀，然后再拼起来，便是正方形了（如图3）。

图1　　　　　图2　　　　图3

7. 涨潮

不能。皮皮忘了水涨船高的道理。因为潮水上涨了，船也随之升起，船与绳子连在了一起，绳子当然也随着上浮。水涨多少，它们上浮多少，依然是最下面的一个手帕接触到水面，所以他测不出来。

8. 大挂钟

55 秒。记住，钟敲了 12 下，但时间的间隔只有 11 下，所以为 55 秒。

9. 巧摆木棍

能。如下图。

10. 硬币金字塔

7 枚。因为，只有当金字塔层数是 3 的倍数时，才会出现非对称的移动方式。所以，只要移动图中有颜色的硬币，就可以将金字塔上下颠倒了。

11. 圆的直径

13 厘米。也许你正试图用复杂的几何运算，去求 EA 为多少，然后用 BE + AB=AE，得出圆的半径吧？如果真的是这样的话，说明你不细心，没认真分析问题。这道题很简单，只要连接 AC，就可知 AC=BD，即 6.5 厘米。AC 是圆的半径，2 倍的 AC 就是圆的直径，所以为 13 厘米。口算就行，根本不用那么复杂。记住：以后不论做什么事，都要先想一想，分析一下，会取得事半功倍的效果。

12. 一个比四个

一样大。以小圆的半径为 a，4 个小圆面积为 4a2π，大圆的面积为（2a）2π，也是 4a2π。

13. 算式连等

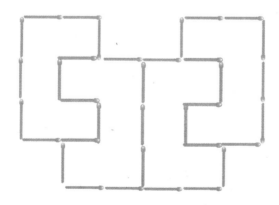

14. 平分菜地

15. 相反数

18 和 81，或者 29 和 92。

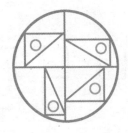

加上辅助线不难看出，4 个三角板的斜边都等于半径，即 30 厘米。

17. 围果园

40 根柱子。也许你会想过头，以为只要 36 根，即每边 10 根，再减去四个角的 4 根柱子。你仔细想一想，每边须有 11 根柱子，才能使每两根之间保持 10 米，这样应是 44 – 4=40。

18. 怎样架桥

架一座宽 200 米的桥，自然可以斜着走直线从 A 地到 B 地了，距离当然也是最短的了。

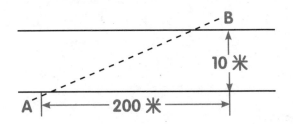

19. 小天才汤姆

我擦掉的数是 7。道理很简单：0 到 9 这 9 个数相加等于 45，是 9 的倍数，不管这 10 个数字怎样排列，得出的两个数，其和也是 9 的倍数。所以只要把答案中能看到的数字加起来，用与这结果最接近但比这结果大的 9 的倍数一减，得到的数就是被擦去的数字。在此例中，3 + 9 + 8 + 2 + 7 = 29，比 29 大的最接近的 9 的倍数是 36。所以，擦去的数为 36 − 29 = 7。

20. 75 层高的扑克房子

利用纸牌搭造房子有许多种方法，如按题面的方法造 75 层高的房子需要 8475 张纸牌。

我们先来看一看层数少的房子需要纸牌的情况，然后找出规律：

1 层需要 2 张扑克，可用 2 表示；

2 层需要 7 张扑克，可用 3+4 表示；

3 层需要 15 张扑克，可用 4+5+6 表示；

4 层需要 26 张扑克，可用 5+6+7+8 表示；

5 层需要 40 张扑克，可用 6+7+8+9+10 表示；

……

你找出了每一层所需扑克牌的规律了吗？告诉你，n 层所需的扑克牌数为：

$$(n+1)+(n+2)+(n+3)+(n+4)+(n+5)+\cdots+(n+n)$$
$$=(3n^2+n)\div 2$$

所以，75层所需扑克为：$(3\times 75\times 75+75)\div 2=8475$。

21. 池塘里共有几桶水

要看是多大的桶，如果桶和水池一样大小，只有1桶水；如果桶只有水池一半大，则有2桶水；若桶有水池的 $\frac{1}{3}$ 大，则有3桶水，以此类推。

22. 奇怪的时钟

$\frac{3}{7}$ 小时后这台时钟会再一次正确显示时间。正常时钟的分针每小时走一圈，即360度，每分钟相当于6度。6点半时，时钟的显示是正确的，下一次时钟正确显示时倒走的分针又落在正确的位置上。假定其间的时间为 N 分钟，如果分针行走正常，它将沿顺时针方向走 6N 度，现在倒走的分针沿逆时针方向则走 $80N\times 6\div 60 = 8N$ 度，两者之和正好是一圈360度：

6N + 8N = 360

14N = 360

N = $180\div 7$ 分钟 = $\frac{3}{7}$ 小时，即 $\frac{3}{7}$ 小时后这台时钟会再一次正确显示时间。

23. 要多少块地板砖

181 块。

提示：可以先试某些小一点的数目。比如：这样的图形，对角线是 3 块的时候，一共需要 5 块地板砖；对角线是 5 块的时候需要 13 块；对角线是 7 块的时候需要 25 块；对角线是 9 块的时候需要 41 块……上列数目依次是 5，13，25，41……考虑一下每一次增加了多少块，找到什么样的规律，然后用笔简单地排出一个数列，就可以知道对角线是 19 块的时候需要 181 块地板砖。

24. 星形数

127。

25. 48 变 50

能。原来的瓶子是按照四边形的排法来放瓶子的，其实所有的圆柱体物品如果按照六角形排法，就可以节省空间。所以用六角形排法，原来的箱子完全可以放 50 个瓶子。如下图：

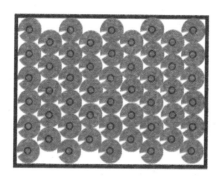

26. 将军共有多少个兵

他一共有 2519 个兵。要想每排人站齐，人数必须是每排人数的倍数，或是 10 的倍数或是 9 的倍数……如果是 10，9，8，7……2 的公倍数，那无论怎样排都是没有问题的。10，9……2 的最小公倍数是 2520。现在该将军的兵数是 2519，自然是怎么排也缺少 1 人了。公倍数有许多，因兵数在 3000 以下，所以我们取最小公倍正适合。

27. 列车到站时间

这列火车准点驶入北京站的时间是第二天的 2 点 48 分。

首先，时针和分针都指在分针刻度线上，让我们仔细看看钟（手表也一样）的结构：每个小时之间有四个分针刻度，在相邻两个分针刻度线之间对时针来说要走 12 分钟，这说明这个时间必定是 n 点 12m 分，其中 n 是 0 到 11 的整数，m 是 0 到 4 的整数，即分针指向（12m）分，时针指向（5n + m）"分"的位置。又已知分针与时针的间隔是 13 分或者 26 分，要么 12m –（5n + m）= 13 或 26，要么（5n + m）+（60 – 12m）= 13 或 26，即要么 11m – 5n = 13 或 26，要么 60 – 11m + 5n = 13 或 26。这是一个看起来不可解的方程。但由于 n 和 m 只能是一定范围的整数，却还是能找出解来的（重要的是，不要找出一组解便满足了，否则此类题是做不出来的）。

张教授便是以此思路找出了所有三组解（若不细心便会在只找到两组解后便宣称此题无解）。

已知：m = 0，1，2，3，4；n = 0，1，2，3，4，5，6，

7，8，9，10，11。

只有固定的取值范围，不难找到以下三组解：①n = 2；m = 4；②n = 4；m = 3；③n = 7；m = 2。

即这样三个时间：①2：48；②4：36；③7：24。

面对这三个可能的答案，张教授当然得问一问乘务员了。乘务员的回答却巧妙地暗设了机关：

正面回答本来应该是4点前或是4点后。但若答案是4点后，乘务员的变通回答便不对了，因为这时张教授还是无法确定时间是4：36还是7：24。而乘务员的变通回答却明示道：若正面回答便能确定答案。这意味着这个正面回答只能是4点以前。即正点时间是2：48。

28. 无限接近 10

当然可以：3.3 + 3.3 + 3.3 ≈ 10。本题的难点在于对"·"的运用。一般的，我们能想到"·"可能是小数点，如3.3，可能是乘法符号3·3，可能是比例符号，如3：3。这些符号能组成3：3·3：3 + 3·3=10，可它与题目中的"无限接近10"不相符。那么，如何体现"无限接近10"呢？这要从"……"中想办法，这样"·"作为循环小数的循环节就不难想到了。至此，答案也明朗了：

$3.\dot{3} + 3.\dot{3} + 3.\dot{3} \approx 10$。

29. 数学迷的游戏

露斯的年龄是 50 岁。这道题要求解题者既想到代数计算又会合理分析。首先，在已给两个条件下，我们可以算出各种可能的年龄组合：

$2450 = 7 \times 7 \times 5 \times 5 \times 2$；这意味着可能的组合有：

①2，5，245　　②2，7，175

③2，25，49　　④5，7，70

⑤5，10，49　　⑥5，14，35

⑦7，7，50　　⑧7，10，35

这些年龄之和又分别是：

①252；　②184；　③76；　④82；　⑤64；　⑥54；

⑦64；　⑧52.

杰克是知道亨利＋杰克等于多少的，可是他却说他算不出来！这意味着亨利＋杰克＝64。因为其他结果都会马上导致杰克将年龄组合分析出来。而64这样一个结果使得他不知道是第五种还是第七种组合。但他却又知道露斯的年龄，于是根据A，B，C都比露斯年轻这一信息，他马上可以断定，第七种组合不符合要求。反过来，我们也可以根据杰克后来知道了结果这一信息，可以断定露斯只能是50岁，因为露斯哪怕大一点点，为51岁，杰克就无从找出唯一的年龄组合，满足所有已知信息。

30. 漂洗海绵

首先将 100 克清水分为 17 克、17 克、17 克、17 克、16 克、16 克共六份，一份一份地对海绵进行清洗。最后的浓度为 $[10 \div (17+10)]^4 \times [10 \div (16+10)]^2$，约为 0.278%，小于 0.3%。

这里，没有把 100 克清水分成六等份，主要是想凑成整克数，这样可以自然一些。把 100 克清水分成六等份，经六次清洗后，墨水浓度将变为 $[10 \div (10+100 \div 6)]^6$，其近似值也是 0.278%，但再精确几位小数，将发现它比 $(10 \div 27)^4 \times (10 \div 26)^2$ 稍稍小一点。可以证明，把 100 克清水分成若干份进行清洗，在分成同样份数的条件下，分成等量比分成不等量更有效。

31. 恢复等式

这个问题已经存在了很久，数学家们也已经找到了好几个答案，我们给出的答案只是其中的一种，你可以尝试更多的可能。

$1 + 2 + 3 - 4 + 5 + 6 + 78 + 9 = 100$

32. 皮皮的彩笔

120 天。即 $16 \times 15 \div 2 = 120$。

33. 多少岁

答案是 21 岁。计算方法很简单，就是将从 1 开始以后的连续自然数相加，到 210 的时候，最后一个数字是 21。

34. 卖掉多少件商品

设炒锅、盘子、小勺子各卖了 x，y，z 个，显然 x，y，z 为整数且有：

$$x+y+z = 100 \qquad ①$$

$$30x+2y+0.5z = 200 \qquad ②$$

②式 ×2– ①式，得

$$59x+3y = 300，\quad x = 3（100–y）÷59。$$

由于 x 为整数，100–y 必是 59 的倍数，只有 y = 41 才满足条件，故 y = 41，x = 3，z = 56，即炒锅卖了 3 个，盘子卖了 41 个，小勺卖了 56 个。

35. 一共花了多少钱

尼吉太太一共花了 33.6 美元，买到 48 串黄香蕉和 48 串绿香蕉。如果把钱平分，16.8 美元可以买 42 串绿香蕉，或 56 串黄香蕉，一共 98 串，多了 2 串香蕉。

思路：

设尼吉太太买到了 n 串黄香蕉和 n 串绿香蕉。由题可得，尼吉太太花了如下钱数：30n+40n=70n 美元

如果把钱平分后分别购买，则最终所买香蕉数量比原本买的数量多 2 串，即：70n÷2=35n

$$35n÷40+35n÷30=n+2$$

$$n=48$$

可得尼吉太太分别买了 48 串黄香蕉和 48 串绿香蕉。则总钱数为：

48×0.3+48×0.4=33.6 美元

36. 歪打正着

4 件小饰品的单价分别为 1 元、1.50 元、2 元、2.25 元。

37. 能换多少包薯片

玛丽可以换到 10 包薯片。先用 64 个包装袋换 8 包薯片；吃完后，用这 8 个包装袋换 1 包薯片；再吃完，与之前剩的 7 个包装袋加在一起刚好 8 个包装袋，又可以换 1 包。所以，玛丽最多可换 10 包薯片。

38. "1"的趣味算式

1×1=1   11×11=121

111×111=12321   1111×1111=1234321

11111×11111=123454321

39. 时钟算式

指针的位置作为数字，而不是时间。A 式为 51+123=174，B 式为 911+72=983，那么 C 式为 113–16=97。

40. 哪一年出生

死者没有活到 100 岁，而现在是 1990 年，这说明死者的生年在 1890—1990 之间。问题的关键在于找出一个数，其平方也在这个范围内。

现在有：$43 \times 43 = 1849$，$44 \times 44 = 1936$，$45 \times 45 = 2025$

由此可知，死者在 1936 年时 44 岁，他的出生日期是 1936−44=1892 年。

41. 服装促销

百货商城降价 10% 后没有回到原价位。因为如果原价为 100%，商城降价是按涨价后的 110% 降的价，降价后的价格为 110% ×0.9 = 99%。

42. 换硬币

1 枚 50 美分、1 枚 25 美分、4 枚 10 美分。

43. 吃自助餐

共有 60 个人。这一类型问题的解法有很多种。题目告诉你学生的人数正好能被 2，3，4 整除。

44. 孤儿院的孩子们

最后结果是每人 8 个苹果，显然这是库克留下的数，那库克分苹果前是 16 个苹果，而当时凯特和鲍勃手中应各有 4 个苹果，由此推出凯特分出苹果前有 8 个苹果，而鲍勃的 4 个有 2 个是凯特分出的，另 2 个是他第一次分配所余，最初鲍勃的数就知道了是 4 个。凯特得到鲍勃的 1 个成为 8 个，凯特最初是 7 个，库克自然是 13 个苹果。

每人再加 3 岁，则鲍勃 7 岁，凯特 10 岁，库克 16 岁。

这次秋游连带队老师在内一共去了 34 位老师和 66 个学生。

思路：

设去了 n 个老师，可得去了（100 − n）个学生

已知 100 份餐中，带队老师自己留下 1 份后，其余老师每人 2 份，所有学生 2 人 1 份，可得：

$$2（n − 1）+（100 − n）÷ 2 = 100 − 1$$

$$n = 34$$

$$100 − n = 66$$

则老师一共去了 34 个，学生一共去了 66 个。

46. 不工作的理由

萨姆工作了 $16\frac{2}{3}$ 天，旷工 $16\frac{1}{3}$ 天。

思路：

设萨姆一个月中工作了 n 天，则旷工了（30 − n）天。

已知萨姆既没有拿到钱，也没有欠雇主钱，可得萨姆所赚到的工资和因旷工扣的钱数量相等。则得到：

$$20n = 25 ×（30 − n）$$

$$45n = 750$$

$$n = 16\frac{2}{3}$$

$$30 − n = 13\frac{1}{3}$$

得到萨姆工作了 $16\frac{2}{3}$ 天，旷工了 $13\frac{1}{3}$ 天。

47. 英语考试

少错一道题，也就是再加 5+3=8 分，他才能及格，所以皮皮得了 52 分。设皮皮做对了 x 道题，那么他做错的题是 20-x，且有 5x-3×（20-x）=52。解方程得 x=14，所以皮皮做对了 14 道题。

48. 上升还是下降

水位当然下降了。因为铁的比重远大于水，当铁球放在小塑料盆里时，所排走的水的重量等于铁块的重量，体积大约为铁块体积的 7.8 倍。而铁块放在水里所能排走的水量仅等于铁块的体积，所以水位会下降。

49. 燃香计时

将两根香同时点着，但其中一根要两头一起点。两头一起点的香燃尽的时候，时间正好过去半个小时。只点一头的香也正好燃烧了半小时，剩下的半根还需要半个小时。再两头一起点，燃尽剩下的香所用的时间是 15 分钟。这样两根香全部烧完的时间就是 45 分钟。

50. 邮票有几枚

每打总是 12 枚，不会因为面值的变化而变化。

51. 糊涂岛上的孩子

今天就是星期天。他们真糊涂，竟然在星期天早晨去上学。

52. 餐厅的老板多少岁

就是一开始提到的那个法国人的岁数。题目之所以绕来绕去说这么多，目的是想迷惑你。

53. 几堆水果

合在一起就只能是一堆了。

54. 极速飞车

无法确定。因为不知道全程是多少。

55. 世纪的问题

是 20 世纪。21 世纪是从 2001 年 1 月 1 日开始的。

56. 五行打油诗

这个题有多种解法，下面是其中的一种解法: 333333×3 + 1 = 1000000

57. 哪个冷得快

温度高的一杯冷得快。不信，你可以试验一下。这就是姆潘巴现象。冷却的快慢不是由液体的平均温度决定的，而是由液体上表面与底部的温度差决定的。热牛奶急剧冷却时，这种温度差较大，而且在整个冻结前的降温过程中，热牛奶的温度差一直大于冷牛奶的温度差。上面的温度愈高，从上面散发的热量就愈多，因而降温就愈快。

3毫米。你的计算是不是把所有的厚度都相加呢？要知道，题目中已经提到了，这是两本线装古书，按照古书的设计，是向右翻页的。所以，从上册封面到下册封底的距离只有1.5毫米＋1.5毫米＝3毫米。

59. 互相牵制的局面

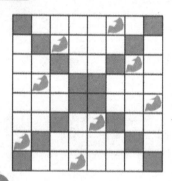

60. 园丁的妙招

这道题考的是一个创新思维，关键是看你会不会逆向思考问题：与其一味地想要把巨石搬到小岩石上，不如把小岩石放在巨石下方。新来的园丁指挥大家用铲子挖开巨石下方的土壤，把一些150千克左右的小岩石放进去就可以了。

61. 巧切西瓜

横着切一刀，竖着切一刀，再水平切一刀，这三刀就把西瓜切成了8块；再在靠近西瓜中心的位置斜切一刀，在8块中，这一刀可以切成7块，这样就成了15块。

62. 烤饼

假设三张饼分别为1，2，3，烙饼的具体步骤为：

先将1和2两张饼各烙一分钟，然后把1饼翻过来，取下2饼，换成3饼；一分钟后，取下1饼，将2饼没有烙过的一面贴在平底锅上，同时将3饼翻过来烙。

63. 有多少水

把桶半倾斜，如果水盖不住桶底又没有溢出来，说明少于半桶；如果持平，则刚好是半桶；如果水溢出来，则说明水多于半桶。

64. 数字塔

33，从最下面一行数字开始，把相邻两格的数字相加，把所得的和填在它们的正上方。同样方法向上进行。

65. 顽皮的猫

66. 开环接金链

只要打开3个环。随便你打开哪3个环，只需要将3个环和其他的金链首尾相接就可以连成一个金链圈。

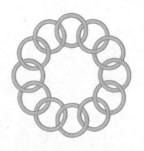

67. 转动的距离

小圆滚 2 圈的距离等于大圆的周长。所以答案为 2 圈。里圈和外圈答案一样，因为距离没有变。

68. 魔方的颜色

6 个小立方体一面是绿色；12 个小立方体两面是绿色；8 个小立方体三面是绿色；没有小立方体四面是绿色；1 个立方体所有的面都没有绿色。

69. 三只桶的交易

先从大桶中倒出 5 千克油到 9 千克的桶，再从大桶里倒出 5 千克油到 5 千克的桶里，然后把 5 千克桶里的油将 9 千克的桶灌满。现在，大桶里有 2 千克油，9 千克的桶已装满，5 千克的桶里有 1 千克油。

再将 9 千克桶里的油全部倒回大桶里，大桶里有了 11 千克油。把 5 千克桶里的 1 千克油倒进 9 千克桶里，再从大桶里倒出 5 千克油，现在大桶里有 6 千克油，而另外 6 千克油也被换成了 1 千克和 5 千克两份。

70. 共有多少只蜜蜂

一共有 14641 只蜜蜂。

第一次搬兵：1+10=11（只）

第二次搬兵：11+11×10=11×11=121（只）

第三次搬兵：……

一共搬了四次兵，于是蜜蜂总数为：11×11×11×11=14641（只）

71. 如何称糖

两个砝码放左边，右边放糖，平衡后把左边的砝码换成糖，左边应该是 1 千克的。

72. 守财奴的遗嘱

从末尾开始，最小的儿子得到的金条数目，应等于儿子的人数。金条余数的 $\frac{1}{7}$ 对他来说是没有份的，因为既然不需要切割，在他之前已经没有剩余的金条了。

接着，第二小的儿子得到的金条，要比儿子人数少 1，并加上金条余数的 $\frac{1}{7}$。这就是说，最小儿子得到的是这个余数的 $\frac{6}{7}$。从而可知，最小儿子所得金条数应能被 6 除尽。

假设最小的儿子得到了 6 根金条，那就是说，他是第六个儿子。那人一共有 6 个儿子。第五个儿子应得 5 根金条加 7 根金条的 $\frac{1}{7}$，即应得 6 根金条。

现在，第五、第六两个儿子共得 6+6 = 12 根金条，那么第四个儿子分得 4 根金条后，金条的余数是 12÷（6÷7）=14，第四个儿子得 4+14÷7 = 6 根金条。

现在计算第三个儿子分得金条后金条的余数：6+6+6 即 18 根，是这个余数的 $\frac{6}{7}$，因此，全余数应是 18÷（6÷7）= 21。第三个儿子应得 3+（21÷7）= 6 根金条。

用同样方法可知，长子、次子各得 6 根金条。我们的假设得到了证实，答案是共有 6 个儿子，每人分得 6 根金条，金条共有 36 根。

有没有别的答案呢？假设儿子的人数不是 6，而是 6 的倍数 12。但是，这个假设行不通。6 的下一个倍数 18 也行不通，再往下就不必费脑筋了。

73. 惨厉的叫声

这是一个看起来复杂其实很简单的问题。作案时间是 12：05。计算方法很容易，从最快的手表（12：15）中减去最快的时间（10 分钟）就行了。或者将最慢的手表同（11：40）加上最慢的时间（25 分钟）也可以得出相同的答案。

在分析问题的时候，最重要是找到解决思路，把看似复杂的问题分解成简单的来处理。

74. 聪明律师的难题

寡妇分得 1000 元，儿子分得 2000 元，女儿分得 500 元。寡妇所得恰是儿子的一半，又是女儿的两倍。

75. 小猫跑了多远

小猫跑了 5000 米。小猫的奔跑速度是不变的，只需要知道小猫跑了多长时间，就可以计算出它的奔跑路程。而同同追上苏苏要用 10 分钟，因此小猫跑了 5000 米。

76. 著名作家的生卒年

该作家生于 1814 年，死于 1841 年。

思路：

由题可得，作家出生在 19 世纪，死于 19 世纪，即活动时间为 1800—1899 年之间。

所以可确认的 2 个数字为 1 和 8。

其诞生之年，4 个数字之和为 14，则剩下两个数字之和为：14 − 8 − 1 = 5

由此，可列出剩下的数字组合只可能为：（1，4）、（2，3）、（0，5）

因为其逝世那年，数字十位数为个位数的 4 倍，则只有（1，4）符合条件。

由此得出：作家生于 1814 年，死于 1841 年。

77. 马戏团的座位安排

男子 17 人，女子 13 人，小孩 90 人，一共刚好 120 人。

78. 天平称重

31 种。可以称 1 克 ~ 31 克中的任何一个重量。该题为

组合问题，5 选 1 有 5 种，5 选 2 有 10 种，5 选 3 有 10 种，
5 选 4 有 5 种，5 选 5 有 1 种，合计为 31 种。

79. 只收半价

不能答应。假设两匹布值 20 元钱，一匹布就值 10 元，
如果是半价，那两匹布就只值 10 元钱，一匹布也就值 5 元
钱。5 元钱是不能抵消两匹布的半价——10 元钱的。

80. 用多少时间

32 小时。这个洞的容积是第一个洞的 8 倍，12 个人挖需要
原来时间的 8 倍，6 个人挖需要原来时间的 16 倍。

81. 胡夫金字塔有多高

挑一个好天气，从中午一直等到下午，当太阳的光线给
每个人和金字塔投下阴影时，就开始行动。在测量者的影子和
身高相等的时候，测量出金字塔阴影的长度，这就是金字塔的
高度，因为测量者的影子和身高相等的时候，太阳光正好是以
45 度角射向地面。

82. 山涧

小孩可以把木板向山涧的那边伸出一小部分，并站在木板
的另一端压住；大人把木板搭在小孩的木板上，就可以从容过
去了。

83. 损失了多少财物

商店老板损失了 100 元。

老板与朋友换钱时，用 100 元假币换了 100 元真币。此过程中，老板没有损失，而朋友亏损了 100 元。

老板与持假钞者在交易时：100 = 75 + 25 元的货物，其中 100 元为兑换后的真币，所以这个过程中老板没有损失。

朋友发现兑换的为假币后找老板退回时，用自己手中的 100 元假币换回了 100 元真币，这个过程老板亏损了 100 元。

所以，整个过程中，商店老板损失了 100 元。

84. 5 个鸭梨 6 个人吃

鸭梨是这样分的：先把 3 个鸭梨各切成两半，把这 6 个半块分给每人 1 块。另 2 个鸭梨每个切成 3 等块，这 6 个 $\frac{1}{3}$ 块也分给每人 1 块。于是，每个人都得到了一个半块和一个 $\frac{1}{3}$ 块，也就是说，6 个人都平均分配到了鸭梨，而且每个鸭梨都没有切成多于 3 块。

85. 台阶有多少个

正好是 119 个。

86. 无价之宝

开始时只有 1 颗，第二天增加了 6 颗，第三天又增加了 12 颗，第四天又增加了 18 颗……计算七天的总数，公式为：1 + 6 + 12 + 18 + 24 + 30 + 36=127 颗。

87. 天平不平

因为每个秤盘和金条的重量相同，所以只要把左边的金条移动 1 块到右边即可。即：(7 + 1) ×3（3 个轴心）=24=（ 4 + 1 + 1) ×4（4 个轴心）。

88. 轮胎如何换

如果给 8 个轮胎分别编为 1 ~ 8 号，每 2500 千米换一次轮胎，配用的轮胎可以用下面的组合：123（第一次可行驶 5000 千米），124，134，234，456，567，568，578，678。

89. 餐厅聚会

7 个年轻人要隔许多天才能在餐厅里相聚一次，这个天数加 1 需能被 1 ~ 7 的所有自然数整除。1 ~ 7 的最小公倍数是 420，也就是说，他们每隔 419 天才能聚于餐厅。因为上一次聚会是在 2 月 29 日，可知这一年是闰年。那么第二年 2 月份就只有 28 天一种可能。由此可推，他们下一次相聚是在第二年的 4 月 24 日。

90. 海盗分宝石

从后向前推，如果 1 号 ~ 3 号强盗都喂了鲨鱼，只剩 4 号和 5 号的话，5 号一定投反对票让 4 号喂鲨鱼，以独吞全部宝石。所以，4 号唯有支持 3 号才能保命。3 号知道这一点，就会提出（100，0，0）的分配方案，对 4 号、5 号一毛不拔而将全部金币归为己有，因为他知道 4 号一无所获但还是会投赞成票，再加上自己一票，他的方案即可通过。不过，2 号推知到 3 号的方案，就会提出（98,0,1,1）的方案，即放弃 3 号，而给予 4 号和 5 号各一块宝石。由于该方案对于 4 号和 5 号来说比在 3 号分配时更为有利，他们将支持他，不希望他出局而由 3 号来分配。这样，2 号将拿走 98 块宝石。不过，2 号的方案会被 1 号所洞悉，1 号将提出（97，0，1，2，0）或（97，0，1，0，2）的方案，即放弃 2 号，而给 3 号一块宝石，同时给 4 号（或 5 号）2 块宝石。由于 1 号的这一方案对于 3 号和 4 号（或 5 号）来说，相比 2 号分配时更优，他们将投 1 号的赞成票，再加上 1 号自己的票，1 号的方案可获通过，97 块宝石可轻松落入囊中。这无疑是 1 号能够获取最大收益的方案！

91. 环球飞行

假设 3 架飞机分别为 A，B，C。

3 架（ABC）同时起飞，飞行至 $\frac{1}{8}$ 处，其中一架（A）分油后，安全返航；剩余两架（BC）飞行到 $\frac{1}{4}$ 处时，其中一架（B）分油后，安全返航；A 降落后加完油，在 B 返回后马上起飞，逆向接应 C；同样 B 降落后加完油，也立即逆向起飞，接应 AC；两架（AC）在逆向 $\frac{1}{4}$ 处相遇，分油后，同飞行。3 架（ABC）飞机在逆向 $\frac{1}{8}$ 处相遇，分油后继续飞行，这样就可以完成任务了。

所以，3 架飞机飞 5 次就可以完成任务。

92. 要经过几次 12 点位置

要经过 61 次。

93. 篮球比赛

3 胜 1 败。

全部共有 10 场比赛，各校都必须跟其他四所学校对打一场，4×5=20(场)，但是每场有两校出赛，所以 20÷2=10(场)。也就是说，总共应该会有 10 胜。一至四中合计共有 7 胜，那么剩下的 3 胜便是五中的了，并可以马上算出五中有 1 败。

94. 男生和女生

男生有 4 人，女生有 3 人。

95. 鸵鸟蛋

根据条件⑥得知，丁发现了 3 个。18 岁的男孩是丙，21 岁的男孩发现 1 个或者 2 个鸵鸟蛋（③），19 岁的男孩也发现 1 个或者 2 个鸵鸟蛋，所以丁是 20 岁。

因为 21 岁的男孩不是去了 A 岛（②），所以，21 岁的是甲，由此可推断，19 岁的是乙。假设甲有 2 个鸵鸟蛋的话，那么乙就有 3 个，这与④相互矛盾。所以，甲发现了 1 个，乙发现了 2 个。因此可知，去 C 岛的人发现了 2 个，去 C 岛的是丙。

根据条件⑥可知，甲去了 D 岛，剩下的丁去了 B 岛。详见下图：

	年龄	岛	蛋
甲	21岁	D	1个
乙	19岁	A	2个
丙	18岁	C	2个
丁	20岁	B	3个

96.4 个兄弟一半说真话

说真话的（二哥和小弟弟）不可能说"我是长兄"，所以，劳茵的话是假的，那么可知，劳茵不是长兄，而是三哥。那么，劳莎就不是三哥了，劳特的话就是真的，劳特就是二哥或者小弟。

假设劳拉说的是真话，劳特和劳拉就是二哥和小弟（顺序暂时未知），劳莎就是长兄了，则劳拉又在撒谎，这是相互矛盾的。所以，劳拉是长兄。

从劳拉的话中可知（假话），劳莎是二哥，劳特是小弟。

97. 避暑山庄

四人的滞留时间之和是 20 天。

根据①得知，最长时间是丁，天数在 6 天（根据②③来看，丁虽然入住时间最长，但也是从 2 日入住到 7 日才离开的）。

假设乙和丙分别滞留了 4 天以下，因为丁是 6 天以下，甲若是 6 天以上，就不是最短的，所以乙和丙都是 5 天。

根据③可知，丙是从 1 日入住到 5 日。如果乙是从 3 日入住的话，7 日离开，那就与丁重合了，所以乙是从 4 日入住到 8 日。剩下的甲就是从 3 日到 6 日（滞留了 4 日）。

因此，甲是 3 日入住 6 日离开的；乙是 4 日入住 8 日离开的；丙是 1 日入住 5 日离开的；丁是 2 日入住 7 日离开的。

98. 收藏画

	最初	送给谁	数量	交换后
小花	7幅	小娟	4幅	5幅
小娟	5幅	小美	3幅	6幅
小叶	8幅	小花	2幅	7幅
小美	6幅	小叶	1幅	8幅

99. 闹钟罢工后的闹剧

他们的观点如下：

小红：星期一；小华：星期三；小江：星期二；小波：星期四、五或周日；小明：星期五；小芳：星期三；小美：星期一、二、三、四、五或六。

综上所述，除了星期日，周一到周五都被不止一个人说到，因此，今天是星期日，他们都可以睡一会儿懒觉，小波所说正确。

100. 玩牌

刚开始甲有 260 元，乙有 80 元，丙有 140 元。

提示：用倒推法。

101. 梯子共有几格横档

梯子有 25 格横档。

通过右图分析：

102. 距离

49 米。她在各段路上行走的路程依次如下：

A = 9 米；B = 8 米；C = 8 米；D = 6 米；E = 6 米；F = 4 米；G = 4 米；H = 2 米；I = 2 米。

一共 49 米。

103. 六人吃桃子

用 6 分钟。

104. 要多长时间

敲响 11 点要用 10 秒钟的时间，因为各次敲响之间的间隔是 1 秒钟。

105. 巧算数字

威尔注意到，数字和的十位上的数字与第一个加数的十位上的数字相同，这就要求个位上的数字相加一定要向十位进 1，1 与第二个加数 396 十位上的 9 相加得整数 10 向百位进 1，所以和的百位上的数字一定是 8，而它的十位上的数字从

12	上
11	上
10	上
9	上
8	上
7	上
6	上
5	上
4	上
3	上
2	上
1	上
0= 梯子中间	
1	下
2	下
3	下
4	下
5	下
6	下
7	下
8	下
9	下
10	下
11	下
12	下

0 到 9 都符合条件，因此，藏有赃物的另外 9 个箱子是：408，418，438，448，458，468，478，488 和 498。

106. 细长玻璃杯

用小玻璃杯倒 8 次水才能把大玻璃杯装满水。因为大玻璃杯在杯身直径和高度上是小玻璃杯的 2 倍，所以它的体积就是小玻璃杯的体积乘以 8。比如，我们拿一个 1 厘米 ×1 厘米 ×1 厘米的立方体举例，它的体积为 1 立方厘米；那么，大玻璃杯的体积，即 2 厘米 ×2 厘米 ×2 厘米，它的体积就是 8 立方厘米。

107. 自行车

贝蒂骑 1 个小时的自行车后把自行车放在路边，并继续步行 2 个小时，行走 8 千米后到达她的姑妈家；纳丁步行 2 个小时后到达放自行车的地方，然后骑 1 个小时的自行车，这样她就能和贝蒂同时在最短的时间到达姑妈家。

108. 钱包

钱包里有 2 张 50 美元的钞票、2 张 100 美元的钞票、4 张 5 美元的钞票。

109. 卖车

罗根每次都在前一次的基础上降价 20%，所以，最后的售价是 563.20 美元。

110. 加法

答案如下：1 + 2 + 3 + 4 + 5 + 6 + 7 + 8×9 = 100

111. 机器人

答案中的一种，如图所示：

```
        8  11
     9 10  6  1
    12  3  7  4
        5  2
```

112. 房顶上的数

175。计算的规则是：（左窗户处的数值 + 右窗户处的数值）× 门上的数值。

113. 数学题

答案为：123 − 45 − 67 + 89 = 100

114. 护身符

答案如下图：

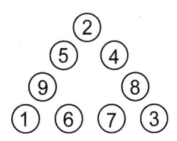

，数学原来这么好玩

巧算概率

金铁 主编

中国民族文化出版社

北京

图书在版编目 (CIP) 数据

哇，数学原来这么好玩 / 金铁主编 . —北京 : 中
国民族文化出版社有限公司 , 2022.8
ISBN 978-7-5122-1601-3

Ⅰ.①哇… Ⅱ.①金… Ⅲ.①数学－少儿读物 Ⅳ.
①O1-49

中国版本图书馆 CIP 数据核字（2022）第 124135 号

哇，数学原来这么好玩
Wa, Shuxue Yuanlai Zheme Haowan

主　　编：金　铁

责任编辑：赵卫平

责任校对：李文学

封面设计：冬　凡

出 版 者：中国民族文化出版社　地址：北京市东城区和平里北街 14 号
　　　　　　邮编：100013　联系电话：010-84250639　64211754（传真）

印　　装：三河市华成印务有限公司

开　　本：880 mm × 1230 mm　1/32

印　　张：28

字　　数：550 千

版　　次：2023 年 1 月第 1 版第 1 次印刷

标准书号：ISBN 978-7-5122-1601-3

定　　价：198.00 元（全 8 册）

前言

　　"数学王国"，一个多么令人崇敬和痴迷的"领地"，你可曾想过现在它离你如此之近？数学究竟是什么？严格地说：数学是研究现实的空间形式和数量关系的学科，包括算数、代数、几何和微积分等。简单来说，数学是一门研究"存储空间"的学科。

　　尽管人类大脑的存储空间是有限的，但科学家已研究证明：目前人类大脑被开发利用的脑细胞不足 10%，其余都处于休眠状态，是一片有待开发的神奇空间。

　　想要开发休眠的大脑空间，让大脑释放出更大的潜能，数字游戏起着不可替代的作用。数学是一种"思维的体操"，其中所隐藏的数字规律、数学原理无不需要大脑经过一番周折才会豁然开朗；在这期间大脑被激活，思维得以扩展。

　　让大脑的存储空间得到充分的利用和发挥，更大程度地强化或激活脑细胞，让思维活跃起来，就是本套书的目的所在。

　　本套书有 8 个分册，按照数学题型类别结合趣味性，分为快

乐数学、天才计算、数字逻辑、数字谜题、巧算概率、分析推理、数字演绎、几何想象；选取 970 道趣味数学题，让你通过攻克一个个小游戏，体会数学的奥秘，培养灵活的数学思维，提高解决数学问题的能力。

  本套书版面设计简单活泼，赏心悦目，让你愉快阅读；书中各类谜题不求数量繁多，但求精益求精，题目类型灵活新颖，题目讲解深入浅出，让你在快乐游戏中积累知识，开拓思路，扩展思维。

目录

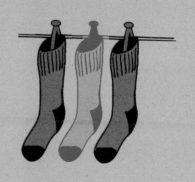

1. 骰子推理

一个立方体的六面，分别写着 a，b，c，d，e，f 六个字母，根据下边 4 张图，推测 b 的对面是什么字母。

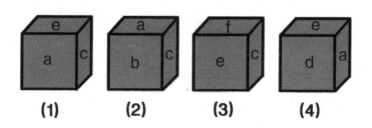

(1)　　　　(2)　　　　(3)　　　　(4)

2. 到底中了几枪

一天晚上，住在某旅馆里的一位空姐被人枪杀。

凶手是从 30 米外对面的屋顶用无声手枪射中她的。

窗户是关着的，窗子上有一个弹洞。从这一迹象看，凶手只开了一枪。但奇怪的是，被害者的胸部和腿部都中弹了——大腿被子弹射穿，胸部也留有子弹。这样看来，凶手好像开了两枪。如果凶手开了两枪，那么另一颗子弹是从哪里射入被害者的房间的呢？这颗子弹又在哪里呢？

大家无法回答，于是去请教大胡子探长，他肯定地回答，中了一枪。

大胡子探长为什么这样说呢？

3. 出现过多少次 5

从 1 点到 2 点之间，闹钟上显示的时间数字出现过多少次 5？

4. 来访的凶手

女教师在星期日下午被发现已死在宿舍里。她身穿睡衣，满身是血地躺在地上。经法医鉴定，死者由于胸部被刺，于星期六晚 9 点左右死亡。

据调查，在星期六晚9点左右有两个男子先后来拜访过死者：一个是她的男朋友，另一个是她的学生。两人都先后按了门铃。警察查看现场时，发现死者的房门上安着一个"猫眼"，于是他有了新发现。经过缜密思考，警察推断出了真正的杀人凶手。

你知道他推断的凶手是谁吗？

5. 排队买票

汤姆、沃克、杰尼、鲍勃、芬尼和杰克去买世界杯的球票，他们来得太早了，正等售票窗口开售。杰克的一个朋友打来电话问杰克买到球票没有，杰克说："还没有呢，应该快开门了。"

杰克的朋友说："你排第几啊？别忘了帮我买票。"

杰克说："我不是最后一个。芬尼也不是最后一个。"

"那你到底是排在第几？"

杰克说："我看看，汤姆的前面至少有4个人，但他也没有排在最后；鲍勃不是第一个，他前后至少都有2个人；杰尼没有排在最前面，也没有排在最后面。"

你知道他们排队的顺序吗？

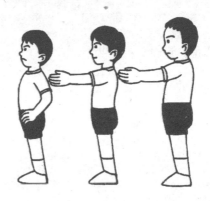

6. 珍珠项链的启示

警察甲、乙在讨论刚接手的谋杀案。一个寡妇死在梳妆台前，头部被击，几乎没有线索。

"你注意了吗？死者手里抓着一串珍珠项链。"

"人是死在梳妆台前，她是正在打扮时被害的，当然拿着项链了。"

"不，死者脖子上有项链，她不会再戴呀。"

"可能凶手也是个女人，她在搏斗中揪下了项链。"

"也不对，项链很完整。我认为这是死者在暗示什么，一定与凶手有关。"

"凶手？刚才邻居说这个女人信佛讲道，接触的除了和尚，就是算命的，谁戴项链呀？"

"谁戴……我好像明白了。"

凶手是什么人呢？

7. 多少种搭配方法

琪琪有4条裙子、8件上衣、4双皮鞋。把这些衣服鞋子混在一起，共有多少种搭配方法？

8. 沙滩晨练

某警犬训练基地正在开展晨练，一队战士牵着一队警犬排成一路纵队从训练场上跑过。这队战士和警犬一共有890只脚，而战士和警犬的个数一共是360个。

请你想一想：在这队战士和警犬的队伍里面，有多少名战士和多少只警犬？

9. 实话和谎话

琳达和她的男友一起出国旅游。在一个晴朗的午后，他们来到异国的一个小村庄里找水喝。在这个村子里，他们遇见一个男孩和一个女孩抬着一桶水，在他们当中有一个是只说实话的，另一个则只说谎话。琳达想知道他们抬的那桶水可不可以喝，就走过去对那个男孩说："今天的天气不错。"

"是的。"男孩回答。

"我们可以喝你们桶里的水吗？"

"可以。"男孩回答。

请问他们桶里的水到底可不可以喝呢?

10. 鸡兔同笼

小魏把家里养的鸡和兔子装在一个笼里。现在知道鸡的数量和兔子的数量是一样的,又知道把所有鸡脚的数量和所有兔脚的数量加在一起总共是 90 只脚。

请问:小魏把多少只鸡和多少只兔子装进了笼子里?

11. 盒子里的黑白球

有 3 只白球、3 只黑球，分别放在三个外形看起来完全相同的铁盒子里，每个盒子里有两只球。其中，一个盒子放了两只白球，第二个盒子放了两只黑球，第三个盒子放了一只白球和一只黑球。主人特地在每一个盒子的外面贴了一张标签，标明"白白""黑黑""黑白"。但由于他一时疏忽，结果每个盒子的标签都贴错了。但他只从其中一个盒子里取出一只球，就很快辨明了每一个盒子中所装的分别是什么颜色的球。

请问：他是从哪个盒子中取出一个球的？

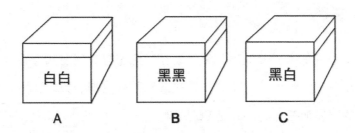

12. 新兵的推理

"在下周四之前我们要进行一次拉练，希望大家做好准备。"教官说。

"教官，拉练是什么意思？"新兵杰克紧张地问。

"拉练就是在你们都不知道的时候拉你们出去训练，看看你们的反应能力。"

"可是这是不可能的，教官。"新兵杰克继续说道，"如果下周一、周二没有进行拉练的话，周三就不能进行拉练了。因为大家都知道周三会进行拉练了。周二也不能进行拉练，因为周三不能进行拉练，周一不进行拉练的话，大家就知道周二肯定拉练。依此类推，任何一天都不能进行拉练。"

你觉得新兵杰克的推理正确吗？

13. 3个人猜拳

吉姆和亨特一块儿猜拳，老是分不出胜负。

于是吉姆想，如果再让一个人加入我们的游戏的话，就不会出现这么多次平手了。你觉得吉姆的想法对吗？

14. 有几条路线回家

下图是 A 回家的路线图，直线代表道路，方块代表桥梁。若 A 想要走最短的路线回家，即一直往南或往东走，且最多只经过一座桥。那么，有几条路线可以选择呢？提示：你可以在每个交叉路口计算，到一个路口前不会经过或会经过一座桥的路线分别有几条。

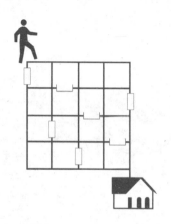

15. 多少种付费法

在澳大利亚，人们使用的小额硬币有 5 分、10 分、50 分、1 元和 2 元。如果你要支付 20 分，总共有多少种付费法？

16. 下围棋

两个人在围棋盘上轮流放棋子，规则：一次只能放一枚，棋子之间不能重叠，也不能越过棋盘的边界；棋盘上再也不能放下一枚棋子时，游戏结束；谁放下了最后一枚棋子，谁获胜。

如果你先放棋子，有没有确保必胜的秘诀？

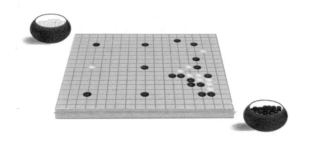

17. 谁是老实人

在老王、老张、老李、老林和老刘这5个同事当中，有两个是绝对不说谎的老实人，但是另外三个人，所说的话里一定有谎话。

下面是他们5个人所说的话：

老王：老张是个骗子。

老张：老李是个骗子。

老李：老刘是个骗子。

老林：老王和老张他俩都是骗子。

老刘：老王和老林，人家两个可都是老实人。

请你根据他们所说的这些话，找出哪两个人是真正的老实人。

18. 找算错了的数

米琪小姐在一个商店里做收银员。有一天，她在晚上下班前查账的时候，发现现金比账面少 153 元。她知道实际收的钱是不会错的，只能是记账时有一个数字点错了小数点。那么，她怎么才能在几百笔账中找到这个记错的数呢？

19. 找不一样的瓶子

有 100 只啤酒瓶，其中有一只瓶子在重量上与其他 99 只瓶子不同，某人不知哪个瓶子比其他瓶子轻。如果用一台天平称，最少要多少次能把这只不一样的瓶子找出来？

20. 设计邮票

你能设计出一套邮票，最多只贴三枚，就可以支付 1 元到 70 元的所有邮资吗？这套邮票最少多少枚，面额分别是多少？

21. 分蛋糕

要求把这个顶上和四周都有糖霜装饰的蛋糕分成 5 块体积相等，并且有等量糖霜的小蛋糕。

如果蛋糕上没有糖霜或装饰，这个问题就可以用简单的 4

条平行线解决，但是现在问题有点麻烦，因为那样做将会使 2
块蛋糕上有较多的糖霜。

22. 神秘的玫瑰

下图是一个神秘玫瑰的图形，绘制的方法是在圆周上点出
10 个点，然后在点与点之间画上一条直线，一共可以画 45 条
直线。如果用 20 个点做出一个更大、更好的神秘玫瑰，在不
画出这个图形的情况下，你能算出有多少条直线吗？

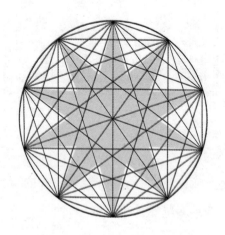

23. 帽子游戏

课间休息时，老师和同学们做了一个游戏。他拿来 5 条手绢将 5 名学生的眼睛蒙上，然后分别给他们戴上或白或黑的帽子，说："你们每人都戴有一顶帽子，要么是白色的，要么是黑色的。你们先猜一猜，除自己以外，有几人戴了白帽子？有几人戴了黑帽子？"

甲猜：除我以外，有 1 顶黑帽子和 3 顶白帽子。

乙猜：除我以外，有 4 顶黑帽子。

丙猜：除我以外，有 3 顶黑帽子和 1 顶白帽子。

丁猜：我不猜了。

戊猜：除我以外，有 4 顶白帽子。

听了五人的猜测后，老师说："你们五人中戴白帽子的人猜对了，戴黑帽子的人都猜错了。请大家接着猜自己头上戴的是什么颜色的帽子。"

在第二次猜测中，五人都正确猜出了自己戴的帽子的颜色。

你知道这 5 名学生头上戴的帽子各是什么颜色吗？

24. 遥控器游戏

在下图这个遥控器上，"播放"键表示前进一格，"快转/倒回"键表示前进/后退两格，那么从 OFF 走到 ON 有几种走法？要有系统地解决这个问题，你可以从最靠近 OFF 的按键开始。

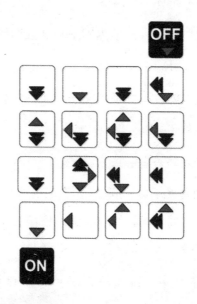

25. 拼独特的图案

四格拼板是用 4 个小正方形组成不同的形状，共可以组成 5 种图案（如下图）。五格拼板则是用 5 个小正方形拼起来的图案。

请问：五格拼板可以拼多少种独特的图案呢？

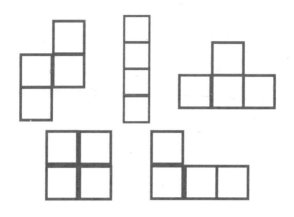

将这些竖板上下翻转，会让竖板最上方和最下方的图形对调。请问最少需要上下翻转几列，才能使最上和最下两行各自所包含的符号种类和数量与中间一行的相同，即都为 2 个苹果、2 个太阳、2 个树叶？

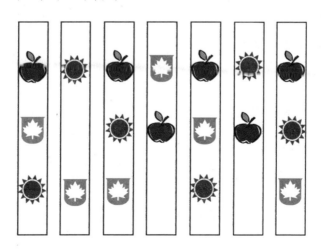

27. 设计三角形骨牌

下图中是一种游戏用的三角形骨牌，每一个骨牌的三角上都有一个数字，这种骨牌有 56 张。我们想请你设计一个规模较小的三角形骨牌，其中只用到 0，1，2，3 这四个数（请观察图中的三角形骨牌）。如果设计这样的三角形骨牌，这种骨牌会有多少个？

28. 有多少种走法

这些砖块都是四四方方的矩形，虽然它们看起来像是歪歪的。如果从砖块 A 到砖块 B 要经过 8 个白色砖块和 9 个深色砖块（包括 A 和 B 本身），请问有多少种走法？

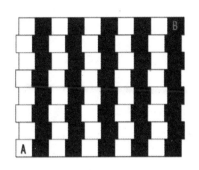

29. 袋子里的苹果

炊事班长出去采购，他把买来的 100 个苹果分装在 6 只大小不一的袋子里，每只袋子里所装的苹果数都含有数字 6。请你想一想：他在每只袋子里各装了多少个苹果？

30. 不走重复路

假设你走在这个迷宫里，会搞不清楚自己的位置。你在每个 T 字路口随机选择下一步的方向，但不能选择回头。如果同一个地方走过两次你就出局了，抵达终点才算赢。你赢的概率有多少？

31. 移棋子

在图中有6枚跳棋的棋子，从左上方开始数，它们的序号依次是1，2，3，4，5，6。它们可以朝上、下、左、右或斜线方向移动，每一枚棋子移动一格算一步。你可以自由地移动它们，但最后的排列结果要符合下面的两个条件：

①不论上、下、左、右或斜线上任一方向，都不能有2枚以上（含2枚）的棋子在同一排；

②A的位置上一定要有1枚棋子。

那么，要想满足以上的条件，最少应移动几次？

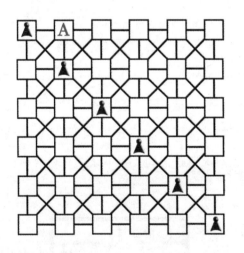

32. 老师的测试题

老师出了一道测试题想考考皮皮和琪琪。她写了两张纸条，对折起来后，让皮皮、琪琪一人拿一张，并说："你们手中的纸条上的数都是自然数，这两数相乘的积是 8 或 16。现在，你们能通过手中纸条上的数字，推出对方手中纸条的数字吗？"

皮皮看了自己手中纸条上的数字后，说："我猜不出琪琪的数字。"

琪琪看了自己手中纸条上的数字后，也说："我猜不出皮皮的数字。"

听了琪琪的话后，皮皮又推算了一会儿，说："我还是猜不出琪琪的数字。"

琪琪听了皮皮的话后，重新推算，但也说："我同样推不出来。"

听了琪琪的话后，皮皮很快地说："我知道琪琪手中纸条的数字了。"并报出数字，果然不错。

你知道琪琪手中纸条上的数字是多少吗？

33. 逃跑的特工

　　假设你是一名特工，成功混入敌人的秘密基地完成了任务，之后要趁夜色的掩护逃离基地。你要面对的是一个蜘蛛网般的围栏。只有用手中的剪子在最短的时间从上到下剪开一个口，才可能成功逃离。巡逻队的脚步声越来越近！好好观察一下：最少要剪断多少根你才能逃出？注意：网结的位置是剪不动的！

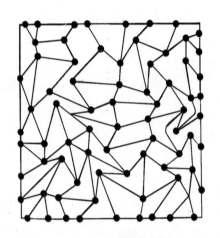

34. 猜数字游戏

　　老师在一张纸上写了4个数字，对甲、乙、丙、丁4位同学说："你们4位是班上最聪明、最会推理演算的学生。今天，我出一题考考你们。我手中的纸条上写了4个数字，这4个数字是1，2，3，4，5，6，7，8中的任意4个。你们先猜猜各是哪4个数字。"

甲说：2，3，4，5。

乙说：1，3，4，8。

丙说：1，2，7，8。

丁说：1，4，6，7。

听了4人猜的结果后，老师说："甲和丙同学猜对了2个数字，乙和丁同学只猜对了1个数字。知道了这4个人各自猜的结果了，你能推算出纸条上写了哪几个数吗？

35. 参观农场

一些来自城市的客人参观农场，客人问主人的农场养了些什么家畜。主人说他一共养了224只家畜，其中绵羊比奶牛多38只，奶牛又比猪多6头。这时，刚好遇到附近另一个农场的人来用奶牛换绵羊，他把农场主人75%的奶牛按照1头奶牛换5只绵羊的比例换走了。现在你知道现在这个农场主分别养了多少头奶牛？多少只绵羊？多少头猪吗？

36. 钟表上的数字

从 12：00 到 24：00，时钟上会出现多少次至少有 3 个数字一样的情况？

37. 摆正方形

16 根火柴可以摆成 4 个正方形，现在把火柴减到 15 根、14 根、13 根、12 根，仍然要摆出 4 个正方形。你认为可能吗？

38. 硬币的数量问题

某人喜欢收藏硬币。他把1分、2分、5分的硬币分别放在5个一样的盒子里，并且每个盒子里所放的1分的硬币数量相等，2分的硬币数量也相等，5分的硬币数量也相等。

他没事的时候就把硬币拿出来清点：把5盒硬币都倒在桌子上，分成4堆，每一堆的同种面值的硬币的数量都相等；然后把其中两堆混起来，又分成3堆，同样每一堆里的同种面值的硬币的数量相等。好了，问题来了，你知道他至少有多少个1分、2分和5分的硬币吗？

39. 增加的菱形

16根火柴可搭成3个大小不等的菱形，而且每次移动其中的2根火柴，菱形就会增加1个，连续移动5次后，菱形就变成了8个。你说这可能吗？

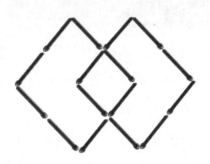

40. 相遇问题

某武器研究所，离后勤部比较远，后勤部每天都派出一辆军车往该研究所运送后勤物资。后来由于工作的需要，该研究所的一位军官要调到后勤部任职。他一早离开该研究所前往后勤部报到，10天后到达后勤部。他的速度与后勤部往该研究所运送物资的军车的速度是一样的，并同时相对出发，你知道该军官一路上看到了几辆去研究所运送物资的军车吗？

41. 刑警抓歹徒

在一次集中的抓捕行动中，一名刑警紧追一名歹徒；就在刑警将要追上罪犯时，歹徒跑到了一个圆形的大湖边，跳上唯一的一条小船拼命地向对岸划过去。刑警不甘心让歹徒逃走，他骑上一辆自行车沿着湖边向对岸追去。现在知道刑警骑车的速度是歹徒划船速度的 2.5 倍。请想想：划船的歹徒可能逃脱吗？

42. 完全重合的次数

现在许多时钟在钟面上都有秒针。在 12 小时以内，时针、分针和秒针三针完全重合的时间有几次？

穿糖葫芦的材料是山楂。

如下图所示，一共有9粒山楂，把3粒山楂穿成一串，可以穿成8串。现在只需要移动2粒山楂，但还是3粒山楂穿在一起，就可以穿成10串。一共有多少种穿法？

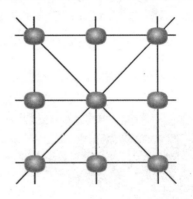

44. 爬楼梯

甲乙两人比赛爬楼梯，甲的速度是乙的两倍，当甲爬到第9层时，乙爬到第几层？

45. 胜利的秘诀

桌子上放着 15 枚硬币，你和你的对手轮流取走若干枚。规则是每人每次至少取 1 枚，至多取 5 枚，谁拿走最后一枚谁就能赢得全部 15 枚硬币。你应该怎样做才能保证一定胜利呢？

46. 抛硬币

有一枚普通的硬币，可可一共抛了 15 次，每次都是正面朝上。现在可可想再抛一次，你知道正面朝上的概率是多少吗？

47. 要跳多少步（1）

如下图：一排7个方格里，前三格里放有3颗★，后三格里放有3颗☆。现在请你任选一种方法：把五角星移到相邻的空格上去，或者跳过旁边的五角星移到旁边的空格上去，但一次只能跳一格。

请问：要使★和☆的位置互换至少需要多少步？

48. 要跳多少步（2）

如下图，图标可以移动，也可以跳跃，但每次只能移动或者跳跃一格。现在把★▲的顺序改成▲★的顺序（中间☆的位置不变），至少需要多少步？

49. 最后的赢家

有一张正方形的桌子，两个人先后在桌子上放置同样大小的硬币。谁能在桌子上放最后一枚硬币谁就是赢家。如果让你先放，怎样做才能保证你一定能赢呢？（硬币不能叠放）

如果把桌子换成长方形、菱形、圆形或者正六边形呢？

50. 如何摆麦袋

下图中9袋小麦的摆法是两边各一袋，然后各两袋，中间有三袋。如果我们以左边第一只麦袋上的数字7，乘以邻近的两只麦袋上的28，得196，正好等于中间三袋上的数。但是右边的5乘以34并不得196。现在请重新摆放这9只麦袋，使得最边上的麦袋上的数字，乘以相邻的两只麦袋上的数，都等于中间三袋上的数。请问：至少需要移动几个麦袋？该怎样移呢？

51. 换啤酒

5个空瓶可以换1瓶啤酒，一个酒鬼一星期内喝了161瓶啤酒，其中有一些是用喝剩下来的空瓶换的。请问：他至少买了多少瓶啤酒？

52. 玻璃瓶里的弹珠

一个玻璃瓶里装有44个弹珠，其中：白色的2个，红色的3个，绿色的4个，蓝色的5个，黄色的6个，棕色的7个，黑色的8个，紫色的9个。

如果要求每次从中取出 1 个弹珠，从而得到 2 个相同颜色的弹珠，请问最多需要取几次？

53. 连珠

有灰色和黑色 2 种颜色的珠子，每种珠子各 10 颗。将这些珠子排成一串，这一串的第 1 颗珠子是灰色的。

现在我们把这一串中连续的几颗珠子称为 1 个"连珠"。连珠的长度取决于它所包含的珠子的颗数。

含 2 颗珠子的连珠我们称为"二连珠"。问可能有多少种二连珠？

含 3 颗珠子的连珠我们称为"三连珠"。问可能出现多少种三连珠？

含 4 颗珠子的连珠我们称为"四连珠"；含 5 颗珠子的就是"五连珠"，依此类推。也就是说，含 n 颗珠子的连珠我们称为"n 连珠"。

如果要求一串珠子全部由二连珠组成，且整串珠子中不能出现 2 个一模一样的二连珠，问这串珠子最长为多少？

如果要求一串珠子全部由三连珠组成，且整串珠子中不能出现 2 个一模一样的三连珠，问这串珠子最长为多少？

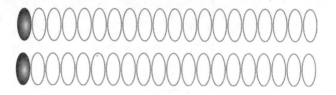

54. 属相与概率

假设每个人出生在各属相上的概率相等，那么至少要在几个人以上的群体中，两个人出生在同一个属相上的概率，要高于每个人的属相都不同的概率？

55. 数字组合

从下边的数字中随便找出 3 个数字组成一个号码，但其中任意 2 个数字不能来自同一行或同一列。判断哪组号码能被

3 除尽。这样选择的号码无法被 3 除尽的可能性有多少?

56. 惹人遐思的碑文

在一块墓碑上刻着让人遐思的碑文,它曾吸引了无数人前来推测和祭奠。这块墓碑的碑文如下:

如果包括同母异父或同父异母的关系,埋葬在墓地里的最少有几个人?

这里躺着女儿,这里躺着父亲

这里躺着儿子,这里躺着母亲

这里躺着姐妹,这里躺着兄弟……

这里躺着妻子和丈夫。

57. 花样扑克

有一个人经常玩扑克牌，而且是变着花样地玩。一天，他摆出做了标记的 3 张扑克（如下图），扑克正反两面分别画上 √ 或 ×。他说：他把这 3 张扑克给任何人，在不让他看到的情况下选出一张，放在桌上，朝上的是正面或反面都没有关系，只要看了朝上那面后，他就会猜出朝下的是什么标记。猜对了，请对方给他 100 元；猜错了，他就给对方 200 元。扑克上 √ 和 × 占总数各半，也没有其他任何记号。

你觉得他有胜算吗？

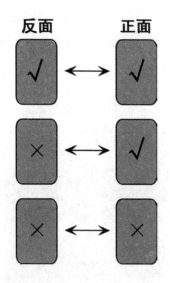

58. 几个阀门

看下图，如果让水流到水桶里，最少要开几个阀门？

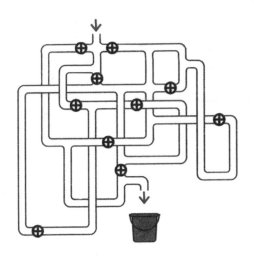

59. 切点

三个圆两两相切，它们的交点为切点。如果要得到 9 个这样的切点，最少要有几个圆相切？

60. 越来越多的笔

老师设置了一个"碰运气"的互动游戏，可以参加多次，最后赢了的人会拿到笔作为奖励。

游戏的规则是这样的：在一个盒子里装着三个骰子，翻转摇晃盒子能使骰子滚动。参与的同学可以猜从 1 到 6 任何一个数，只要一个骰子出现他说的数时，该同学就能得到 1 支笔。

大部分同学都在想：如果这个盒子里只有一个骰子，我猜的数就只能在六次中出现一次。如果有两个骰子，则六次中就会出现两次。有三个骰子时，六次中就会有三次猜中，这是对等的游戏，很好的机会。

结果，只有小红收到的笔越来越多。你能说说这是为什么吗？

61. 三位数

虽然你不是魔术师但同样可以解决这个题，而你的朋友们会认为你是魔术师。告诉他们，你向他们展示一个快速计算的思维游戏。除去扑克牌中所有"有脸"的牌（J，Q 和 K），并再拿出另外 10 张牌，将剩下的扑克牌每 3 张为一组放在桌子上。然后，对你的观众说，每一组的 3 张牌可以组成一个三位数，并且它们都能被 11 完全整除。你要以最快的速度将这些三位数排列出来。

我们的例子是数字231，它正好是11的21倍。那么，这一举动是如何完成的呢？

62. 一家人

一个爸、一个妈、一个哥、一个妹、一个侄子、一个外甥女、一个舅、一个姑妈、一个女儿、一个儿子、一个表兄、一个表妹，这一家最少有几个人？

63. 调转火柴

取9根火柴，将其排成1行，其中只有1根头朝上。现要求每次任意调动7根，到第4次时所有的火柴头都要朝上。试试看，你能做到吗？

64. 小甜饼

小阿里阿德涅现在很烦。今天早些时候，她收到妈妈亲手做的一包新鲜小甜饼。正当她打开礼物时，她的4个朋友就到了，她们提醒阿里阿德涅以前她们带的小甜饼曾和她分享，现在也该她反过来回赠她们了。

她不情愿地把其中的一半和半个甜饼分给了她的朋友劳拉；然后把剩下的一半甜饼和半个甜饼分给了梅尔瓦；接着，她又把剩下的一半甜饼和半个甜饼分给了罗伦；最后，她把盒子里剩下的一半甜饼和半个甜饼分给了玛戈特。这样，可怜的阿里阿德涅就把盒子里的甜饼都分了出去，她真是伤心极了。

那么，你能计算出盒子里原来有多少小甜饼吗？顺便说一下，阿里阿德涅绝对没有把盒子里的甜饼切或者掰成两半。

65. 有几种路线

下图有 16 个点，呈 4×4 的排列。现在用一条连续的线段把这些点连起来，形成封闭的路线（说明一下，封闭的路线是指起点与终点都是同一点的线路）。你能找到几种路线？

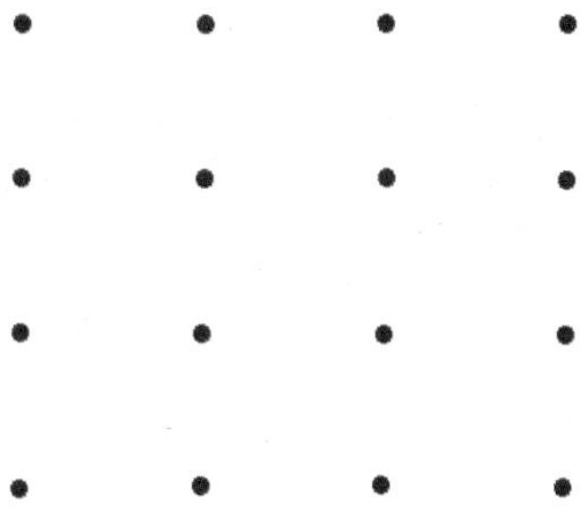

66. 帽子、围巾和手套

去年冬天，皮皮和一些同学去哈尔滨看冰雕时照了一张合影。照片上，同学们或戴着帽子，或系着围巾，或戴着手套。只戴着帽子和只系着围巾和只戴着手套的人数相等；只有 4 人没戴帽子；戴帽子和系围巾，但没有戴手套的有 5 人；只戴帽子的人数两倍于只系围巾的人；未戴手套的有 8 人，未系围巾的有 7 人；三样都有的人比只戴帽子的人多 1 人。

现在考一考你：

①三样都有的人有多少?

②只戴手套的人有多少?

③照片上有多少人?

④戴手套的有多少人?

67. 按顺序排列的西瓜

7个大西瓜的重量（以整千克计算）是依次递增的，平均重量是 7 千克。最终的西瓜有多少千克?

68. 各有多少条鱼

小安家的鱼缸里养了很多热带鱼，其中有五彩神仙鱼、霓虹灯鱼。现在知道两种鱼的数目相乘的积数在镜子里一照，正好是两种鱼的总和。你能算出两种鱼各是多少条吗?

69. 交换时针和分针

如果时针和分针交换，它还能表示同一时刻的时间吗？

70. 输与赢

大毛、二毛和三毛三兄弟用零花钱打了几次赌。

①开始，大毛从二毛那里赢得了相等于大毛手头原有数目的钱数。

②接着，二毛从三毛那里赢得了相等于二毛手头剩下数目的钱数。

③最后，三毛从大毛那里赢得了相等于三毛手头剩下数目的钱数。

④结果，他们三人手头所拥有的钱数相同。

⑤我在开始时有 50 元。

请问：说这番话的是大毛、二毛、三毛中的哪一个？在开始打赌前，他们各自有多少零花钱？

我在开始时有50元。

71. 魔力商店

我们现在所处的位置就是新牛津街上的布兰德魔宫，这个宫殿在维多利亚时期是个大型商场，这里也是著名的思维游戏大师霍夫曼教授经常到访的地方。我们和他约定下午 1 点在这里见面。那么，我们进去吧。

"你好，霍夫曼教授。我们来得很准时。您今天有没有新的思维游戏跟我们分享呢？"

"那是当然的！先坐下，那么，就试试这个 3 份遗产的思维游戏吧。一位绅士临死前留下遗嘱，要将自己的遗产分给自己的 3 个仆人。会客室的那个仆人跟随主人的时间是女佣人的 3 倍，而厨师跟随主人的时间又是会客室那个仆人的两倍。遗产是按照跟随主人的时间来分配的。总共分出了 7000 元。那么，每个人各分得了多少遗产呢？"

72. 学什么运动

当当在某月的前半个月（1 日到 15 日）学了 5 种运动。每学一种运动的天数各不相同，而且，同一天里也没有学 2 种运动。那么，究竟他每天在学什么运动呢？

①当当 4 日的时候学了打网球，8 日的时候在学滑雪，12 日学射箭。

②第三项运动只学了 1 天时间。

③第四项运动是踢足球。

④用 3 天学的运动项目不是踢足球也不是打保龄球。

运动项目：网球、滑雪、射箭、踢足球、打保龄球。

天数：只有 1 天、连续 2 天、连续 3 天、连续 4 天、连续 5 天。

你能列出他学习每项运动的开始日期和结束日期吗？

73. 吹泡泡

爷爷以前经常说他年轻时最快乐的一件事就是参加吹泡泡派对。派对上，每个人都发一个管，谁吹的泡泡最大或者谁一次吹出来的泡泡最多谁就可以获得奖品。当我问爷爷一次最多吹出来多少个泡泡时，他是这么回答的：

"我要把这个数字放在一个思维游戏里，年轻人！"

"如果在那个数字的基础上加上那个数，然后再加上那个数的一半，接着再加上 7，我就吹出来 32 个泡泡。"

那么，你能根据他所说的提示计算出他一次吹出来多少个泡泡吗？

74. 简单的迷宫游戏

非常简单的迷宫，你能从 A 走到 B 吗？能有多少种路线？

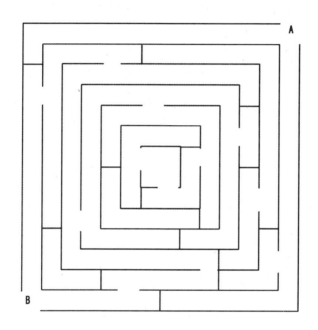

75. 巧移碟子

有 A，B，C 三张桌子，A 桌上有 4 个从上到下、从小到大叠起来的碟子。现在要把 A 桌上的碟子移到 C 桌上，要求每一次只能移动一个桌子上的一个碟子，每桌上有两个或两个以上碟子时，碟子必须重叠放置，任一碟子不能放在比它小的碟子上。

怎样移才能又快又简便呢？

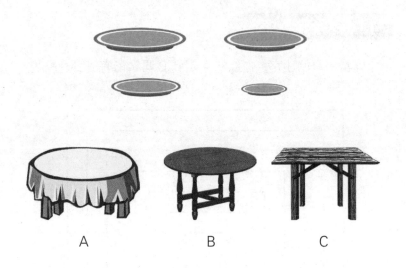

A   B   C

76. 狗的难题

这只是一个游戏，骨头是不会动的，但狗要拿到所有的骨头也不是那么简单的。如下图，狗从 1 号骨头的位置出发，沿黑线一直跑到 12 号骨头的位置，最终把骨头全拿到，一根也不留，而且同一个地方不能去第二次。它该怎么走？

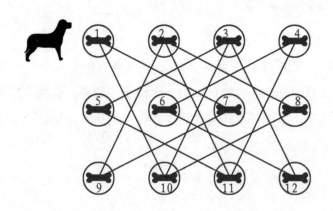

77. 巧排扑克牌

从一副扑克牌中取出红桃1到9这9张牌。有没有一种排列顺序，能使这9张牌中找不到有4张牌是按由大到小或由小到大的顺序排列的？我们举一例，如654291738，这其中的6542是由大到小的顺序排列的，所以不行。

78. 如何确保胜利

做一个游戏。准备A至10的10张扑克牌，两个人轮流取牌，可任意取。各人取的牌按取牌的顺序排列。哪个人先完成4张单调排列（由大到小或由小到大排列）的牌，就算赢。如果你先取牌，用什么办法才能确保胜利？

79. 走围城

请将以下条件分析清楚，找到正确的出路。起点和终点都是用→来表示的。

① 在各行（横着排列的）必须通过的房间的总数量，根据该行左边正对着的数字来确定；在各列（竖着排列的）必须通过的房间的总数量，根据该列上边正对着的数字来确定，要求刚好能满足这些数字来走完路途。

② 曾经走过的房间不能再重复通过，而且，不能在同一个房间里折返（走 U 字形）。

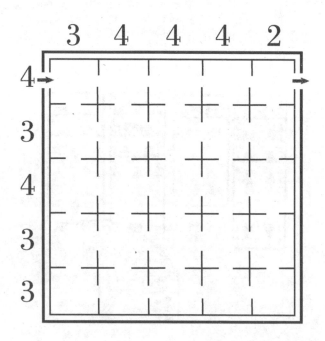

80. 奇怪的城镇

某国有一个城镇里的人特别爱好休闲。这个城镇只有一家便利店、一家打折商场和一家邮局。每星期中只有一天全部开门营业。

邮局　　　　　　　便利店　　　　　　打折商场

① 每星期这三家单位各开门营业 4 天。

② 三家单位没有一家连续 3 天开门营业。

③ 星期天这三家单位都停止营业。

④ 在连续的 6 天中：

第一天，打折商场停止营业；

第二天，便利店停止营业；

第三天，邮局停止营业；

第四天，便利店停止营业；

第五天，打折商场停止营业；

第六天，邮局停止营业。

有一个人初次来到这个城镇，他想在一天之内去便利店里买东西，又要去打折商场买衣服，还要去邮局寄信。请问：他该选择星期几出门？

81. 骑士

让 8 个骑士围坐在圆桌边，每个人每次都不能有 2 个相同的邻桌，满足这一条件的座位顺序一共有 21 种。下面已经给出了 1 种，8 个骑士分别用 1~8 标注。请你在图中画出其他的 20 种座位顺序。

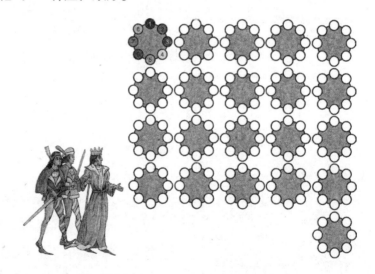

82. 坐座位

有 3 对夫妻围坐在圆桌边，他们的座位顺序需满足下面的条件：

1. 男人必须和女人坐在一起；

2. 每个男人都不能跟自己的妻子坐在一起。

请问满足上面条件的排位方法一共有多少种？

● A 丈夫　● A 妻子

● B 丈夫　● B 妻子

● C 丈夫　● C 妻子

83. 苹果树

把苹果摘回来以后，就该考虑怎么享用苹果了：肯定要吃一点，但一个人又吃不了那么多。于是，第一天我用一半的苹果换了葡萄酒，葡萄酒好喝又能放一段时间，够我喝上一阵子了，然后我还高兴地吃了 4 个苹果；第二天用剩下的一半苹果去换其他的水果来尝。因为吃了其他的水果，所以我就只吃了3 个苹果；第三天，吃了 1 个苹果后，觉得一个人吃没有意思，应该和朋友们一起分享，所以把剩下的苹果的一半分给了朋友们。这时，我还有 5 个苹果、其他一些水果和葡萄酒。你知道今年我的苹果树一共结了多少个苹果吗？

84. 蛋卷冰激凌

现在有 1 个 3 层的蛋卷冰激凌，这 3 层的口味分别是草莓、香草和柠檬。请问你拿到这个冰激凌从上到下的口味排列正好是你最喜欢的顺序的概率是多少?

85. 开商店

哈丽和桃瑞斯正在玩"开商店"的游戏。哈丽花了 3.1 元从桃瑞斯那里买了 3 罐草莓酱和 4 罐桃酱。那么,你能否根据上面说的情况计算出每罐草莓酱和每罐桃酱的价钱吗?

"桃瑞斯! 我把这罐桃酱拿回来了,我想换成草莓酱。"

"好的,哈丽,给你草莓酱。"

86. 替换数字

当一位魔术师在装书的箱子里翻找时遇到了一个很麻烦的思维游戏，他想我们的读者或许会对这个思维游戏感兴趣。他手里拿的木板就是这个思维游戏。要解决这个思维游戏，你必须把全部圆点用 1~9 这几个数字代替，这样，其实就形成了一道数学题。上面没有数字 0，同时，每个数字都只能使用一次。请你试一试，看能否在半个小时之内推算出这道题的答案。

87. 开关的难题

对一批编号为 1~100、全部开关朝上（开）的灯进行以下操作：凡是 1 的倍数向反方向拨一次开关；2 的倍数向反方向又拨一次开关；3 的倍数向反方向再拨一次开关……操作 100 次。问：最后为关灯状态的灯编号是多少？

88. 金币与银币

一位王子向智慧公主求婚。智慧公主为了考验王子的智慧，就让仆人端来两个盆，其中一个装着 10 枚金币，另一个装着 10 枚同样大小的银币。仆人把王子的眼睛蒙上，并把两个盆的位置随意调换，请王子随意选一个盆，从里面挑选出 1 枚硬币。如果选中的是金币，公主就嫁给他；如果选中的是银币，那么王子就再也没有机会了。王子听了，说："能不能在蒙上眼睛之前，任意调换盆里的硬币组合呢？"公主同意了。

请问：王子该怎么调换硬币才能确保更有把握娶到公主呢？

89. 会遇到几艘客轮

每天上午，一家公司的客轮从香港出发开往费城，并在每天这一时间都有该公司的一艘客轮从费城开往香港。客轮走一个单程需要 7 天 7 夜。请问：今天上午从香港开出的客轮，一路上将会遇到几艘从对面开来的同一个公司的客轮？

90. 银行业务

"恭喜你，斯洛先生。你已经通过申请获得贷款的所有资格。可是，我们还要最后检测你管理钱财的能力。国家银行的思维游戏专家设计了下面的题。你必须将这6枚1角硬币放在格子里的点上，但是要保证水平方向、垂直方向或者对角线上的同一条直线上不能同时出现2枚硬币，你只有10分钟的时间解答这个题。"

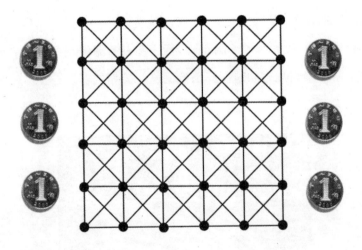

91. 男孩女孩

5个人排成1行，5个人中有男孩也有女孩，但是男孩和女孩各自的人数不确定，问有多少种排列方法可以使每个女孩旁边至少有1个女孩？

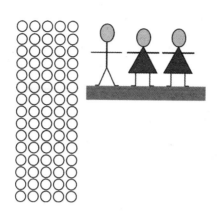

92. 吃掉骑士

如下图，棋盘上的 12 个骑士有的会被其他骑士吃掉，有的不会。

通过仔细观察你能看出，其中只有 4 个骑士会被吃掉。

现在请问你棋盘上至少需要多少个骑士，才能使每个骑士都会被其他骑士吃掉？

93. 礼服和围巾的问题

下面有 3 个礼盒，盒子上都有标签，但是这些标签和内容都完全不符合。请问：你检查哪个盒子里检查的物品，才能确定三只盒子里各有什么物品？

3 件晚礼服

3 条围巾

2 件晚礼服
1 条围巾

94. 一定是女儿吗

史密斯先生和太太有五个孩子，都是男孩。一天他们展开了以下的对话。

史密斯太太说："我希望我们下一个孩子不是男孩。"

史密斯先生说："亲爱的，在生了五个儿子之后，下一个肯定是女儿。"

问：史密斯先生这样推论对吗？

95. 四只鸭子的性别

鸭妈妈生了四只小鸭子。鸭爸爸非常高兴，对鸭妈妈说："亲爱的，你说我的宝宝有几只是公鸭，几只是母鸭啊？"

鸭妈妈为难地说："我也不知道呢。"于是，鸭爸爸展开了他的一系列推论：

四只小鸭都是公的不太可能。

也不可能四只都是母的。

每只鸭子是公是母的机会是一半对一半，所以很明显，亲爱的，最有可能的结果是两只公的、两只母的。

鸭爸爸的这种推论是正确的吗？

96. 小明的游戏

小明和小强喜欢玩数学游戏。有一次，小明邀请小强玩一个新的游戏，赢了的话小明就给小强糖，输了的话小强要给小明糖。

游戏规则如下：这里有三个倒扣的碗，只有一个碗扣有骰子。如果小强答对了，那么给小强的糖变多一倍。

在玩了一阵之后，小强发现，他最多只能三次里赢一次，所以小强不想再玩了。

于是小明又对小强说："这样，我再和你玩个游戏。你随便选一只碗，我再翻开一个空碗，这样，骰子肯定在另外两个碗中的一个里，这样你赢的机会就能增加了。"

可是，小明没有认识到自己新设计的游戏中，翻开一个空碗根本不影响小强赢的机会，你知道这是怎么回事吗？

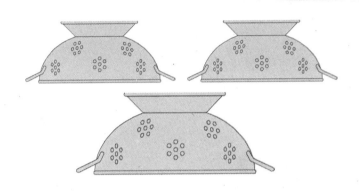

97. 鸽子的雌雄概率

这里有两只鸽子，一只白鸽子，一只黑鸽子。现在想判断一下它的雄雌。

问：“有一只鸽子是雄的吗？”

那么，两只都是雄的概率是 $\frac{1}{3}$ 。

如果改变一下问法，判断它们是雄是雌的概率就会不同。

假设问：“白鸽子是雄的吗？”

那么，两只都是雄的概率就变成了 $\frac{1}{2}$ 。

怎样解释这一现象呢？

98. 双赢的赌局

杰克逊教授和两个学生一起去吃午饭。

教授：我来告诉你们一个新游戏：把你们的钱包放在桌子上，我来数里面的钱，钱包里的钱最少的那个人可以赢掉另一个人钱包里的所有钱。

学生甲想：嗯……如果我的钱比乙的多，她就会赢了我的钱，可是，如果她的多，我就会赢多于我的钱，所以我赢的要比输的多，因此这个游戏对我有利。

学生乙想：如果我的钱比甲多，她就会赢了我的钱。可是，如果她的钱比我的多，我就可以赢，而我赢的比输的多，所以游戏对我有利。

一个游戏怎么会对双方都有利呢？这是不可能的，可这又怎么解释呢？

99. 高速行驶更安全

统计资料表明：大多数汽车事故出在中等速度的行驶中，极少的事故是出在大于每小时 150 千米的高速行驶的速度上。这是否就意味着高速行驶比较安全？

100. 死亡率更高的医院

统计数字表明：在 W 市的人民医院死的人要比同市其他医院死的人多。这是否就意味着 W 市的人民医院比其他医院的医疗水平要低一些？

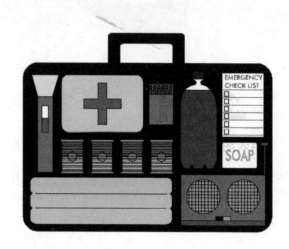

答案

1. 骰子推理

答案是 e。这是考察你的空间想象能力，b 的对面应该是 e。如果还不明白，你可以动手做一个骰子看看就知道了。

2. 到底中了几枪

凶手开枪时，被害者正背对窗子弯腰，子弹射穿了她的大腿后进入胸部，所以表面上看好像是中了两枪。

3. 出现过多少次5

16 次。

4. 来访的凶手

凶手是女教师的男朋友。因为女教师死亡时身穿睡衣。若是外人来访，她会通过"猫眼"看见，并换上整齐的服装。

5. 排队买票

排队的顺序是：芬尼、杰尼、杰克、鲍勃、汤姆、沃克。

6. 珍珠项链的启示

珍珠项链暗示和尚。和尚总是戴着珠串，算命的是不戴的。

7. 多少种搭配方法

$4 \times 8 \times 4 = 128$ 种。

8. 沙滩晨练

在这个队伍里有 275 名战士和 85 只警犬。

战士：$(360 \times 4 - 890) \div (4 - 2) = 275$（个）；警犬：$360 - 275 = 85$（条）。

9. 实话和谎话

桶里的水是可以喝的。

这道题在所有辨别真伪的游戏题里面，算是再简单不过的了。

你想想，你在一个晴朗的午后说"今天天气不错"。对方回答"是的"。那就说明对方是那个只说实话的孩子。他说桶里面的水是可以喝的，那就一定是可以喝的喽。

10. 鸡兔同笼

鸡脚加兔脚是 6 只，因只数相等，所以 $90 \div 6 = 15$，笼中有 15 只鸡，15 只兔。

11. 盒子里的黑白球

只有一种可能，即从贴有"黑白"标签的盒子中任取一球，就能辨明每个盒子中分别装了什么球。既然每一个盒子中所装的球都与贴签不同，那么，贴有"黑白"标签的盒子中装的两球要么是两个白球，要么是两个黑球。如果从这个盒子中取出一个球是白球，那么这个盒子里装的就是两个白球，而贴有"白白"标签盒的两个球只能都是黑球；"黑黑"标签的两球是一白一黑；如果取出的是黑球，那么这个盒子里装的是两个黑球，而贴有"白白"标签盒的两个球只能是一白一黑，"黑黑"标签的两球是白球。若是先从"白白"盒或"黑黑"盒中拿，都无法确定盒中是什么球。想一想，为什么？

12. 新兵的推理

新兵杰克的推断是不正确的。

教官可以在周四以前的任何一天拉练，如果杰克表示反对的话，教官可以问他：

"你真的认为今天不应该拉练吗？"

杰克肯定会回答："是的，教官。按照您的说法今天是不能拉练的。"

教官就可以告诉杰克："那就是说你不知道今天拉练。按照我的说法，今天可以拉练！"

这下新兵杰克就只能干瞪眼了。

13. 3 个人猜拳

不对，两个人猜拳的排列组合有 9 种，有 $\frac{1}{3}$ 的机会是平手。而 3 个人猜拳时的排列组合会有 27 种，平手的机会是这样的：

石头：石头：石头，石头：布：剪刀，石头：剪刀：布；

剪刀：石头：布，剪刀：剪刀：剪刀，剪刀：布：石头；

布：石头：剪刀，布：剪刀：石头，布：布：布。也是 9 种。

因此两个人猜拳平手的机会和三个人猜拳时平手的机会是

一样的，都是 $\frac{1}{3}$。

14. 有几条路线回家

不会经过桥的路线有 6 条，会经过一座桥的路线有 23 条。

15. 多少种付费法

4 种付法。20 分；10 分 + 10 分；10 分 + 5 分 + 5 分；5 分 + 5 分 + 5 分 + 5 分。

16. 下围棋

第一枚棋子放在棋盘的正中间，也就是围棋盘的天元上。此后无论对方在中心点之外选取哪一点放棋子，你都能以中心点为对称点，找到另一个对称点。这样，只要对方能找到放棋子的位置，你同样也能找到相应的放置位置。因此，你必能获胜。

17. 谁是老实人

老王、老李是真正的老实人。

先假设老张是老实人。那么，把老李说的话颠倒过来，老刘就成了老实人。这样一来，老王和老林也都成了老实人了，这样就超过只有两个老实人的限制了。所以老张在说谎。

再假设老林是老实人，把老王说的话颠倒过来，老张就成了老实人。但是，照老林的说法，老张应该是个骗子，这样就相互矛盾了。所以老林在说谎。

再假设老刘是老实人，则加上老王跟老林就成了3个老实人，也不成立。所以老刘在说谎。

18. 找算错了的数

答案是170。如果是小数点的错，账上多出的钱数是实收的9倍。所以153÷9 = 17，那么错账应该是17的10倍。找到170元改成17元就行了。

19. 找不一样的瓶子

最少只要两次。怎么样？想不到吧！有点撞大运的感觉，因为第一秤有可能拿到那只不一样的瓶子。第二秤确定不合格的瓶子是重是轻。

20. 设计邮票

最少要7枚邮票，面额分别是1元、4元、5元、15元、18元、27元与34元。

21. 分蛋糕

你所要做的是把周长分成相等的5份（或"n"份，这个"n"是你所要得到的蛋糕块数）。

然后从中心按照一般切法把蛋糕切开。

诺曼·尼尔森和佛瑞斯特·菲舍在1973年提供了证明，

证明如下。

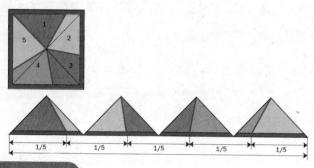

22. 神秘的玫瑰

190 条直线。如果用 20 个点，那么第一个点要与其他 19 个点连接，这样就有 19 条线；第二个点可以和 18 个点连接，有 18 条线……所以算式为 19 + 18 + 17 + …… + 1 = 190。

23. 帽子游戏

甲、乙、戊是黑帽子，丙和丁是白帽子。如果按习惯思维，会用排他法推理分析，即将五人的话——假定分析，可结果是越理越理不清头绪。显然排他法不适合本题，必须另辟蹊径。

我们先来看一看，谁的陈述最简洁。当然是乙与戊。如以"戴白帽子的人猜对了"为前提，戊的陈述比较有头绪。我们选取他为突破口。如果戊正确，那么五人都戴白帽子。又以"戴白帽子的人猜对了"为前提，则甲、乙、丙三人猜测的都是正确的。显然，这与事实不相符合，所以戊是错的，他戴的是黑帽子。

再看乙的陈述，如果他的话是正确的，那么其他四人戴的都是黑帽子，他们的陈述也都是错的。可丙的陈述是"除我以外，有3顶黑帽子和1顶白帽子"应该是正确的，那丙应该是戴白帽子，但这显然相互矛盾。所以乙的陈述也是错的，他戴的是黑帽子。

从乙和戊所戴的是黑帽子中，可知甲的陈述也是错的，因此他戴黑帽子。

再来看关键的丙的陈述。如果他是错的，那么，所有人的猜测都是错的，即所有的人戴黑帽子，与老师说的至少有一人是戴白帽子的隐含条件相矛盾。所以丙是正确的，他戴的是白帽子。

丙是正确的，那么他说还有一人戴白帽子只剩下丁了，所以丁戴的是白帽子。

这样一来，他们在第二次推测中就可以辨清自己所戴的是什么颜色的帽子了。

24. 遥控器游戏

有17种走法。

25. 拼独特的图案

12种图案。如果你找到的数目超过了12，你会发现，经过旋转或翻转，有些是相同的。

26. 翻转符号

最少翻转 3 列。具体为有 5 种翻动方法：

① 翻转第 1，3，6 列。　　② 翻转第 1，6，7 列。

③ 翻转第 3，5，6 列。　　④ 翻转第 3，4，7 列。

⑤ 翻转第 5，6，7 列。

27. 设计三角形骨牌

15 个。我们可以先从更简单的情形开始思考：这种骨牌的设计规则是在每个三角上放不同的数字组合。如果用 0~2 这三个数字，我们可以很容易地找到如下组合：0-0-0，0-0-1，0-0-2，0-1-1，0-1-2，0-2-2，1-1-1，1-1-2，1-2-2，2-2-2 共 10 种组合。这是一个三角形数，而 56 也是三角形数，这不是巧合，所以 10 后面的下一个三角形数是 15，那就会有 15 个这种三角形骨牌。当然，你可以用数学排列组合的方法来解，那也可以验证这种思考方法是正确的。

28. 有多少种走法

一共有 35 种走法。不管你走哪条路，都至少需要经过 5 个白色砖块。所以接下来你只能从 5 行白色砖块中自由选择 3 个。因此这时问题就相当于要将 3 颗球任意放进 5 个袋子，有多少种放法？

将全部 3 颗球放进一个袋子有 5 种方法：将其中 2 颗球放进 1 个袋子有 5×4 种方法，3 颗球都放进不同的袋子有（5×4）÷2 种方法。因此，答案是：5 + 20 + 10 = 35 种。

29. 袋子里的苹果

答案只有一个：

60，16，6，6，6，6。

因为把100个苹果分装在6个袋子里，100的个位是0，所以6个数的个位不能都是6，只能有5个6。即6×5 = 30；又因为6个数的十位数的数字和不能大于10，所以十位上最多有一个6；而个位照上面的分法已占去30个苹果了，所以目前十位上的数字的和是不能大于7的，也只能有一个6，就是60个苹果。这样十位上还差1，把它补进去出现一个16。即：60，16，6，6，6，6。

30. 不走重复路

以下字母代表在每个路口选择的方向（E=East［东］、W=West［西］、S=South［南］、N=North［北］）：

①E，N，S（赢）

②E，N，W，N（赢）

③E，N，W，S，N（输）

④E，N，W，S，W（输）

⑤E，S，E，N（赢）

⑥E，S，E，W，N（输）

⑦E，S，E，W，S（赢）

⑧E，S，W（输）

⑨ S, E, N（赢）

⑩ S, E, W, N, S（输）

⑪ S, E, W, N, W（输）

⑫ S, E, W, S（赢）

⑬ S, N, N, S（赢）

⑭ S, N, N, W, N（赢）

⑮ S, N, N, W, S（输）

⑯ S, N, W（输）

所以，赢的概率是 $\frac{8}{16} = \frac{1}{2}$。

31. 移棋子

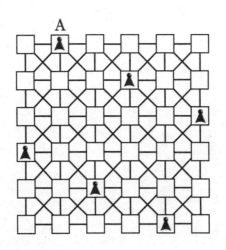

最少得移动 8 次。

结果就像图中画的那样。移动的次数从 1 号棋子开始算，

分别是:

1 次 + 2 次 + 1 次 + 1 次 + 2 次 + 1 次。

32. 老师的测试题

两人手中纸条上的数字都是 4。两个自然数的积为 8 或 16 时,这两个自然数只能为 1,2,4,8,16。可能的组合为:1×8,1×16,2×4,2×8,4×4。

当皮皮第一次说推不出来时,说明皮皮手中的数字不是 16,如是 16,他马上可知琪琪手中的数字是 1。因只有 16×1 才能满足条件,他猜不出来,说明他手中不是 16,他手中的数可能为 1,2,4,8。同理,当琪琪第一次说推不出时,说明她手中的数不是 16,也不是 1,如是 1,她马上可知皮皮手中的数为 8,因前面已排除了 16,只有 8×1=8 能符合条件了,她手中的数可能为 2,4,8。

皮皮第二次说推不出,说明他手中的数不是 1 或 8,如是 1,他能推出琪琪手中的数是 8,同理,是 8 的话,能推出琪琪手中的数是 2,这样皮皮手中的数只能为 2 或 4。琪琪第二次说推不出时,说明琪琪手中的数只可能为 4,只有为 4 时才不能确定皮皮手中的数,如是 2,她可推出皮皮的数只能为 4,因只有 2×4=8 符合条件;如果是 8,皮皮手中的数只能为 2,因只有 8×2=16 符合条件。

因此第三轮时,皮皮能推出琪琪手中纸条上的数字是 4。

33. 逃跑的特工

最少要剪断 7 根。

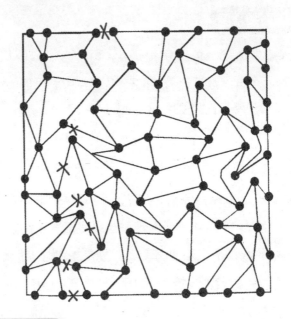

34. 猜数字游戏

能。这四个数字是 2，5，6，8。

先列出四人猜的情况。甲猜对了两个数，可能是 2-3，2-4，2-5，3-4，3-5，4-5。

乙猜对了一个数，可能是（1，3，4，8）中的 1 个数，他未猜的 4 个数（2，5，6，7）中有 3 个数是纸条上的数。

丙猜对了两个数，可能的组合为 1-2，1-7，1-8，2-7，2-8，7-8。

丁猜对了一个数，可能是（1，4，6，7）中选取 1 个数，他未猜的 4 个数（2，3，5，8）有 3 个数是纸条中的数。

8 个数字中，甲与丙两人都猜了的数字是 2，两人都没有猜的数字是 6。

8 个数字中，乙与丁两人都猜了的数字是 1，4，两人都没有猜的数字是 2，5。

我们先假设 2 不是纸条上的数。那么从乙未猜的数字中可得出 5，6，7 是纸条上的数字；同时从丁未猜的数字中可得出 3，5，8；这样纸条上的数字就会有 5 个，分别是 3，5，6，7，8。显然，这一推论与题中"纸条上只有 4 个数字"相矛盾，因此假设是错的，也就是 2 为纸条上的数字。用同样的方法可推出 5 也在纸条上。

再假设 1 在纸条上，那么从乙猜的数字中可得出 3，4，8 不在纸条上。同时，从丁猜的数字中可得出 4，6，7 不在纸条上。这样不在纸条上的数字有 5 个，分别是 3，4，6，7，8，纸条上只能有 3 个数字，显然也不正确。所以假设错误，1 不在纸条上。用同样的方法，可推出 4 不在纸条上。

我们知道了 2，5 在纸条上，从甲猜测对了两个数字可知 3，4 不在纸条上。这样，在纸条上的数字可能是 2，5，6，7，8 中的 4 个。

最后，我们来看丙猜的情况，从他猜测的 4 个数可知 7 与 8 只能有一个数在纸条上。如 7 在纸条上，纸条上的数为 2，5，6，7。我们发现丁猜对了 6，7，显然与题目矛盾。再来检验 8，发现刚好能符合条件。

所以，只有一种可能，纸条上的数字是 2，5，6，8。

35. 参观农场

16 头奶牛，342 只羊，58 头猪。

思路：

设农场主人原有 X1 只绵羊，Y1 头奶牛，Z 头猪。

由题意，可得以下三个等式：

$X1 - Y1 = 38$......................①

$Y1 - Z = 6$.........................②

$X1 + Y1 + Z = 224$..........③

①+②可得：

$X1 - Z = 44$

$X1 = 44 + Z$.......................④

由②可得：

$Y1 = 6 + Z$....................⑤

④和⑤代入③可得：

$3Z + 50 = 224$

$Z = 58$

则 $X1 = 102$，$Y1 = 64$。

得到主人原本有 102 只绵羊，64 头奶牛，58 头猪。

设农场主现有 X2 只绵羊，Y2 只奶牛。

由题意可得：

$$Y2 = Y1 \times (1 - 75\%) = 16$$

$$X2 = X1 + Y1 \times 75\% \times 5$$

$$= 102 + 64 \times 5 \times 75\%$$

$$= 342$$

得到农场主人现有 16 头奶牛，342 只绵羊，58 头猪。

36. 钟表上的数字

33 次。

12：00—16：00，每一小时有 2 次，如 12：11 和 12：22，共 8 次；

16：00—19：59，每小时只有 1 次，共 4 次；

20：00—22：00，每小时 2 次，共 4 次；

22：00—23：00 有 15 次；23：00—24：00 有 2 次。

37. 摆正方形

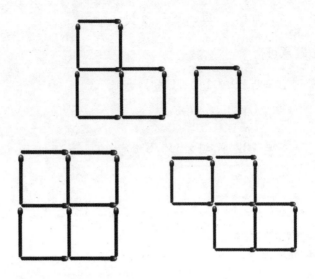

38. 硬币的数量问题

如果能把不同类型的硬币平均分成 4 份、5 份、6 份（注意：平均分的 4 堆中的 2 堆可以平均分成 3 份，另外 2 堆也一样可以分成 3 份，所以说可以分成 6 份），这样，每一种硬币至少有 60 枚。

39. 增加的菱形

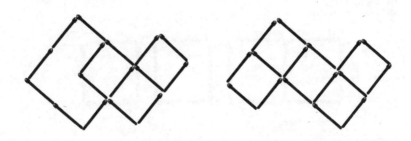

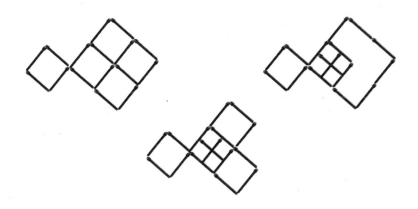

40. 相遇问题

见到 21 辆运送物资的军车。

因为他没出发时已经有车在路上了，他刚出门，10 天前出发的军车正好到达，加上路上的 10 天共有 20 辆军车与他相遇，而当他到达后勤部时，又有一辆军车要出发了。

41. 刑警抓歹徒

歹徒如果聪明的话，可以先把船划到湖心，看准刑警的位置，再立刻从湖心向刑警正对的对岸划船。这样他只划一个半径长，刑警要跑半个湖周长，即半径的 3.14 倍，而刑警的速度是歹徒的 2.5 倍，歹徒能在刑警到达之前先上岸跑掉。

42. 完全重合的次数

也许你还在做烦琐的计算吧！而且算起来也颇费力。其实只有一种可能，那就是只有在整 12 点时，三针才会完全重合。

3种。

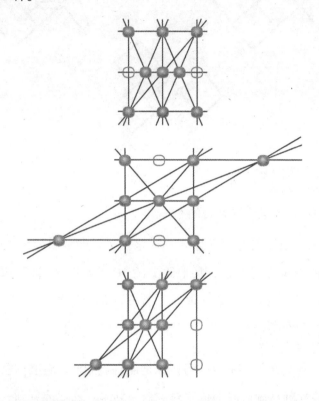

第5层。如果同时从1楼开始，甲到第9层时实际是跑了8层，而乙是跑了4层，恰到第5层。

只要第一个拿走桌子上的3枚硬币便一定能赢。

46. 抛硬币

毫无疑问是 $\frac{1}{2}$。无论谁来抛，也无论抛多少次，这个概率是不会变的。千万不要让惯性思维把你带入陷阱。

47. 要跳多少步（1）

至少需要 15 步。

48. 要跳多少步（2）

至少需要 20 步。

49. 最后的赢家

应该先在桌子的正中心放一个硬币，之后无论对方怎么放，你只要在对称的地方放上硬币，直到对方无法放置，你就赢了。

不管换成什么桌子，只要它的形状是上下左右对称的，你先把硬币放在桌子的正中间就能赢。

50. 如何摆麦袋

至少移动 5 个麦袋，麦袋的摆放次序是：2，78，156，39，4。

51. 换啤酒

先买 161 瓶啤酒，喝完以后用这 161 个空瓶还可以换回 32 瓶（161÷5=32）啤酒，然后再把这 32 瓶啤酒退掉，这样一算，就发现实际上只需要买 161−32=129 瓶啤酒。可以检验一下：先买 129 瓶，喝完后用其中 125 个空瓶（还剩 4 个空瓶）去换 25 瓶啤酒，喝完后用 25 个空瓶可以换 5 瓶啤酒，再喝完后用 5 个空瓶去换 1 瓶啤酒，最后用这个空瓶和最开始剩下的 4 个空瓶去再换一瓶啤酒，这样总共喝了：129+25+5+1+1=161 瓶啤酒。

52. 玻璃瓶里的弹珠

这个玻璃瓶里装有 8 种颜色的弹珠，如果真的算你倒霉的话，最坏的可能性就是前 8 次摸到的都是不同颜色的弹珠，而第 9 次摸出的任何颜色的弹珠，都可以与已摸出的弹珠构成"同色的 2 个弹珠"。所以最多只需要取 9 次。

53. 连珠

二连珠可能有 4 种：灰－黑；灰－灰；黑－黑；黑－灰。

没有重复的二连珠的珠子串最长含 5 颗珠子：

三连珠可能有 8 种；没有重复的三连珠的珠子串最长含 10 颗珠：

54. 属相与概率

5个人。属相一共有12个，假设答案是2个人时，拥有不同属相的概率是 $\frac{12}{12} \times \frac{11}{12}$ =92%。而3个人拥有不同属相的概率是 $\frac{12}{12} \times \frac{11}{12} \times \frac{10}{12}$ =76%。以此类推，当人群中有5个人时，拥有不同属相的概率是38%，降到了50%以下。5个人拥有不同属相的概率是38%，那么其中最少有2个人是相同属相的概率就是62%。

55. 数字组合

根据该题目的游戏规则，不论你找出哪组数字，它们的总和都是3的倍数，这样的话，它们组合的数字也都能被3除尽。

56. 惹人遐思的碑文

3个人。

57. 花样扑克

有胜算。

假设朝上的是√，朝下的是√或×的机会并不是一半一半。

朝下的是√的机会有两个：一个是第一张卡片的正面朝上时；另一个是第一张卡片的反面朝上时。

但朝下的是×的机会，只有当第二张卡片正面朝上的时候。

也就是说，只要回答朝上那面的图案，他就有 $\frac{2}{3}$ 机会赢。

58. 几个阀门

只要打开一个阀门就可以让水流到桶里了。

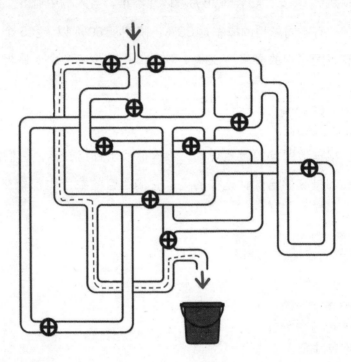

59. 切点

需要 6 个圆。如下图：

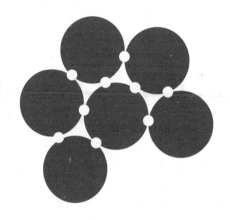

60. 越来越多的笔

因为小红发现，这个游戏看似公平，但大部分同学都忽略了一个现象：在每摇一次盒子之后，就有三个同学输了，三个同学赢了。可是，常常会有两个或三个骰子上显出同样的数，这时赢了的同学只能得到一支笔。如果有两个骰子时，那么他收到四支笔，给出三支笔，留下一支笔。如果有三个骰子时同样的数，则他就收到了五支笔，送出去三支笔，留下两支笔。正是这些双重数和三重数使小红拿到的笔越来越多。

61. 三位数

你只需保证第一张牌和第三张牌相加的和等于中间那张牌的数值。

62. 一家人

4个人。兄妹二人，一人有一子，一人有一女。

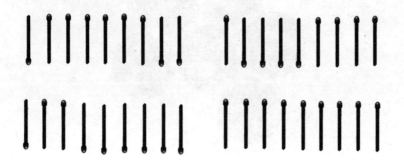

可怜的阿里阿德涅一共有 15 块甜饼。劳拉得到 7.5+0.5，即 8 块甜饼，还剩下 7 块；梅尔瓦得到 3.5+0.5，即 4 块甜饼，还剩下 3 块；罗伦得到 1.5+0.5，即 2 块甜饼，还剩下 1 块；玛戈特得到 0.5+0.5，即 1 块甜饼，而阿里阿德涅则 1 块甜饼也没有。

有 3 种，如下图所示：

66. 帽子、围巾和手套

用 A 表示戴帽子，B 表示戴手套，C 表示系围巾，画图来分析三者的关系。

① 3 人，② 1 人，③ 18 人，④ 10 人。

67. 按顺序排列的西瓜

? ? ? 7 ? ? ?

1 3 5 7 9 11 13

最重的西瓜是 13 千克。

68. 各有多少条鱼

在数字中，除了 0 外，只有 1 和 8 照出来依旧是本数，于是知道两种鱼条数的积是 81，因为 81 在镜子里是 18，正好是 9+9。由此可知，五彩神仙鱼、霓虹灯鱼的数目各是 9 条。

69. 交换时针和分针

不能，除了两针重合时能正确表示时间外，表针在其他位置均无法表示正确的时间。

70. 输与赢

是二毛说的这番话。在开始打赌前，大毛有 30 元，二毛有 50 元，三毛有 40 元。

71. 魔力商店

因为每个人所能分得的财产与各自服务的时间长短相一致。女佣人分得了 1 份遗产，会客室那个仆人分得了 3 份遗产，厨师则分得了 6 份遗产，这样，总共有 10 份。每一份遗产为 7000 元的 $\frac{1}{10}$，即 700 元，也就是那个女佣人所得的遗产。同时，会客室那个仆人得到 2100 元，而厨师得到 4200 元。

72. 学什么运动

如果踢足球（第四项）在射箭的后面，那么踢足球和第五项共计花费 3 天以内的时间，这与②相互矛盾。所以，第四项是踢足球，第五项是射箭。

根据条件①可知，踢足球最长就是 9 日、10 日、11 日的 3 天时间，根据条件②④，既不是 1 天也不是 3 天，所以只能是 2 天。

根据条件①，第三项 (1 天时间) 是滑雪或者打保龄球。

假设是滑雪的话，滑雪只能在 8 日进行，第四项的足球用 2 天，所以第五项的射箭用了 5 天。

那么根据④，剩下的网球和打保龄球就是 3 天和 4 天了，在 1 日到 7 日之间进行，由于 4 日那天没有打网球所以这个假设不可能成立。

因此，第三项是打保龄球，第一项是网球，第二项是滑雪。

打保龄球只有 9 日，雪橇是 10 日和 11 日。所以，射箭是从 12 日开始的 4 天，网球是 5 天，剩下的滑雪是 3 天。

73. 吹泡泡

证明如下：

$10 + 10 + 5 + 7 = 32$。

答案就是 10 个泡泡。

74. 简单的迷宫游戏

很简单的问题，可是你是不是在怀疑这本书印刷错误，因为从迷宫中不可能走过去的。但是，我们的问题是从 A 走到 B，没有规定从哪儿走。所以答案只是一种走法，现在你可以有更多的方向了。

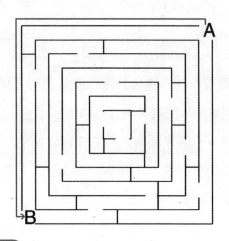

　　需要 15 次。下面我们就用图示的方法来演示。假设用 4，

3，2，1 四个数字来代表由大到小的 4 个盘子，并且数字越大

的代表的盘子越大，过程如下：

	A	B	C
（1）4，3，2	1	
（2）4，3	1	2
（3）4，3		2，1
（4）4	3	2，1
（5）4，1	3	2
（6）4，1	3，2	
（7）4	3，2，1	
（8）	3，2，1	4
（9）	3，2	4，1
（10）2	3	4，1
（11）2，1	3	4
（11）2，1		4，3
（12）2	1	4，3
（13）	1	4，3，2
（14）1		4，3，2
（15）		4，3，2，1

76. 狗的难题

狗的路线是：1 → 7 → 9 → 2 → 8 →

10 → 3 → 5 → 11 → 4 → 6 → 12。

77. 巧排扑克牌

排法有 84 种之多，如：635791248（当然反过来也一样）。

78. 如何确保胜利

只要第一张取 5，就可确保胜利。

79. 走围城

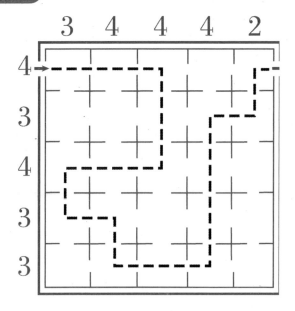

80. 奇怪的城镇

他应该选择星期五出门。

思路：

由④得：

1. 连续六天都有单位关门，所以只可能第七天三家单位同时开门。

2. 便利店第二、四天关门，相隔1天；商场第一、五天关门，相隔3天；邮局第三、六天关门，相隔2天。

由①可知，每家单位每周均开门4天，则必有3天休息。

由②得：三家单位均不会连续3天营业。则结合①推导出：

3. 便利店在第五、六天中必有1天休息。

4. 商场在第二、三、四天中必有1天休息。

5. 邮局在第一、二天中必有1天休息。

由③可知，星期天三家单位均停止营业。由此结合1~5，可推出第二天是周日，则第七天为星期五。

所以他应该星期五出门。

81. 骑士

思路：

n个骑士的排列方式有 $\dfrac{(n-1)\times(n-2)}{2}$ 种，8个骑士即

$\dfrac{(8-1)\times(8-2)}{2}=21$ 种

方法如下图所示。

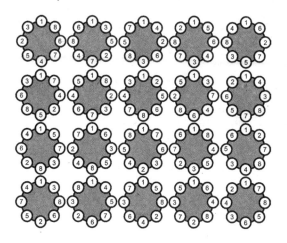

82. 坐座位

满足条件的排列方法只有唯一的一种，如下图所示。

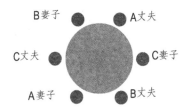

83. 苹果树

64 个。

84. 蛋卷冰激凌

一共有 3 种口味需要排序，那么就是 3 的阶乘，也就是一共有 6 种排序方法，因此冰激凌的口味正好是你最喜欢的顺序的概率应该是 $\frac{1}{6}$。

其中的一个答案为：草莓酱每罐 0.5 元，而桃酱每罐 0.4 元。在原先的交易中，3 罐草莓酱花费 1.5 元，而 4 罐桃酱则花费 1.6 元，这样，一共花费了 3.1 元。

86. 替换数字

答案如下：

$$
\begin{array}{r}
1\,7 \\
\times\ \ 4 \\
\hline
6\,8 \\
+\,2\,5 \\
\hline
9\,3
\end{array}
$$

87. 开关的难题

1，4，9，16……100，编号是平方数的灯都是关着的状态。你可以先尝试用 1 到 20 号做一下，就可以发现这个规律。

88. 金币与银币

王子可以在装有金币的盆里留 1 枚金币，把另外 9 枚金币倒入另一个盆里，这样另一个盆里就有 10 枚银币和 9 枚金币。如果他选中那个放 1 枚金币的盆，选中金币的概率是 100%；如果选中放 19 枚钱币的盆，摸到金币的概率最大是 $\frac{9}{19}$。王子选中两个盆的概率都是 $\frac{1}{2}$，所以，根据前面的两项概率，得出选中金币总的概率是 $100\% \times \dfrac{1}{2} + \dfrac{9}{19} \times \dfrac{1}{2} = \dfrac{14}{19}$，这样就远远大于原来未调换前的 $\dfrac{1}{2}$。

89. 会遇到几艘客轮

从香港开往费城的客轮，除了在海上会遇到 13 艘客轮以外，还会遇到 2 艘：一艘是在开航时候遇到的从费城开过来的客轮，另一艘是到达费城时遇到的正从费城出发的客轮，所以，加起来一共是 15 艘客轮。

90. 银行业务

这个题有很多种解法。下面的这个是斯洛先生提交的答案。

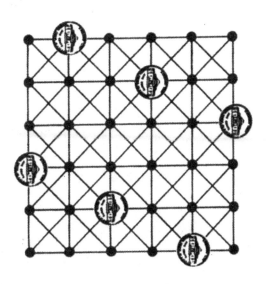

10 种。

如下图所示，至少需要 14 个骑士。

93. 礼服和围巾的问题

你只需要检查"2件晚礼服、1条围巾"的盒子里装的是什么物品，就行了。如果里面装的是3件晚礼服，那么"3条围巾"的盒子里装的就是"2件晚礼服、1条围巾"，另一个盒子里装的就是3条围巾；如果里面装的是3条围巾，那么"3件晚礼服"的盒子里装的就是"2件晚礼服、1条围巾"，那么另一个盒子里装的就是3件晚礼服。

94. 一定是女儿吗

不对，因为第六个孩子的性别和前五个孩子的性别完全无关。所以，史密斯先生和太太第六个孩子是男孩的概率仍是 $\frac{1}{2}$。

95. 四只鸭子的性别

让我们来检验它的理论。用 B 表示公鸭，用 G 表示母鸭，这就很容易列出十六种同等可能的情况。在十六种中只有两种是所有鸭都具有同样性别，所以，这种情况发生的概率是 $\frac{2}{16}$，或 $\frac{1}{8}$。鸭爸爸认为这种情况具有最低概率是对的。

现在，让我们检验一下一半一半的概率，鸭爸爸认为这是可能性最大的一种。这种情况有六次，所以其概率是 $\frac{6}{16}$，或 $\frac{3}{8}$。这显然比 $\frac{1}{8}$ 高。鸭爸爸也许是对的。

可是，我们还有一个更大可能的情况要考虑，即 3：1 分配，由于这种情况有 8 次，其概率是 $\frac{8}{16}$，或 $\frac{1}{2}$。这就比 2：2 分配高。因此，鸭爸爸的推论就不科学了。

96. 小明的游戏

在小强选出了一个空碗之后，至少有一个剩余的碗肯定是空的。由于小强知道自己把骰子放在哪一个碗下面，他就总能翻开一个空碗。因此，小明这样做对于小强修改他挑到正确碗的概率没有增添任何有用的信息。

如果允许小强取出要翻的碗，并要求翻开的是空的，那么他取得有骰子的概率就会从 $\frac{1}{3}$ 变到 $\frac{1}{2}$。

97. 鸽子的雌雄概率

当这个人问是否有一只鸽子是雄的时候，有三种可能的情况要考虑到。其中只有一种是两只都是雄的，所以这种情况的概率是 $\frac{1}{3}$。

可是，在这个人问白鸽子是否是雄的时候，就只有两种情况要考虑了。其中一种是两只都是雄的，所以这种情况的概率是 $\frac{1}{2}$。

98. 双赢的赌局

如果我们做出一个明确的假定来准确地限定条件，它就是一个公正的比赛。当然，如果我们已经得知比赛中的一个人总爱带较少的钱，那么我们就知道这个比赛是不公平的。如果无法得到这类消息，我们就可以假定每一个比赛者带有从 0 元到任意数量（比如说 100 元）的钱。如果我们按此假定构成一个两人钱数的矩阵（这是克莱特契克在他的书中列出的），我们就可看出这个此赛是"对称的"，不会偏向任何一个比赛者。

可惜，这里不可能告诉我们上面两个比赛者的想法错在哪里。至今也没有找到一种方法能够以比较简单的方式澄清这个问题。

99. 高速行驶更安全

绝不是这样。统计关系往往不能表明因果关系。由于多数人是以中等速度开车，所以多数事故是出在中等速度的行驶中。

100. 死亡率更高的医院

正好相反。W 市的人民医院医疗水平很高，所以重症患者纷纷前来，自然就使这个医院患者的死亡率升高了。

哇，数学原来这么好玩

快乐数学

金铁 主编

中国民族文化出版社

北京

图书在版编目 (CIP) 数据

哇，数学原来这么好玩 / 金铁主编 . —北京 : 中
国民族文化出版社有限公司 , 2022.8
ISBN 978-7-5122-1601-3

Ⅰ . ①哇… Ⅱ . ①金… Ⅲ . ①数学—少儿读物 Ⅳ .
① 01–49

中国版本图书馆 CIP 数据核字（2022）第 124135 号

哇，数学原来这么好玩
Wa, Shuxue Yuanlai Zheme Haowan

主　　编：金　铁

责任编辑：赵卫平

责任校对：李文学

封面设计：冬　凡

出 版 者：中国民族文化出版社　　地址：北京市东城区和平里北街 14 号
　　　　　　邮编：100013　联系电话：010–84250639　64211754（传真）

印　　装：三河市华成印务有限公司

开　　本：880 mm × 1230 mm　1/32

印　　张：28

字　　数：550 千

版　　次：2023 年 1 月第 1 版第 1 次印刷

标准书号：ISBN 978-7-5122-1601-3

定　　价：198.00 元（全 8 册）

　　"数学王国"，一个多么令人崇敬和痴迷的"领地"，你可曾想过现在它离你如此之近？数学究竟是什么？严格地说：数学是研究现实的空间形式和数量关系的学科，包括算数、代数、几何和微积分等。简单来说，数学是一门研究"存储空间"的学科。

　　尽管人类大脑的存储空间是有限的，但科学家已研究证明：目前人类大脑被开发利用的脑细胞不足 10%，其余都处于休眠状态，是一片有待开发的神奇空间。

　　想要开发休眠的大脑空间，让大脑释放出更大的潜能，数字游戏起着不可替代的作用。数学是一种"思维的体操"，其中所隐藏的数字规律、数学原理无不需要大脑经过一番周折才会豁然开朗；在这期间大脑被激活，思维得以扩展。

　　让大脑的存储空间得到充分的利用和发挥，更大程度地强化或激活脑细胞，让思维活跃起来，就是本套书的目的所在。

　　本套书有 8 个分册，按照数学题型类别结合趣味性，分为快

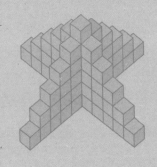

乐数学、天才计算、数字逻辑、数字谜题、巧算概率、分析推理、数字演绎、几何想象；选取 970 道趣味数学题，让你通过攻克一个个小游戏，体会数学的奥秘，培养灵活的数学思维，提高解决数学问题的能力。

　　本套书版面设计简单活泼，赏心悦目，让你愉快阅读；书中各类谜题不求数量繁多，但求精益求精，题目类型灵活新颖，题目讲解深入浅出，让你在快乐游戏中积累知识，开拓思路，扩展思维。

目 录

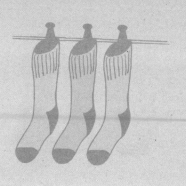

1. 丑小鸭变天鹅

图中是用 12 根火柴摆成的一只丑小鸭。你能加上 4 根，再移动图中的 3 根，让它变成一只在水上悠闲游动的白天鹅吗？

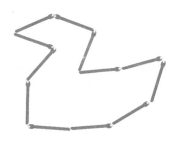

2. 办公室平面图

这是一幅从办公室上方所看到的平面图。你能只转向 2 次就通过所有的房间吗？

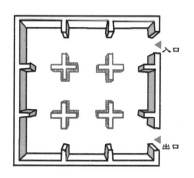

3. 平衡

右边这个盒子里应放入多重的物品才能保持平衡？注意：每个盒子的重量是从盒子下方的中点开始计算的。

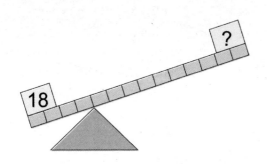

4. 巧摆瓶子

有 4 瓶啤酒，你能设计出一种摆法，使每 2 瓶啤酒瓶的瓶盖之间的距离相等吗？

5. 湖光塔影

在北大校园里，有个未名湖，它旁边有一座博雅塔。塔倒映在湖水中，是燕园的一大景观，被称为"湖光塔影"。图中是用 10 根火柴摆的一座塔，你只要移动其中的 3 根火柴，"湖光塔影"便会呈现在你面前！

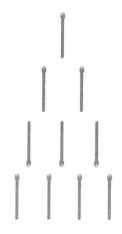

6. 称砝码

有哪 3 种不同的砝码，你就能用天平称出包括 3 千克到 13 千克的所有整数重量？

7. 找不对称的图形

对称有上下对称，左右对称和旋转对称，但在下面四组图中，只有一组与其他三组都不对称，请找出不对称的一组。

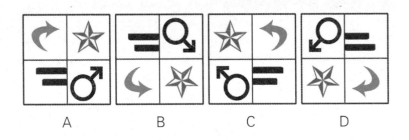

A   B   C   D

8. 快速建楼房

你能不能不用任何绘画工具，将下图的一间平房变成两层高的楼房？

9. 修黑板

图中这块黑板的两个角掉了。你能不能不借助其他材料而把它拼成一块完整的黑板呢？

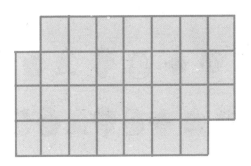

10. 拼桌面

有一块木板，上面是一个等腰直角三角形，下面是一个正方形。你能在不浪费木料的情况下，把木板拼成一个正方形的桌面吗？

11. 水果数字

先花 2 分钟观察下面水果对应的数字，然后用纸将数字蒙上，在第二行水果下面逐一标出相应的数字，看你能不能在 3 分钟之内做完。

12. 棋盘

将图中的黑色图形分别填入下面的棋盘中，且每行与每列中的图形都不得重复，你能完成任务吗？

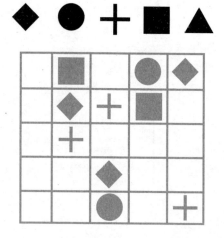

13. 算一算

这个加法运算看似不难，你能声音响亮地把这组数字连加起来说出最后的结果吗？（要快速，而且不要用其他辅助工具）

```
      1000
        40
        60
      1000
      1040
      1000
  +     60
  _____
      ????
```

14. 缺少哪一块

下图中最后一个轮子缺的应是哪一块？

15. 下一朵花是什么样子

下面这组花形序列的最后一个应是什么样子?

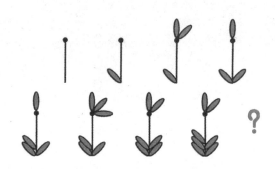

16. 恰当的符号

在下图中标注问号的地方填上恰当的选项。

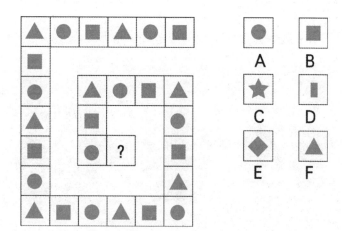

17. 哪根绳子打不了结

找出下图中哪几幅图形中的绳子不能成结?

18. 聪明的木匠

医院里有一张废弃的四边都凹凸不齐的木板,恰巧有个部门需要一块正方形的门板。聪明的木匠先把木板锯成了4块,不一会儿就拼出了正方形。你知道他是怎么拼的吗?

19. 罗沙蒙德迷宫

这是被称作"罗沙蒙德秘密基地"的迷宫。道路相当复杂,到处有死巷,周围有许多入口。请找出通往秘密基地的路线。

20. 有趣的字母迷宫

不管怎么样，我想有一句英文你应该懂：I　LOVE　U（我爱你）。好吧，请你把 I　LOVE　U 这 6 个字母填入下面 6×6 的格子里，使每一行、每一列以及每一个分隔的小六宫格里都必须包含 I　LOVE　U 这 6 个字母。你以为容易吗？

注：U，即英文的 you。

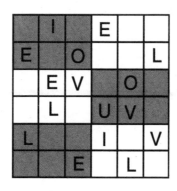

21. 巧妙的构图

A，B，C，D，E，F 六幅图中，哪两幅是无法用下图中上面的布局设计构成的？

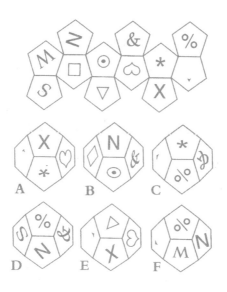

22. 寻宝地图

这是一幅寻宝地图。寻宝者在每一个方格里只能停留一次，但通过次数不限；到每一方格后，下一步必须遵守其箭头的方位和跨度指示（如 4↓ 表示向下走 4 步，4↖ 表示沿对角线向上走 4 步）；有王冠的方格为终点。请问寻宝的起点在哪里？

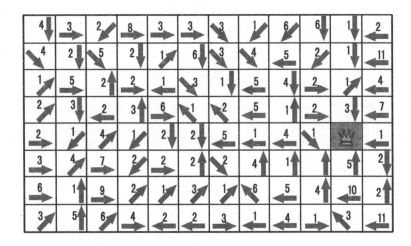

23. 放多少个"王后"

我们知道，在国际象棋中"车"可以向方格的四个方向移动，而"王后"可向八个方向移动。在国际象棋的棋盘上最多只能摆 8 个"王后"，才能避免"她们"互相厮杀。有一种六边形的棋盘（如下图），它的"王后"只能沿六个边向六个方向移动。你能在这种六边形的棋盘上最多放多少个"王后"，才能避免"她们"相互厮杀? 共有几种方法?

24. 复原图形

这是一个被打乱了的图形, 你仔细观察一下, 该怎样复原这个图形呢? 从下到上分别该怎么排列? 你如果拼对了, 拼板左边的字母会告诉你答案。

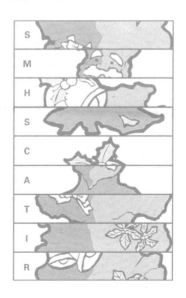

25. 数数看

下图中有多少个三角形?

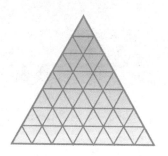

26. 迷宫

眼睛盯着这张图,同时将本书旋转,你应该会看到好几条奇怪的辐射线条。如果你觉得还不够难,试着走出这个迷宫看看。

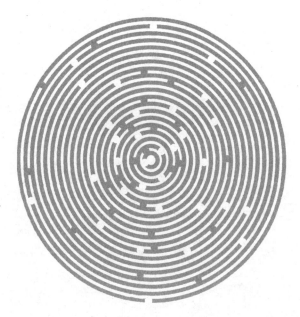

27. 找差别

有 10 筐苹果，每筐里有 10 个，共 100 个。每个筐里的苹果的重量都是一样，其中有 9 筐每个苹果的重量都是 1 斤，另一筐中每个苹果的重量都是 0.9 斤，但是外表完全一样，用眼看或用手掂无法分辨。现在你能用一台普通的大秤一次把这一筐重量轻的找出来吗？

28. 找对应

A 和 B 对应，那么 C 可对应于 D，E，F，G 中的哪一个？

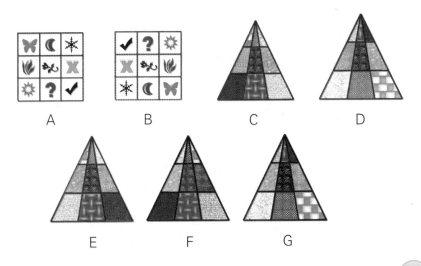

29. 智力检测表

想知道你的记忆力有多好，你的注意力有多集中吗？那么，请你仔细看下图，然后用最快的速度从 1 找到 100。如果你在 15 分钟内找完，说明你的记忆力和注意力非常棒；如果在 25 分钟内找完，说明你还行；如果你超过了 35 分钟，那你的记忆力和注意力有待提升哟。怎么样，赶快来测一下！

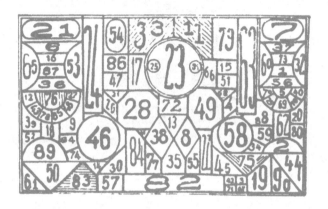

30. 找长方形

图中一共可以找出多少个长方形？

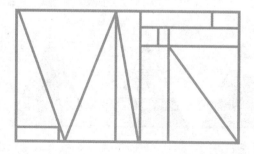

按照图中大方格中符号排列的逻辑，图中空缺的一块应该填上哪些符号？

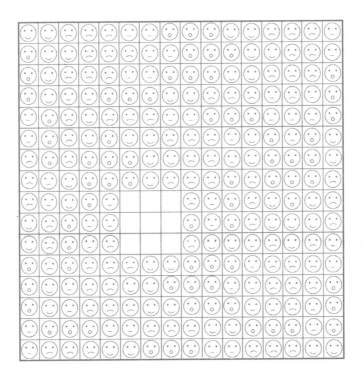

32. 不存在的图像

如果你选到 3 个"正确的"区块，遮住其余的，你将会看到一个原本不存在的图像。

33. 怎样移棋子

下面这棋盘上有 10 个棋子。你能移动其中的 3 个，使这 10 个棋子分别排成 5 条直线，并且每条线上有 4 个棋子吗？

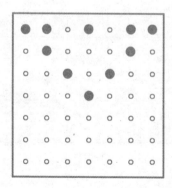

34. 一次通过

这是一幢旧式洋房。你能一次通过所有的门，最后到达⑧号房间吗？

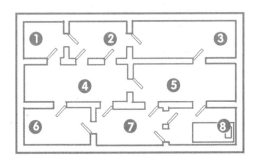

35. 找缺失的部分

这4块图形若拼凑得当，应能构成一个圆形，但现在缺了一块。请从 A，B，C，D 中找出缺失的那一块。

A　B　C　D

36. 有多少块积木

下图是一座有 6 块积木高的塔，你能数出它总共用了多少块积木吗？

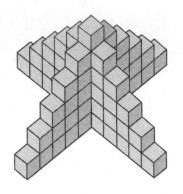

37. 布加勒斯特

罗马尼亚的首都布加勒斯特（Bucharest）刚好由 9 个不重复的字母组成。请你在 9 行、9 列共 81 个宫格中，填上 Bucharest，要求是在每一行、每一列、每一个九宫格里都包含有 Bucharest 这 9 个字母。

B			H	E				
A			U	B				
							E	T
		E		C				B
	A					U		
T				S		A		
H	C							
				A	B			E
				T	H			R

38. 你来分分看

你能将下图分成大小、外形完全相同的 4 个小图形吗?

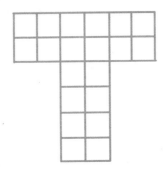

39. 填色游戏

将这些六角形分别涂上红、黄、蓝和绿色,使得:

① 每种颜色的六角形至少有 3 个;

② 每个绿色六角形都正好和 3 个红色六角形相接;

③ 每个蓝色六角形都正好和 2 个黄色六角形相接;

④ 每个黄色六角形都至少各有一边分别和红色、绿色及蓝色六角形相接。

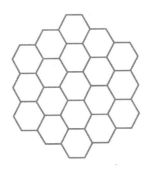

40. 不变的"十"字

　　用36根火柴可拼成一个由13个小正方形组成的"十"字图案，从中拿走哪4根，可以去掉5个小正方形，而"十"字图案却依然不变呢？

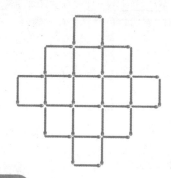

41. 移动扑克牌

　　请移动一张扑克牌的位置，使纵列和横列上各有四张牌。

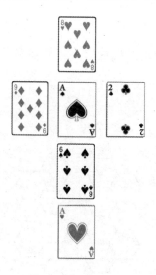

42. 平均分配

在一块正方形的土地上，住了4户人家，刚好这块土地上有4口水井。怎样才能把土地平均分给4户人家，且每户人家都要有一口水井？

43. "3"的趣味计算

在下列10则算式中添上四则运算符号，使等式成立。

3 3 3 3 3 = 1   3 3 3 3 3 = 6

3 3 3 3 3 = 2   3 3 3 3 3 = 7

3 3 3 3 3 = 3   3 3 3 3 3 = 8

3 3 3 3 3 = 4   3 3 3 3 3 = 9

3 3 3 3 3 = 5   3 3 3 3 3 = 10

44. 填符号

请在下列算式中填上 + 、 – 、 × 、 ÷ 运算符号，使等式成立。

1   2   3   4   5 = 6   7   8   9

45. 设计尺子

下图是一把长 12 厘米的小尺子，它少了一半刻度，但同样可以量出 1 至 12 厘米之间的长度。你能设计一把类似的、用最少刻度的 6 厘米尺子吗？

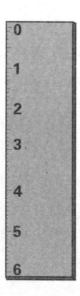

46. 天使迷宫

这是一个简单的填字游戏，只要把 angel（天使）单词中的 5 个字母填入这 5×5 的迷宫中，使每行、每列都要包含 angel 这 5 个字母。只要你填对了，你就是天使。

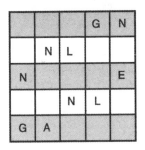

47. 塞洞眼

如图所示，有两块木门，每块木门有 3 个形状不同的洞眼。你能设计 2 个木塞，第一个能够塞住左边的 3 个洞眼，第二个能塞住右边的 3 个洞眼吗？

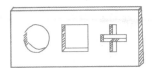

48. 数量加倍

13 根火柴排成下图，可以看出有 3 个梯形。现在请你移动其中的 2 根，让梯形的数量加倍。

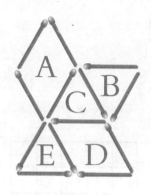

49. 联欢晚会

在某外国语学院举行的圣诞节联欢晚会上，一个圆桌周围坐着 5 个人。A 是中国人，会英语；B 是法国人，会日语；C 是英国人，会法语；D 是日本人，会汉语；E 是新西兰人，只会说英语。你能巧妙地为他们安排座位，让他们彼此间都能交谈吗？

50. 找出多余的字母

请找出下面两个三角形内字母的排列规律，并从中找出两个多余的字母。

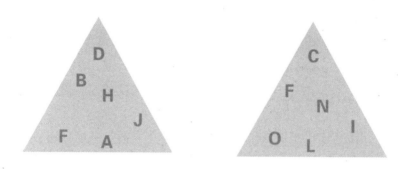

51. 扑克牌找错

扑克牌是大家很熟悉的一种娱乐玩具，但你注意过每张牌牌面的排列顺序吗？下面几张牌都有明显的错误。找找看：错在哪儿？

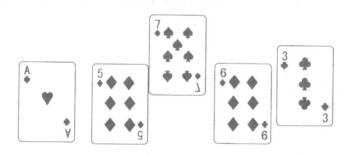

老王、大张、小李、明明和芳芳在一起打羽毛球，以每人互赛一场的规则进行循环赛。比赛的结果是：

老王：2胜3败；

大张：0胜4败；

小李：1胜3败；

明明：4胜0败。

请你根据他们的胜负情况，推算一下芳芳的战绩如何。

53. 花瓣变月亮

马上就要举行中秋节晚会了，同学们在布置教室。突然，有人大声地说道："中秋节晚会上怎么没有月亮呢？"忙碌的同学们这才发现教室里全是各种花瓣，没有月亮。这时，有位同学说："我知道怎么用花瓣拼成圆圆的月亮，只需要在花瓣上剪 2 刀就可以了。"那么，你知道花瓣怎么变月亮吗？

54. 放多少糖块

一次放进一块糖，一个能装 3 斤糖的空罐子放进多少块糖就不是空罐子了？

55. 水壶变空

满满一大壶水，足有 10 斤重，一口只能喝半杯，你能在 10 秒钟内让水壶一下子变空吗？

56. 拼11

用 3 根火柴拼出两种"11"的写法。

57. 相遇的问题

有一个人从 A 地骑自行车到 B 地去，而另一个人开车从
B 地驶往 A 地。在路上，他们相遇了。你知道这个时候谁离 A
地更近吗？

58. 相连的月份

想一想，一年中哪两个相连的月份都是 31 天？

59. 母鸡下蛋

清晨，一只母鸡先向着太阳飞奔了一会儿，然后掉头回到草堆旁，围着转了一圈后，又向右边跑了一会儿，然后向左边的同伴跑去，它与同伴围着草堆转了半圈后，忽然下了一个蛋。请问：蛋是朝什么方向落下的？

60. 天气预报

天气预报说今天半夜 12 点钟会下雨，那么再过 72 小时后会出太阳吗？

61. 巧分油

有两只大小、形状、重量相等的瓶子，一只瓶子里装有多半瓶的油，另外一只瓶子里没有油。请问：在没有任何称量工具的情况下，如何均分这些油？

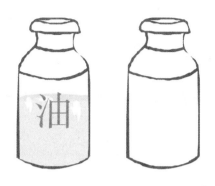

62. 新手司机

一位新手司机驾驶小轿车去见朋友，半路上忽然有一个轮胎爆了。当他把轮胎上的 4 个螺丝拆下来，从后备箱里把备用轮胎拿出来时，不小心把 4 个螺丝踢进了下水道。

请问：新手司机该怎么做才能使轿车安全地开到距离最近的修车厂？

63. 不落地的苹果

把一个苹果系在一根约3米长的线的一端，另一端系在高处，把苹果悬挂起来。你能够从中间剪断这根线，并保证苹果不会落地吗？

64. 反插裤兜

发挥一下想象力：怎么才能把你的左手放入右边的裤兜里，而同时又将右手放入到左边的裤兜里？

65. 奇怪的数字

请问：以下哪个数字减去一半等于零？

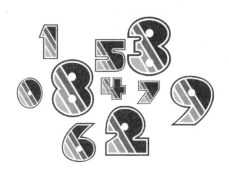

66. CD 的纹路

一张 CD 唱片转速是每分钟 100 转，这张 CD 唱片能运转 45 分钟。请问：这张 CD 唱片总共有多少条纹路？

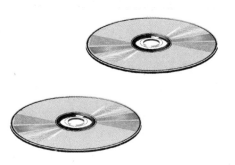

67. 数字球

你能找出与众不同的那个数字球吗？

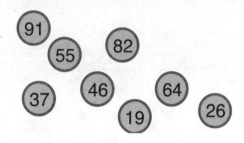

68. 正反都一样的年份

哪一年的年份写在纸上，再把纸倒过来看仍然是这一年的年份呢？

69. 毛毛虫的任务

毛毛虫的妈妈交给毛毛虫一个艰巨的任务：从一张纸的一面爬到另一面去。毛毛虫想：每一张纸都有两个面和一条封闭曲线的棱，如果由这个面爬到另一个面必须要通过这条没有任何支点的棱，想要通过这条棱，即使我这样的身躯也会有"坠崖"的危险。看来不能硬闯，需要想点技巧才行。

亲爱的朋友，你知道毛毛虫想了一个什么技巧吗？

70. 倒硫酸

一个不规则的透明玻璃瓶，上面只刻着 5 升、10 升两个刻度，而里面装了 8 升硫酸；现在需要从中倒出 5 升——别的瓶子上都没有刻度，硫酸的腐蚀性又大——请你帮忙想想：用什么办法一次就能准确地倒出需要的量？

71. 取滚珠

科技课上，老师布置了一个有趣的任务：在一段两端开口的透明软塑料管内，装有 11 颗大小相同的滚珠，其中有 5 颗是深颜色的，有 6 颗是浅颜色的（如图所示）。塑料管的内径是一样的，只能让一个滚珠勉强通过。你要想尽一切办法把深颜色滚珠取出来，如果不先取出浅颜色滚珠，又不切断塑料管，深颜色滚珠是不会出来的。那该怎么办呢？

72. 汽车和火车同行

竞赛小汽车在什么时候能够和火车同一方向、同一速度前进？

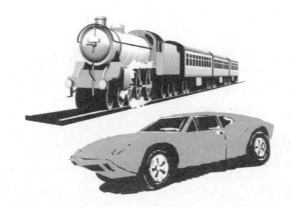

73. 房子到底在哪里

地球上有一所房子，当你在房子周围走一圈，要确定4个方向时，却发现四周的方向都一样；那么这所房子到底在哪里？

74. 斯芬克斯谜题

古希腊有一个神奇的怪物叫斯芬克斯，它长着女人的容貌，却是狮子的身体。斯芬克斯来到底比斯城后，蹲在一个小山头上，注视着过路的人。每一个进入底比斯城的人都会被它拦住，然后被问一个问题：

世界上有一种动物，这种动物早晨四条腿，中午两条腿，晚上三条腿，腿越多，力量越弱。这是什么动物？

如果行人答不上来，立刻会被它吃掉；如果行人答对了，斯芬克斯就会跳悬崖而死。后来俄狄浦斯回答了出来，为底比斯城除去了一大祸害。你知道应该怎么回答吗？

75. 约翰的体重

"我最重的时候是 85 千克，可是我最轻的时候却只有 3 千克。"当约翰向别人说这件事情的时候，别人都不相信。

请你想一想，这可能吗？

76. 滚动的火柴

拿一根火柴从一米高的地方松手让它下落，你能让它落地后不滚动吗？

77. 火车在什么地方

一列火车由北京开到济南需要四个半小时，行驶两个小时后，这列火车应该在什么地方？

78. 重合的问题

钟表的时针和分针不停地走。请问：时针和分针在一昼夜中有几次一点不差地重合？

79. 如何过桥洞

一条木船通过一座桥洞时，发现货物虽然不多，但装得高了一点，约高出桥洞 1 厘米。若要卸掉一些货物吧，无奈货物是整装的，一时无法卸下；若不卸吧，怎么也过不去。你能够想个简单的办法，在不卸货的前提下解决这个难题吗？

80. 车应怎样开

　　一辆汽车在一条笔直的马路上行驶，车头朝南。你如何开车才能使汽车在不转弯的前提下，停在离原来所在地北面 3 千米的地方？

81. 狗狗赛跑

　　两只狗赛跑，甲狗跑得快，乙狗跑得慢，跑到终点时，哪只狗流汗多？

82. 单

9 的 请问：如何加上一笔使它变成偶数？

83

让它自由下落。在地上没有任何铺垫物
的情 鸡蛋下落 1 米而不破吗？

84. 有多少土

工人在山腰挖了一个大洞，洞深 10 米，宽 1.5 米，高 2 米。请问：洞里面有多少立方米的土？

85. 飞行员的姓名

你是从上海飞往深圳的一架飞机上的飞行员。飞机以每小时 900 千米的速度飞行，要飞 1 小时 40 分钟左右。有一次，由于天气原因，这架飞机中途做了一段时间的盘旋。请问这位飞行员的名字叫什么？

86. 翻硬币

桌上放有5枚币值朝上的硬币，如果每次只准翻动2枚硬币，问翻动几次，可使这5枚硬币的国徽一面都朝上。

87. 摔不伤的人

有一个人从20层大楼的窗户上往地面跳，虽然地面没有任何铺垫物，可是他落地后却没有摔伤。这是怎么回事？

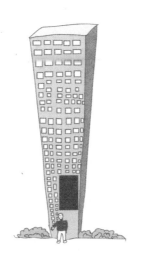

88. 还有几条活蚯蚓

汤姆钓鱼时喜欢用蚯蚓当鱼饵。这天，他共抓了5条蚯蚓，后来分鱼饵时把其中2条蚯蚓切成了2段。这时，汤姆还有几条活蚯蚓？

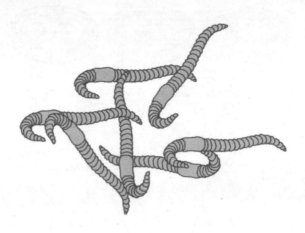

89. 快速反应

如果圆形是1，那么八边形是多少？

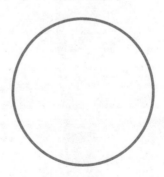

90. 一笔勾图

下面 3 个图，你能一笔勾出几个？

91. 喝了多少杯咖啡

客人来到一家餐厅，要了一杯咖啡，当喝到一半时又兑满开水；又喝去一半时，再次兑满开水；又经过同样的两次兑水过程，咖啡最终喝完了。

请计算这位客人一共喝了多少杯咖啡？

92. 两岁山

在某一个国家有一座高山，海拔为 12365 英尺（1 英尺 =30.48 厘米）。当地人根据这一数字，称它为"两岁山"。你能想到是什么原因吗？

93. 过桥洞

一辆载满货物的汽车要通过一个立交桥的桥洞，但是汽车顶部比桥洞要高 1 厘米，怎么也过不去。你能够想办法解决这个难题吗？

94. 发现蓝宝石

在表格的每一行、每一列中，隐藏了若干宝石，其数量是表格边的数字。此外，在某些方格中标记了箭头符号，意思是：在箭头的前方藏有蓝宝石，当然在这个方向藏的蓝宝石可能不止一颗。换句话说：每个箭头所指之处，至少能找到一颗蓝宝石。请在表格中标出你认为有蓝宝石的方格子，看你能找到多少颗？

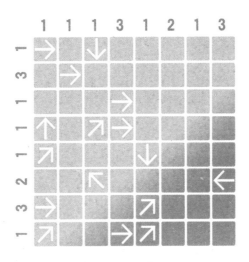

95. 没有办法完成的作业

数学课上，老师开始布置课堂作业，他说："请同学们把课本翻到35页和36页之间，完成那页上的几道练习题。"

班上学习最好的学生听了以后，连题都没有看，就对老师说："您布置的作业根本就没有办法完成。"

你知道怎么回事吗？

96. 贪心的老鼠

每间房里都有一块点心。一只贪心的老鼠想一次性吃完所有的点心后，从 A 门出来。请问老鼠从 1~8 中的哪扇门进去，才不走重复路线（每间房只允许进出一次，并且不许从同一扇门进出）？帮老鼠想一想该怎么走？

提示：从唯一的出口 A 门倒着向前寻找路线，这样成功率就大一点。

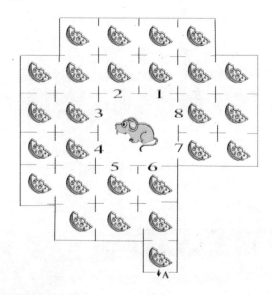

97. 巧划分（1）

请在下图中画 3 条直线，将图分割成 6 个部分，使每一部分中有 1 条鱼和 1 面小旗，并各有 0，1，2，3，4，5 个鼓和相同数量的雷电，线条不必从一边画到相对的另一边。

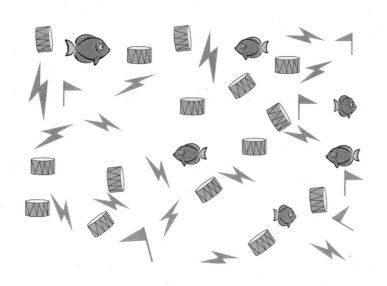

98. 巧划分（2）

请在下图中画 4 条直线，将图分割成 8 部分，使每一部分中都有 3 只蜻蜓，并各有 1~8 只蜜蜂。

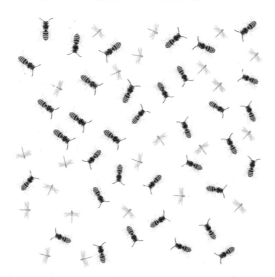

99. 系绳子

小可有红、蓝、黄3根绳子。现在红、黄2根已经系好了一个绳结，在不许解开已经系好的绳结的前提下，你能否把蓝绳按红、蓝、黄的顺序系好呢？

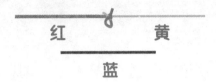

红　　　　　黄

蓝

100. 多多家的小鸭子

多多家有两只刚出生不久的小鸭子，为了防止鸭子乱跑，多多就用8根木条分别围成两个互不相连的正方形。这时，好心的邻居又送来了一只小鸭子，可是多多家没有多余的木条了，她该怎样用现有的木条围成3个正方形，让3只鸭子分别住进3个正方形里呢？

101. 过桥

一座桥将在 17 分钟内崩塌。四个徒步旅行者必须在黑夜里穿过这座桥。他们只有一把手电筒，一次最多两人可以穿越此桥，但是必须把手电筒带回来。

每个旅行者走路速度不同，第一位只要 1 分钟，第二位 2 分钟，第三位 5 分钟，第四位要花 10 分钟。任何一对旅行者穿越此桥，必须以最慢的那位速度来计算。举例来说：第一位旅行者与第三位同时过桥则需要 5 分钟。

你能找到解决方案吗？

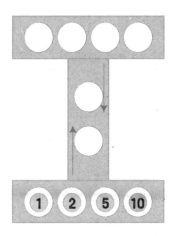

102. 猎人的收获

有一天，猎人出去打兔子，直到天黑才回到家。他的妻子问："你今天打了几只兔子？"猎人说："打了 6 只没头的，8 只半个的，9 只没有尾巴的。"聪明的妻子马上就明白他打了几只兔子。你知道吗？

103. 风吹蜡烛

停电了，小寒点燃了8根蜡烛，但外面有一阵风吹来，有3根被风吹灭了。过了一会儿，又有2根被风吹灭了。为了防止蜡烛再被吹灭，小寒赶紧关上了窗户，之后，蜡烛就没再被吹灭过。

请问：最后还能剩下几根蜡烛？

104. 出去多长时间

小丽在 6 点多的时候出去了，这时分针和时针呈 110 度角，在不到 7 点时回来，此时分针和时针刚好又成 110 度角。

请问：小丽出去多长时间？

105. 叠纸游戏

有一位疯狂的艺术家为了寻找灵感，把一张厚为 0.1 毫米的很大的纸平分撕开，重叠起来，然后再撕成两半叠起来。假设他如此重复这一过程 25 次，这叠纸会有多厚？

A. 像山一样高　　　C. 像一栋房子一样高

B. 像一个人一样高　　D. 像一本书那么厚

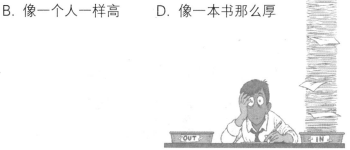

106. 果汁怎么分配

商店老板有一个圆柱状的果汁桶，容量是 30 升，他已经卖了 8 升给客人。小华和小力是他的老顾客，今天也来买果汁。小华带来的瓶子的容量是 4 升的，小力的是 5 升的。小力想买 5 升果汁，小华想买 3 升的果汁，但今天商店老板的电子秤坏了，他应该怎么做才能使这两个老顾客得到各自想要的果汁呢？

107. 从 1 加到 100

高斯小时候很喜欢数学。有一次在课堂上，老师出了一道题："1 加 2，加 3，加 4……一直加到 100，和是多少？"过了一会儿，正当同学们低着头紧张地计算的时候，高斯却脱口而出："结果是 5050。"

你知道他是用什么方法快速地算出来的吗？

108. 足球

请问：一只标准的足球有多少个正五角形，多少个正六角形?

109. 数字乐园

在下图中的空白格里填上数字，使得每行、每列和对角线上的数字相加都等于 27。

		9		
		6		
2			7	
	6			3

110. 圆圈里填数字

图中 9 个圆圈组成四个等式，其中三个是横式，一个是竖式。你知道如何在这 9 个圆圈中填入 1~9 九个数字，使得这四个等式都成立吗？注意：1~9 这九个数字，每个必须填一次，即不允许一个数字填两次。

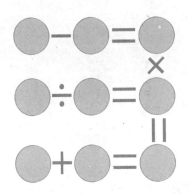

111. 互不相通的房间

小明有两个兄弟，他们三兄弟分别住在三个互不相通的房间，每个房间门上都有两把钥匙。

请问：如何安排房间的钥匙才能保证小明三兄弟随时都能进入每个房间？

112. 换汽水

1元钱一瓶汽水，喝完后两个空瓶换一瓶汽水。如果你有20元钱，最多可以喝到几瓶汽水？

113. 你要哪一只钟

有两只钟，一只每天只走准一次，另一只一天只慢一分，你要哪一只？

114. 金字塔上的问号

金字塔每一格中的数字都是下面两格中的数字之和。用哪一个数字来替换问号呢？

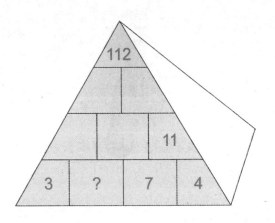

115. 谁的年龄大

小强与小田是两兄弟。有一天，他们被一个路人问到谁的年龄比较大。

小强说："我的年龄比较大。"

小田说："我的年龄比较小。"

他们两个也不是双胞胎，而且他们之中至少有一个人在说谎。

请问：谁的年龄比较大？

116. 赴宴会

　　有三对新婚夫妇住在同一个院子里。这天他们都收到了请帖，要到西城区去赴宴会；但门外只停着一辆能容纳两人坐的小汽车，而且没有司机。每个丈夫都需要随时保护他美丽的新娘，不让自己的新娘独自和别的男子在一起。

　　请问：这三对夫妇该如何赴宴会？最少要往返几次？

117. 昆虫聚会

　　蜜蜂、蝴蝶、蜻蜓如图 A 所示正排队参加昆虫聚会。忽然，队长让它们变成了如图 B 的排列。如果：

①相邻的叶子是空的，就可以飞过去。

②隔一个叶子相邻的叶子是空的，也可以飞过去。

③不可以两只昆虫同时停在一片叶子上。

请问：它们一共要飞几次才能完成图 B 的顺序呢？

118. 天使和水果

四个天使手中拿着水果，每个人的数量不同，4 个到 7 个之间。然后，四个人都吃掉了 1 个或 2 个水果，结果每个人剩下的水果数量还是各不相同。

四人吃过水果后，说了如下的话。其中，吃了 2 个水果的人撒谎了，吃了 1 个水果的人说了实话。

西西："我吃过红色的水果。"

安安："西西现在手里有 4 个水果。"

米米："我和拉拉一共吃了 3 个水果。"

拉拉："安安吃了 2 个水果。米米现在拿着的水果数量不是 3 个。"

请问：最初每人有几个水果，各吃了几个，各剩下了几个？

119. 猫的谎言

有三只猫（白猫、黑猫、花猫）在美丽的小溪中捉鱼，每只猫都捉到了 1~3 条鱼不等，即它们可能各捉到 1 条鱼，也可能各捉到不同数量的鱼。回来的路上，三只猫说了下面的话。如果哪只猫说其他猫捉的数量比自己实际捉到的多，那它就是在说假话，其余两只猫说的话都是真的。

白猫："黑猫捉到了 2 条鱼。"

黑猫："花猫捉到的不是 2 条鱼。"

花猫："白猫捉到的不是 1 条鱼。"

请问：它们各自捉了多少条鱼？

120. 称糖

用一个只能称 100 克以上物品重量的天平，称三个重量都比 50 克大但都达不到 100 克的糖。请问：你用什么办法能准确地称出它们各自的重量？

121. 压岁钱

洋洋是一个节俭的孩子。刚过完新年，他就把大人们给他的压岁钱存进了银行。他的四个兄弟姐妹都很想知道洋洋到底有多少压岁钱。

　　哥哥说：洋洋有 500 元压岁钱。姐姐说：洋洋至少有 1000 元压岁钱。弟弟说：我猜哥哥的压岁钱不到 2000 元。妹妹说：哥哥的存折上最少有 100 元。这四个人中，只有一个人猜对了。你能推断出洋洋到底有多少压岁钱吗？

122. 三个女儿采花

　　农夫生有三个女儿，这一家常年靠到山上采花为生。他的三个女儿除了会采花，什么都不会。一天，农夫来检查她们的采花情况，大女儿说她采了 1 束花，二女儿说她采了 2 束，小女儿说她采了 3 束，但她们一共只采了 4 束花，显然至少有一个人在撒谎。

　　大女儿说："三妹妹一贯喜欢撒谎。"

　　二女儿说："她们都说了谎。"

小女儿说:"二姐说谎了。"

请问:她们各采了多少束花?

123. 少了1元钱

一位老婆婆靠卖蛋为生。她每天卖鸡蛋、鸭蛋各30个,其中鸡蛋每三个卖1元钱,鸭蛋每两个卖1元钱,这样一天可以卖得25元钱。忽然有一天,有一位路人告诉她把鸡蛋和鸭蛋混在一起每五个卖2元,可以卖得快一些。第二天,老婆婆就尝试着这样做,结果却只得到了24元。老婆婆很纳闷,蛋没少怎么钱少了1元。这1元钱去哪里了呢?

在黑板上找出三处
有错误的地方：
① 6+6=12
② 6+5=12
③ 24÷2=12
④ 18-6=9
⑤ 25-13=12

125. 奇怪的电梯

　　一栋 19 层的大厦，只安装了一部奇怪的电梯，上面只有
"上楼"和"下楼"两个按钮。"上楼"按钮可以把乘梯者带上
8 个楼层（如果上面不够 8 个楼层则原地不动），"下楼"的按
钮可以把乘梯者带下 11 个楼层（如果下面不够 11 个楼层则
原地不动）。用这样的电梯能够走遍所有的楼层吗？

　　从 1 层开始，你需要按多少次按钮才能走完所有的楼层
呢？你走完这些楼层的顺序又是什么呢？

126. 美人鱼的珍珠

太平洋里有四条美人鱼。每条人鱼的脖子上都戴着 1 颗以上的珍珠，珍珠总数是 10 颗。其中，戴着有 2 颗珍珠的人鱼的话是假话，其他人鱼的话是真话。另外，戴着 2 颗珍珠的人鱼可能存在两条以上。

人鱼丽丽说："艾艾和拉拉的珍珠总数为 5 颗。"

人鱼艾艾说："拉拉和米米的珍珠总数为 5 颗。"

人鱼拉拉说："米米和丽丽的珍珠总数是 5 颗。"

人鱼米米说："丽丽和艾艾的珍珠总数为 4 颗。"

请问：每条人鱼的脖子上各戴有多少颗珍珠？

答案

1. 丑小鸭变天鹅

2. 办公室平面图

如图所示，撞到墙后再转弯。

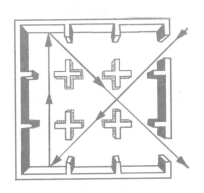

所需数值是 6。右边盒子在秤上显示的重量是 9 个单位，而左边则是 3 个单位。所以，6×9（54）与 18×3（54）可以使秤的两边保持平衡。

4. 巧摆瓶子

将一只瓶子的瓶口朝下，让 4 个瓶子的瓶口成一个正四面体。

要解决这道题，关键要由平面想到立体，由一般的顺着放想到倒着放。

5. 湖光塔影

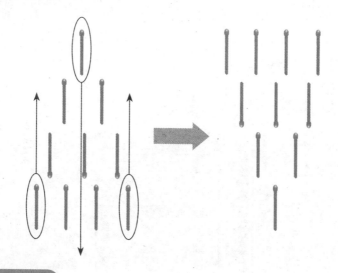

6. 称砝码

用 1 千克、5 千克、8 千克 3 个砝码即可。

B。把 A, B, C, D 重新排列一下, 就可以清楚地看出来了。

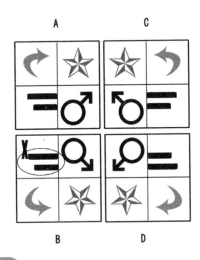

8. 快速建楼房

只需要将原图顺时针转动 90 度再看即可（如下图）。

9. 修黑板

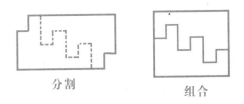

分割   组合

10. 拼桌面

11. 水果数字

是 75126345678123。你记错了没有?

12. 棋盘

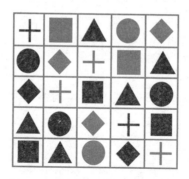

13. 算一算

先不要看解析,你算的结果是什么?再算一遍呢?事实上,对于这个简单的题大多数人都会算出错误的结果,并且有时会骗过银行出纳员和数学家。给周围的人试试看是这样吗?当然,记住一定在试过之后再看解析。这是一个奇妙的、容易让人产生错觉的好例子。

正确解析是：4200。

$$
\begin{array}{r}
1000 \\
40 \\
60 \\
1000 \\
1040 \\
1000 \\
+\quad 60 \\
\hline
4200
\end{array}
$$

14. 缺少哪一块

补齐后如下图。三个轮子相对应的一瓣中都各有一黑二白分瓣，黑分瓣位置各不相同。

15. 下一朵花是什么样子

如下图。变化规律是：添一叶，再添两花瓣，然后减一花瓣和添一叶，如此反复。

16. 恰当的符号

F。

17. 哪根绳子打不了结

2 和 3 不能成结。

18. 聪明的木匠

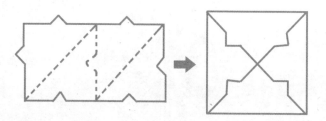

19. 罗沙蒙德迷宫

尝试把所有的死巷都涂上颜色，这样就可以找出如下图中所示的正确道路了。

20. 有趣的字母迷宫

21. 巧妙的构图

D 和 E。

22. 寻宝地图

起点是左上角的格子 4 ↓。建议从终点找起。

23. 放多少个"王后"

最多可放 5 个"王后"，有 3 种放法，见下图：

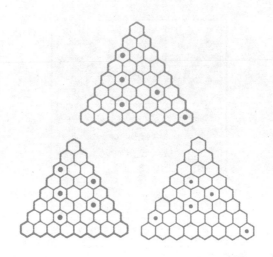

24. 复原图形

如果正确，图案是一棵圣诞树。组合完成后，可拼出
CHRISTMAS（圣诞节）。

25. 数数看

118 个三角形。

26. 迷宫

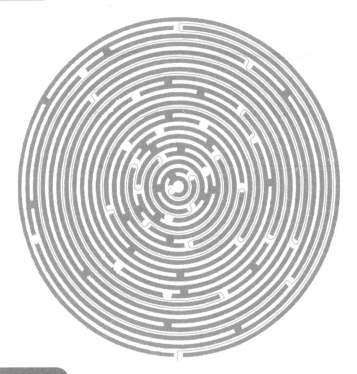

27. 找差别

第一筐拿 1 个；第二筐拿 2 个……以此类推，共 55 个一起称。把称得的重量和 55 斤相比较，如果差 0.1 斤就是第一筐轻了；差 0.2 斤就是第二筐轻了……以此类推。

28. 找对应

G。A 和 B 的对应规律是以中间方格为中心做 180 度旋转。

29. 智力检测表

别胡思乱想，集中注意力就行。

30. 找长方形

23 个。

31. 表情填空

答案如图。构图规律：自左上格开始，顺时针方向逐行由外向内，按 2 个 ☺ → 3 ☺ 个 → 2 ☺ 个 → 3 个 ☺ 的顺序反复数至图中央。

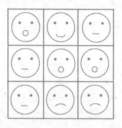

32. 不存在的图像

看到原本不存在的三角形了吗?

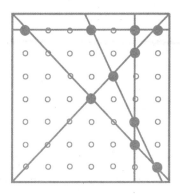

34. 一次通过

从⑦号房间开始就可以到达。

如图，只有连接⑦⑧的线条数为奇数，⑧号是卧室，所以从⑦号房间出发可一次通过所有的门。顺序可为：⑦→⑧→⑦→⑥→④→①→②→④→②→③→⑤→④→⑦→⑤→⑧。

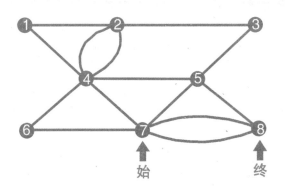

35. 找缺失的部分

B。

36. 有多少块积木

66 块。

37. 布加勒斯特

B	R	T	H	E	C	S	A	U
A	E	S	U	B	T	R	C	H
U	H	C	S	R	A	B	E	T
R	S	E	A	C	U	H	T	B
C	A	B	T	H	R	E	U	S
T	U	H	B	S	E	A	R	C
H	C	R	E	U	S	T	B	A
S	T	U	R	A	B	C	H	E
E	B	A	C	T	H	U	S	R

38. 你来分分看

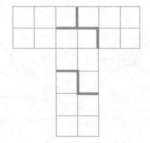

只要把红桃 A 叠放在黑桃 A 的上面就可以了。

42. 平均分配

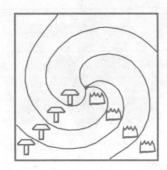

43. "3"的趣味计算

① （3 + 3）÷ 3 − 3 ÷ 3 = 1

② 3 × 3 ÷ 3 − 3 ÷ 3 = 2

③ 3 × 3 ÷ 3 + 3 − 3 = 3

④ （3 + 3 + 3 + 3）÷ 3 = 4

⑤ 3 ÷ 3 + 3 + 3 ÷ 3 = 5

⑥ 3 × 3 + 3 − 3 − 3 = 6

⑦ 3 × 3 − （3 + 3）÷ 3 = 7

⑧ 3 + 3 + 3 − 3 ÷ 3 = 8

⑨ 3 × 3 ÷ 3 + 3 + 3 = 9

⑩ 3 + 3 + 3 + 3 ÷ 3 = 10

44. 填符号

1 × 2 + 3 + 4 × 5 = 6 × 7 − 8 − 9

45. 设计尺子

只用 0，1，4，6 四个刻度。如图：

46. 天使迷宫

L	E	A	G	N
A	N	L	E	G
N	L	G	A	E
E	G	N	L	A
G	A	E	N	L

47. 塞洞眼

如图所示：很多人一想到某物塞住某物，就会将它想象成一块没有变化的、形状单一的立方体。如果能将思维发散，将它们想象成不同的平面，就能设计出第一个木塞；如果再将思维发散，将不同的平面按不同的角度组合，很容易设计出第二个木塞。

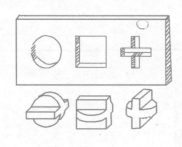

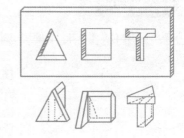

48. 数量加倍

49. 联欢晚会

首先要特别安排的是新西兰人，因为这5个人中只有新西兰人只会英语，其他每个人除懂得本国语言以外还懂一门外语，所以他必须坐在2个懂英语的人的中间。因此他的两边必为中国人和英国人，有了这3个人的位置，其他两人的位置就好确定了。

50. 找出多余的字母

多余的字母是A和N。第一个三角形内的序列是B，D，F，H，J（序号2，4，6，8，10）。同理，第二个三角形内字母的序号为3，6，9，12，15。

51. 扑克牌找错

错误之处用圆圈标出如下：

52. 羽毛球循环赛

芳芳的战绩是 3 胜 1 败。

按照比赛的规则，每个人都必须跟其他的 4 个人对战一场，全部应该有 10 场比赛。也就是说总共会有 10 胜，从老王到明明 4 个人合计共有 7 胜，那么剩下的 3 胜就都是芳芳的了，并可以马上算出芳芳还败了一场。

53. 花瓣变月亮

54. 放多少糖块

一块。放了一块糖以后，罐子就不是空的了。

55. 水壶变空

随便你怎么做都可以，比如把水一下子泼在地上。看好了，题目并没有限制这样做。

56. 拼 11

57. 相遇的问题

他们离 A 地的距离是一样的。因为他们相遇时是在同一个位置。

58. 相连的月份

7 月和 8 月，

12 月和 1 月。

59. 母鸡下蛋

蛋当然是朝下落了。

60. 天气预报

如果事情不是发生在极圈的话，那么就不会出现太阳。因为再过 72 小时，就是再过 3 个昼夜，又是半夜 12 点，而夜里是不会出太阳的。

61. 巧分油

让这两只瓶子浮在水面上，将油倒来倒去，直到这两只瓶子浮在水面上的高度相等时，这些油就被均分了。

62. 新手司机

从其他 3 个轮胎上各取下 1 个螺丝，用 3 个螺丝去固定刚换的轮胎。

63. 不落地的苹果

在线的中间打一个活结，使结旁多出一股线来，从线套中间剪断，苹果不会落下来。

64. 反插裤兜

把裤子前后反穿。

65. 奇怪的数字

8（上下"减"一半）。

66. CD 的纹路

一张 CD 唱片只有一条纹路。

67. 数字球

26。其他各球中，个位上数字与十位上数字相加结果都等于 10。

68. 正反都一样的年份

1961。

69. 毛毛虫的任务

把纸的一端稍微卷起来紧挨着纸的一面，这样毛毛虫就能顺利地从纸的一面爬到另一面去。当然完成这个任务毛毛虫需要别人的帮助。

70. 倒硫酸

往瓶里放大小不同的玻璃球，使液面升到 10 升的刻度处，然后往外倒至 5 升刻度处。这是利用玻璃球不被硫酸腐蚀的特点。

71. 取滚珠

如图所示：由于塑料管是软的，可以把塑料管弯过来，使两端的管口互相对接起来，让两颗浅颜色滚珠滚过对接处，滚进另一端的管口；然后使塑料管两头分离，恢复原形，就可以把深颜色滚珠取出来。

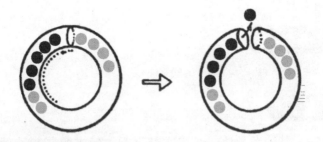

72. 汽车和火车同行

当竞赛小汽车装在火车上的时候。

73. 房子到底在哪里

北极或者南极。

74. 斯芬克斯谜题

答案是人。

早晨象征人刚出生的时候，是靠腿和手爬行走路的，所以早上起来的时候四条腿；中午象征人到了中年，是两条腿直立行走的，所以中午两条腿；晚上三条腿就是指人衰老的时候要借助拐杖走路，那么这个拐杖就形成了人的第三条腿，所以晚上三条腿。

75. 约翰的体重

完全有可能。最轻的时候是他出生的时候。

76. 滚动的火柴

火柴从高处落地后会滚动，是因为火柴的形状细长，稍有侧力就会滚动。只需要改变火柴细长的形状就行了。比如把火柴从中间折弯，落地后就不滚动了。

77. 火车在什么地方

毫无疑问，火车应该在铁轨上。

78. 重合的问题

一般说时针和分针重合，是指位置的重合。但题目中指的是"一点不差地重合"，时针和分针能达到这个要求吗？所以，不论走多少圈，一次也不会完全重合。

79. 如何过桥洞

只要在船上加些诸如石块等重物，使船下沉 1 厘米，就可以安全地通过桥洞了。

80. 车应怎样开

可以倒行汽车 3 千米。

81. 狗狗赛跑

都不流汗。

狗的皮肤汗腺不发达，所以即使是在大热天或运动之后，也不会出汗。狗经常伸着舌头喘气，就是让体内部分水分由喉部和舌面排出。这是狗散发体内热量的方式。

82. 单数变偶数

SIX。

83. 鸡蛋不破

可以。只要将鸡蛋的高度拿到 1 米以上，然后让鸡蛋自由下落，当它下落了 1 米的时候，并没有碰到地面，当然不会破了。

84. 有多少土

既然是一个洞，怎么会有土？所以，洞里没有土。

85. 飞行员的姓名

这位飞行员的名字叫"你"。

86. 翻硬币

无论翻动多少次，都不能使硬币的国徽一面都朝上。

87. 摔不伤的人

虽然是 20 层的大楼，但没有说那个人是从哪一层的窗户往下跳的，可以从 20 层大楼的第一层的窗户往下跳，这样就不会摔伤。

88. 还有几条活蚯蚓

有 7 条。因为被切为两段的蚯蚓都活着。

89. 快速反应

是 8。圆形是 1 条线，而八边形是 8 条线。

90. 一笔勾图

最多只能是一个。因为你画出一个图后，必须重新起笔才能画下一个。

91. 喝了多少杯咖啡

一杯咖啡。

92. 两岁山

当地人把前边的"12"看作一年的 12 个月，把后边的"365"看作一年的 365 天。前后加起来，正好是两岁。

93. 过桥洞

只要给汽车轮胎放气，让汽车的高度降低1厘米，就可以安全地通过桥洞了。

94. 发现蓝宝石

如下图所示，一共可以找到13颗蓝宝石。

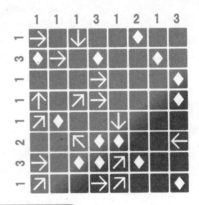

95. 没有办法完成的作业

35页和36页之间是不存在页码的，不信的话，你可以找本书看一看。

96. 贪心的老鼠

老鼠从第8扇门进去，这样能一次性吃完所有点心且路线不重复。其倒推路线如下图：

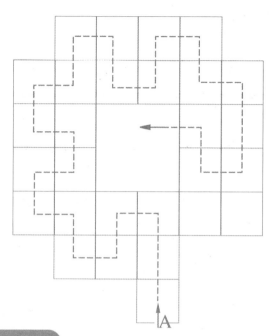

97. 巧划分（1）

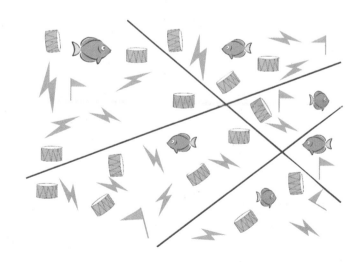

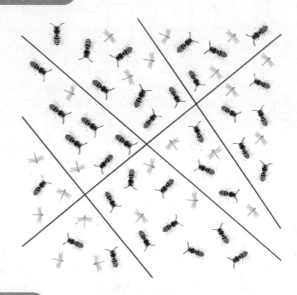

99. 系绳子

把蓝绳分别系在红、黄绳子的两头。

100. 多多家的小鸭子

把其中的 4 根木条都截成原来木条长度的一半，然后拼成下图的样子。

101. 过桥

先让第一位和第二位一起过桥，用时 2 分钟。然后让第一位拿手电筒返回，用时 1 分钟。再让第三位和第四位拿手电筒过桥，用时 10 分钟。然后在对岸等待的第二位拿手电筒返回，用时 2 分钟。最后第一位和第二位再一起过桥，用时 2 分钟。总共用时刚好 17 分钟。

102. 猎人的收获

0 只。"6" 去掉 "头"，"8" 去掉半个，"9" 去掉 "尾巴"，结果都是 "0"。

103. 风吹蜡烛

燃着的蜡烛最终将燃尽。所以，最后只能剩下 5 根被风吹灭的蜡烛。

104. 出去多长时间

假设分针速度为 1，记为 v1，则时针速度就为 $\frac{1}{12}$，记为 v2。钟表一圈 360 度，共 12 个大格，即每大格为 360 度 ÷12=30 度。依题意，小丽回来时，分针共比时针多走了 110 度 +110 度 =220 度，相当于多走了 220÷30= $\frac{22}{3}$（大格），

速度 = 路程 ÷ 时间，则 v1-v2=（分针路程 ÷ 时间）-（时针路程 ÷ 时间）= 分针多走路程 ÷ 时间，所以有：（$\frac{22}{3}$）÷（1-$\frac{1}{12}$）=8（大格）。一个大格为 5 分钟，8×5=40（分钟），即小丽出去了 40 分钟。

105. 叠纸游戏

A。这叠纸的厚度将达到 3355.4432 米，有一座山那么高。

106. 果汁怎么分配

老板倒 4 升的果汁到小华的瓶子里，然后把这些果汁倒到小力的瓶子里。现在果汁桶里还剩下 18 升的果汁，老板把这些果汁往小华的瓶子里倒，直到桶里果汁的高度到圆桶一半的位置，桶里只剩 15 升果汁，而小华则得到了他想要的 3 升果汁；再把小力的瓶子灌满，则小力得到了他想要的 5 升果汁。

107. 从 1 加到 100

方法一：

第一个数和最后一个数相加，第二个数和倒数第二个数相加，它们的和都是一样的，即 1+100=101，2+99=101……50+51=101，一共有 50 对这样的数，所以答案是：

50×101=5050。

方法二：

第一个数和倒数第二个数相加，第二个数和倒数第三个数相加，它们的和都是100，即（1+99）+（2+98）……
+50=5050

108. 足球

正五角形 12 个，正六角形 20 个。

109. 数字乐园

6	2	9	3	7
3	7	6	2	9
2	9	3	7	6
7	6	2	9	3
9	3	7	6	2

110. 圆圈里填数字

⑨ − ⑤ = ④
　　　　×
⑥ ÷ ③ = ②
　　　　＝
① + ⑦ = ⑧

111. 互不相通的房间

把三个房间命名为甲、乙、丙，小明三兄弟分别拿一个房间的钥匙，再把剩下的钥匙这样安排：甲房内挂乙房的钥匙，乙房内挂丙房的钥匙，丙房内挂甲房的钥匙。这样，无论谁先到家，都能凭着自己掌握的一把钥匙进入三个房间。

112. 换汽水

最多 40 瓶。

20 元钱可以买 20 瓶汽水，喝完汽水就有 20 个空瓶子；20 个空瓶子换 10 瓶汽水，喝完 10 瓶汽水后换 5 瓶；5 个空瓶中拿 4 瓶换 2 瓶，然后就有了 3 个空瓶子；再用其中 2 个空瓶换 1 瓶，最后只有 2 个空瓶子的时候，换取最后 1 瓶。还剩 1 个空瓶子，把这 1 个空瓶换 1 瓶汽水，这样还欠商家 1 个空瓶子，等喝完换来的那瓶汽水再把瓶子还给人家即可。所以最多可以喝的汽水数为：20 + 10 + 5 + 2 + 1 + 1 + 1=40。

113. 你要哪一只钟

　　你也许会选择一天只慢一分的那只。好，那我们就来看看：一天慢一分的那只钟两年内要走慢 12 小时（即 720 分钟）之后才能走回最初核准的时间，因此它在两年内只准确一次。现在看看你要哪一只吧。

114. 金字塔上的问号

　　设问号格的数字为 X，然后一层层填满空格，那么顶部的数字就为 3X+28。我们知道这个数字等于 112，因而 3X=112−28=84，所以 X=28。

115. 谁的年龄大

　　小田。

116. 赴宴会

　　根据新娘在没有丈夫的陪伴时不许和别的男子在一起的规定，至少需要往返 11 次。

117. 昆虫聚会

5次。

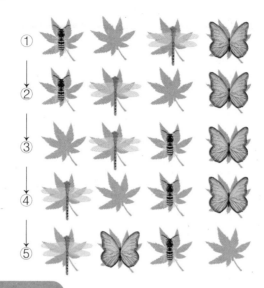

118. 天使和水果

西西最初有6个，吃了2个，剩下了4个；安安最初有7个，吃了1个，剩下了6个；米米最初有5个，吃了2个，剩下了3个；拉拉最初有4个，吃了2个，剩下2个。

119. 猫的谎言

白猫2条、花猫3条、黑猫3条。

分析：假设花猫的话是假的，那么白猫捉到1条鱼，且白猫捉的鱼比花猫多，即花猫1条鱼也没捉到；但按照题意，每只猫都捉到了鱼。假设所得结论与题意是相互矛盾的。

所以，花猫的话是真实的，得出线索①花猫≥白猫，白猫捉的鱼不可能是 1 条。

假设黑猫的话是假的，那么花猫捉到了 2 条鱼，黑猫 <
花猫，所以黑猫捉到 1 条鱼。那么，白猫的话就成了假的，且
白猫 < 黑猫，这与线索①相互矛盾，也与题意中"每只猫都
捉到 1~3 条鱼"相互矛盾。

所以，黑猫的话是真的。得出线索②黑猫≥花猫，花猫捉
的鱼不可能是 2 条。

根据线索①、②可知，可能性有以下几种：

结论 1：白猫 2 条、花猫 3 条、黑猫 3 条；

结论 2：白猫 3 条、花猫 3 条、黑猫 3 条。

结论 2 的情况下，白猫和黑猫是同样的。但是，白猫的
话是假的，白猫 < 黑猫才对。结论 2 不成立。

所以，结论 1 是正确答案。

120. 称糖

分别把三块糖设编号为 1 号、2 号、3 号。我们可以先称
出 1 号和 2 号两块糖的重量，然后再把 3 号糖放上去，称出
这三块糖总的重量。这样，用它们的总重量减去 1 号、2 号两
块糖的重量，就得到了 3 号糖的重量。以此类推，可以分别称
出 1 号糖 + 3 号糖的重量和 2 号糖 + 3 号糖的重量，再减去
3 号糖的重量，就得到了 1 号糖和 2 号糖的重量。

121. 压岁钱

如果哥哥猜对的话，那么弟弟和妹妹都对；如果姐姐猜对的话，那么妹妹也对；如果妹妹猜对的话，那么哥哥也对。因此，无论你怎么假设，最后只有一个人猜对，这个人就是弟弟，即洋洋的压岁钱少于 100 元。

122. 三个女儿采花

小女儿最诚实，大女儿和二女儿都撒了谎。小女儿采了 3 束，二女儿采了 1 束，大女儿最懒，1 束都没有采。

123. 少了 1 元钱

原来 1 只鸡蛋可卖到 $\frac{1}{3}$ 元，1 只鸭蛋可以卖到 $\frac{1}{2}$ 元，平均价格是每只（ $\frac{1}{2}$ + $\frac{1}{3}$ ）÷2= $\frac{5}{12}$ 元。但是混卖之后 1 只鸭蛋和 1 只鸡蛋平均卖到 $\frac{2}{5}$ 元钱，比第一天的平均价格少了 $\frac{5}{12}$ － $\frac{2}{5}$ = $\frac{1}{60}$ 元。60 只蛋正好少了 1 元钱。

124. 找出三个错误

第三个错误到底在哪里？不用怀疑本题的正确性。你会发现在上面的算式里只有第 2 个和第 4 个是错的。所以说题目中"找出三个有错误的地方"的断言是错的，因此，这个断言就是第三个错误！

125. 奇怪的电梯

最少要按 18 次，才可以走遍所有的楼层。顺序如下：

1–9–17–6–14–3–11–19–8–16–5–13–2–10–18–7–15–4–12（11 次"上"，7 次"下"）

126. 美人鱼的珍珠

为方便理解代入，设人鱼丽丽为 A，人鱼艾艾为 B，人鱼拉拉为 C，人鱼米米为 D。

由题意可得：

①四条美人鱼共有 10 颗珍珠，即 A+B+C+D=10

②每条人鱼都有 1 颗以上的珍珠，说假话的人鱼所拥有的珍珠为 2，即

A，B，C，D 各人拥有的珍珠均 ≥ 2

由①可得：

③人鱼 A 和人鱼 C 要么都说了真话，要么同时撒谎，即：B+C=5 的话，D+A=5；B+C ≠ 5 的话，D+A ≠ 5。

假设 1：若人鱼 A 和人鱼 C 都说了真话，则由②可得：

A ≥ 3，C ≥ 3，A+C ≥ 6

则 B+D ≤ 4，因每条人鱼必然有 1 颗以上的珍珠

可得：A=3，C=3，B=2，D=2

即：人鱼 B 和人鱼 D 都说了谎，

验证：A 说 B+C=5，成立；B 说 C+D=5，不成立，与假设 1 的 C=3，B=2 相矛盾。得到人鱼 A 和人鱼 C 都说谎。结合③得出：

④：A=C=2

在①②④的基础上，提出假设2：

B 说的是真话，则 C+D=5 成立，可得 D=3，即 D 说真话：A+B=4 成立，则反推 B=2。这与假设 2 矛盾。得到人鱼 B 在说谎，得出结论：

⑤：B=C=2

由④⑤可得，A=B=C=2。结合①可得出 D=4。验证可得：

B+C=4，A 说 B+C=5，为假话，成立

C+D=6，B 说 C+D=5，为假话，成立

A+D=6，C 说 A+D=5，为假话，成立

A+B=4，D 说 A+B=4，为真话，成立

由此可得：

丽丽 2 颗，艾艾 2 颗，拉拉 2 颗，米米 4 颗。